L'ÉTUDIANT

MICROGRAPHE

DU MÊME AUTEUR:

Divers mémoires sur la PHOTOGRAPHIE, insérés dans les ouvrages de Charles Chevalier.

La Méthode des portraits GRANDEUR NATURELLE, brochure in-8.

Etude sur CHARLES CHEVALIER, 1 vol. gr. in-8.

HYGIÈNE DE LA VUE, 1re édition, 1 vol. in-32. (Épuisé.)

HYGIÈNE DE LA VUE (2e édition), 1 vol. grand in-8 de 354 pag., 80 figures noires et coloriées.

L'ART DE L'OPTICIEN et ses rapports avec la construction et l'application des lunettes. Brochure in-8.

Paris. —Imprimé chez Bonaventure et Ducessois, 55, quai des Augustins.

CHARLES CHEVALIER

OPTICIEN

[illegible] Paris le [illegible] Avril [illegible]

[illegible] Paris le [illegible] Novembre [illegible]

L'ÉTUDIANT

MICROGRAPHE

TRAITÉ PRATIQUE

DU MICROSCOPE

DE LA DISSECTION, PRÉPARATION ET CONSERVATION

DES OBJETS

PAR

ARTHUR CHEVALIER

OPTICIEN

Fils de Charles Chevalier, auteur du *Manuel du Micrographe*.

PARIS

ADRIEN DELAHAYE, LIBRAIRE-ÉDITEUR,

23, RUE DE L'ÉCOLE-DE-MÉDECINE.

L'AUTEUR, PALAIS-ROYAL,

Galerie de Valois, 158

1864

A

Monsieur le baron A. Séguier,

MEMBRE DE L'INSTITUT,

Hommage de respect et de reconnaissance.

ARTHUR CHEVALIER.

Un livre qui indique le *maniement du microscope, les moyens de disséquer, préparer, conserver les objets microscopiques,* ne peut manquer d'avoir son utilité, d'autant plus qu'il n'existe en France que des Traités trop scientifiques pour ceux qui veulent commencer les études microscopiques. C'est donc ce livre que nous présentons au public. Nous l'avons fait spécialement pour les étudiants en médecine et pour les gens du monde, et nous avons surtout insisté sur la préparation et la conservation des objets, dont la description avait été trop négligée jusqu'ici.

Nous espérons avoir fait une œuvre utile; l'avenir nous dira si nous avons fait fausse route.

A. C.

Paris, août 1868.

INTRODUCTION

Un tout petit tube contenant quelques verres, une petite table percée à son centre, un miroir, tel est l'instrument qui, sous le nom de microscope, a permis à l'homme de pénétrer la structure des infiniment petits; tel est l'instrument qui, depuis des siècles, enrichit l'humanité de découvertes utiles et immortelles.

Tout d'abord il fut encore plus vulgaire : un globe de verre rempli d'eau fut le microscope d'Aristophane, de Pline, de Lactance. Plus tard, l'Arabe Alhazen reconnut le pouvoir amplifiant des sphères. Enfin, il faut arriver à 1280, à 1300, et la lentille biconvexe apparaît. C'était l'époque de l'invention de Salvino Armato; c'était la découverte des lunettes à lire, la plus belle application de l'optique à l'humanité.

Enfin les Hartsoeker, les Leeuwenhoek, les Hooke, les Baker, les Swammerdam, les Lyonnet, les Ellis, vinrent enrichir la science de leurs découvertes.

Lisez Swammerdam, lisez Leeuwenhoek, lisez Lyonnet, et vous verrez combien leurs travaux sont nets, précis; vous verrez les belles découvertes faites avec la simple lentille biconvexe, qui permit à Lyonnet de faire l'anatomie complète de la chenille du saule, travail à jamais immortel, double fruit du génie et de la patience.

Zacharias Jansen, en 1590, combina diverses lentilles dans un tube, et créa le microscope composé, qui de nos jours fait tant de merveilles.

Drebbel et Fontana s'en disputèrent aussi l'invention; mais comment débrouiller ce chaos, car Bacon aussi voulut en être l'inventeur? Laissons donc l'honneur à Jansen, car on ne peut lui trouver de devanciers.

Puis viennent les microscopes de Bonani, d'Eustachio Divini, d'Adams, puis encore de Lieberkhun, qui, en 1738, inventa le microscope solaire. Alors un arrêt se fait sentir; puis tout à coup l'immortel Euler se réveille et propose l'achromatisme pour le microscope. C'était en 1774.—En 1747, il avait découvert cet immortel principe et l'avait appliqué aux télescopes.

Mais ici encore à qui faut-il décerner la palme, car un savant obscur, Chester More Hall, découvrit, en 1729, l'achromatisme? Ce fait est vrai, car il a été établi par un jugement authentique d'une cour de justice. Mais, il faut le dire, Hall ne construisit jamais que des télescopes.

Du reste, Euler avait indiqué le microscope achromatique; mais ses indications n'auraient produit qu'un microscope à faibles grossissements. Plus tard, Frauenhofer, Charles, firent des essais, mais rien ne fut définitivement adopté, car l'illustre Biot niait, en 1821, la possibilité de construire un bon microscope achromatique.

Enfin, en 1823, mon père Charles Chevalier, mon grand-père Vincent Chevalier, construisirent les premières lentilles achromatiques parfaites pour les microscopes. Dès lors on fit des lentilles à court foyer, on obtint de forts grossissements, tout changea; ce fut une révolution dans la science de l'optique, et c'est une gloire pour notre pays, car ce furent des opticiens français qui opérèrent ce changement tant profitable.

Dès lors, bien des savants s'occupèrent de perfectionner l'instrument. Le savant Amici imagina le microscope horizontal, des chambres claires précises; le baron Séguier s'occupa de la micrométrie, du perfectionnement de l'appareil. Enfin, aujourd'hui le microscope est arrivé à un haut degré de perfection, grâce aux savants, aux constructeurs distingués, parmi lesquels il faut citer MM. Powel et Lealand, Hartnack, et surtout A. Ross, l'éminent opticien anglais.

Parmi les hommes savants qui ont aplani le chemin et levé bon nombre de difficultés, citons Le Baillif, nom mille fois honorable, qui rappelle à la fois la vertu et la science; puis encore le savant Biot, pour ses expériences sur la polarisation; M. Dumas, à qui l'on doit l'application du microscope à la chimie, et qui a fait tant de belles découvertes avec ce précieux instrument. Puis MM. Audouin, Breschet, Brongniart, de Candolle, Claude Bernard, Desmazières, Natalis Guillot, Lainé, Magendie, Decaisne, Tulasne, Payer, Guillemin, de Mirbel, Turpin, Robert Brown, Strauss, Donné, Mandl, Pouillet, Ricord, Pouchet, O'Rorke, Pasteur, Sappey, Follin, Robin, Baillon-Ordonnez. Un nom illustre, celui de M. Milne Edwards, vient nous rappeler d'innombrables découvertes faites avec le microscope, dont chaque jour bon nombre profitent.

Qui ne connaît les immenses travaux de M. Rayer, de M. Serres? Qui ne sait aussi les belles découvertes de M. Duchartre sur la botanique, celle du docteur Montagne sur la cryptogamie? Puis encore les recherches de

M. de Sénarmont, de M. Elie de Beaumont et de tant de savants dont le nom nous échappe au moment où nous écrivons ces lignes.

L'étude du microscope est indispensable à tous les médecins, car dans l'état actuel de la science il n'est pas possible de méconnaître l'utilité d'un tel instrument. Certes, il faut rendre grâces au docteur Ch. Robin, qui, en répandant l'étude de l'histologie, a rendu un immense service aux sciences. Du reste, ses importants travaux sur le microscope sont connus de tout le monde; ils ont servi à populariser une étude qui chaque jour tend à se répandre davantage.

Parmi les bons traités publiés sur les microscopes, nous citerons ceux de MM. Mandl, Donné, Dujardin, Hannover, Charles Chevalier, Broca, Coulier, Robin, Quekett, Hogg, Carpenter, Harting, etc.

De nos jours, la science de la microscopie fait d'immenses progrès, et maintenant la France se trouve en tête des nations où ces études tendent à devenir universelles!

L'ÉTUDIANT

MICROGRAPHE

DU MICROSCOPE.

On désigne sous le nom de *microscope*[1] un instrument d'optique destiné à grossir ou à amplifier les objets.

Il y a deux espèces de microscopes : le simple et le composé.

Comme ces deux instruments s'emploient dans des cas différents, nous allons en donner la description, en signalant les avantages particuliers à chacun d'eux, et en indiquant les différentes formes qu'on leur donne, suivant l'usage auquel on les destine.

[1] Le mot *microscope* est formé de deux mots grecs : μικρός, petit, et σκοπεύω, voir.

I

DU MICROSCOPE SIMPLE.

Le microscope simple se compose ordinairement d'une seule lentille, ou d'une combinaison de lentilles, agissant immédiatement sur les rayons lumineux, ou, en d'autres termes, grossissant les objets, et transmettant directement à l'œil l'image amplifiée.

Expliquons par la théorie comment cet effet se produit, et nous verrons qu'à l'aide du microscope simple, nous ne jugeons du grossissement d'un objet, que parce que ce dernier est vu par l'instrument sous un angle beaucoup plus grand qu'à la vue simple, quoique avec la même netteté et à la même distance où nous le placerions pour l'apercevoir distinctement.

Ainsi, soit un petit objet *a b* (fig. 1); pour être vu d'une manière distincte, cet objet aurait besoin d'être placé près de l'œil, afin que la lumière qu'il envoie puisse produire une impression sensible sur la rétine; mais alors les rayons qu'il émane étant très-divisés, leur réunion ne peut s'opérer, et la vision n'est pas distincte. En plaçant alors une lentille convexe *o o* entre l'objet et l'œil, les rayons émanés sont ramenés à un degré de divergence tel que l'objet est perçu avec netteté, et, de plus, l'observateur recevant la lumière sous la même inclinaison sous laquelle elle lui arriverait d'un objet placé en $a' b'$, distance ordinaire de la vision, croira voir l'objet en $a' b'$.

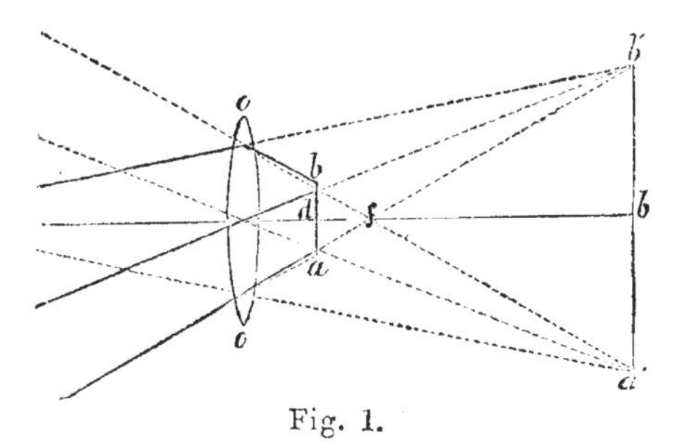

Fig. 1.

D'après ce qui vient d'être énoncé, il est facile de concevoir que plus la lentille aura la propriété de faire converger les rayons, ce qui arrivera lorsque nous augmenterons sa courbure, plus alors nous aurons l'objet agrandi.

Quoique toujours construit sur le même principe, le microscope simple peut subir de nombreuses modifications dans sa forme et sa disposition, suivant qu'il est destiné à faire un examen général et passager des objets, ou qu'il doit servir à observer d'une manière complète et suivie.

Dans le premier cas, on lui applique généralement le nom de *loupe*, l'instrument se tient ordinairement à la main, et se compose d'une ou de plusieurs lentilles convergentes, disposées et maintenues dans une monture appropriée.

Dans le second cas, l'instrument ayant une destination beaucoup plus étendue, se compose d'un support muni d'un spéculum ou miroir et de divers accessoires. Les loupes ou lentilles que l'on emploie sont construites d'une façon particulière et se nomment **doublets.** L'instrument ainsi disposé, porte le nom de *loupe montée* ou de *microscope simple.*

Comme nous venons de le voir, on applique plus particulièrement le nom de microscope simple à l'instrument agencé pour les observations complètes, bien que toute loupe soit un microscope simple, depuis le globe de verre rempli d'eau, jusqu'aux doublets les plus parfaits employés aujourd'hui, tous ces différents systèmes de verres s'accordant avec la théorie énoncée au commencement de ce chapitre.

Il nous reste maintenant à développer ce que nous n'avons que jusqu'alors indiqué.

Occupons-nous d'abord des différentes espèces de loupes et de la manière d'en faire usage.

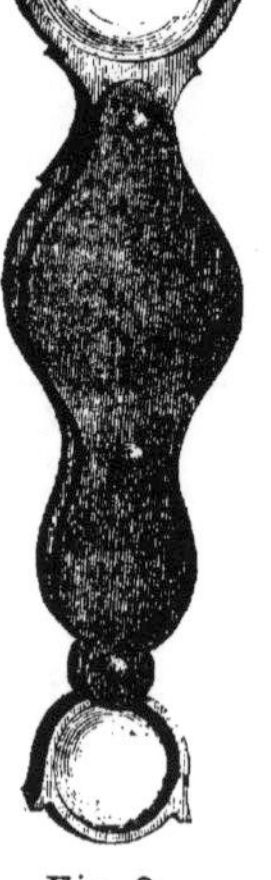

Fig. 2.

La loupe de la plus simple construction, employée pour l'observation générale, se compose d'une lentille biconvexe enchâssée dans une monture à recouvrement; elle est d'un usage assez fréquent, mais on emploie plus généralement en histoire naturelle deux ou trois loupes, réunies dans la même monture, afin d'avoir des grossissements de différents pouvoirs.

Lorsque l'on emploie ensemble deux loupes biconvexes, on peut les fixer aux deux extrémités d'une monture appropriée fig. 2. De cette façon, l'instrument porte le nom de *loupe à deux bouts.* On peut aussi les placer dans une monture qui permet de les superposer; on a alors l'avantage d'augmenter la série des grossissements que l'on obtenait en employant séparément chaque lentille, auxquelles, dans ce cas, on donne généralement la forme plano-convexe, comme étant préférable à celle biconvexe. C'est ainsi que sont construites les *biloupes* et les *triloupes*. (fig. 3 et 4)

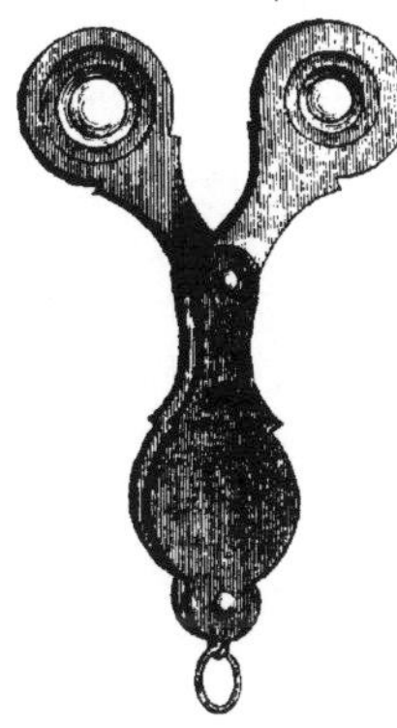

Fig. 3.

Afin d'obtenir plus de netteté, on intercale souvent entre les loupes des diaphragmes d'une ouverture appropriée.

Il est excessivement important que les loupes que je viens de citer soient bien construites pour obtenir un effet désirable. Le verre employé doit être parfaitement limpide et exempt de bulles et de stries; la monture, qui se fait ordinairement en corne, doit être légère et organisée de façon à protéger les verres du contact des objets extérieurs.

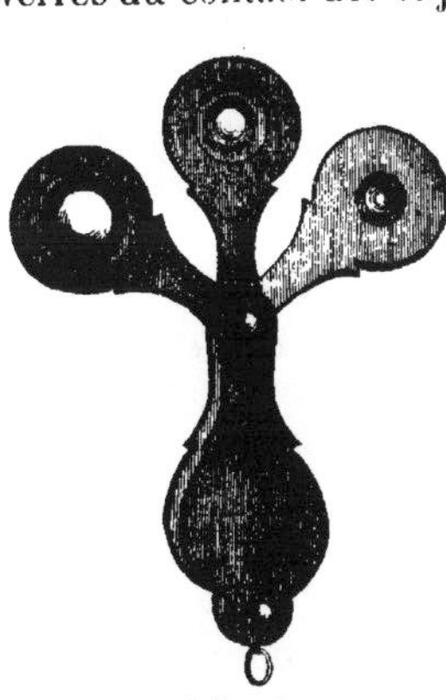

Fig. 4.

Pour en faire usage, il suffit de les tenir près de l'œil avec la main droite, tandis que la gauche tient l'objet qu'elle approche ou qu'elle éloigne, afin de mettre au foyer, et qu'elle fait mouvoir dans toutes les positions, afin d'en étudier exactement la structure.

Ces loupes sont excessivement utiles, pour avoir une idée générale des objets, en entomologie, en botanique, en minéralogie, pour déterminer les caractères spécifiques des insectes, des plantes, les formes des petits cristaux. Elles sont indispensables pour les personnes qui s'occupent d'histoire naturelle; elles doivent toujours porter sur elles un de ces petits instruments.

La *loupe Coddington* ou rodée de Brewster, représentée fig. 5, est aussi une des loupes les plus

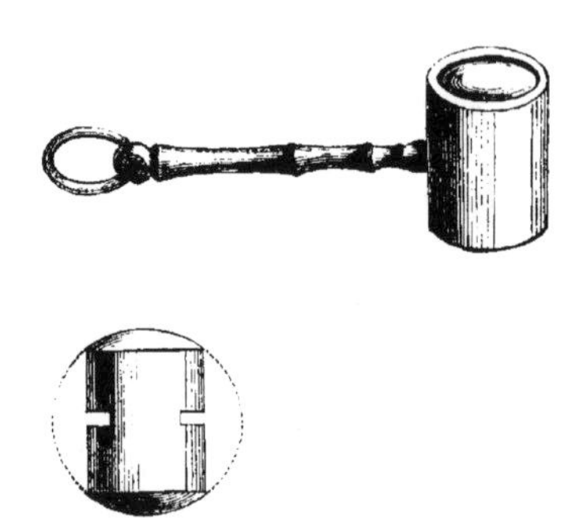

Fig. 5.

parfaites et les plus précieuses, pour les personnes qui s'occupent d'histoire naturelle. Elle se compose d'un cylindre de verre pris dans une sphère; le milieu du cylindre est rodé de manière à former diaphragme (fig. 5). La monture qui tient la loupe se fait en argent ou en maillechort et avec ou sans recouvrement.

Les avantages que présente cette construction sont nombreux et incontestables : le petit volume de l'instrument, son grossissement considérable (trente fois), la netteté avec laquelle il permet de voir les objets, la facilité de s'en servir, le rendent applicable à une foule d'observations sur les corps transparents ou opaques de petit volume.

Cette loupe sert aux mêmes usages et s'emploie de la même manière que celles précédemment citées; on peut la tenir dans toutes les positions, l'objet sera toujours vu avec netteté, l'axe visuel ne pouvant passer que par le centre de la sphère.

Ce précieux instrument a été importé d'Angleterre par Charles Chevalier, en l'année 1838.

Une autre loupe, employée pour l'examen des corps transparents, est celle de lord Stanhope. Elle se compose d'un cylindre de verre, dont l'une des surfaces, la plus plate, est au foyer de l'autre. Le petit cylindre est maintenu dans une monture en argent munie d'un anneau qui permet de tenir commodément l'instrument.

La manière de s'en servir est excessivement simple : il suffit d'appliquer sur la surface la plus plate un corps transparent, tel que des écailles de papillon, des pollens, et de placer l'œil près de l'autre surface. En dirigeant alors l'instrument sur le ciel ou sur un corps éclairé, on aperçoit l'objet amplifié.

L'instrument est d'un très-petit volume et donne de fortes amplifications, environ quarante fois en diamètre, mais il existe dans cette construction des défauts qui l'empêchent de devenir d'un usage général. En effet, les deux surfaces du cylindre, la plus bombée faisant l'office de loupe et la plus plate celui de porte-objet, sont fixes, de sorte que l'instrument ne peut s'approprier à tous les genres de vues. Outre ce grave inconvénient, il existe celui de ne pouvoir observer que des corps transparents. Malgré cela, lorsque la lentille Stanhope est appropriée à la vue de la personne qui l'emploie, on peut encore, avec ce petit instrument, observer quelques-unes des merveilles que la nature prodigue à chaque pas.

On construit aussi des lentilles Stanhope donnant de

plus fortes amplifications que la précédente et qui sont munies d'un écran et d'un tube pour diriger la lumière. On emploie ordinairement la première construction.

Le microscope Stanhope a été importé d'Angleterre par Charles Chevalier, en 1838.

La loupe dite *compte-fils*, généralement employée dans le commerce, se compose d'une simple loupe biconvexe, enchâssée dans une monture en cuivre, laquelle monture porte à son extrémité une petite plaque percée d'une ouverture d'une grandeur déterminée[1].

Ce petit instrument, d'un usage si répandu, se construit de deux manières : soit cylindrique; dans ce cas, il se renferme dans un petit étui; soit à charnières, pour mettre dans la poche. Dans la première construction, la lentille est maintenue dans une pièce capable de se visser ou de se dévisser, et dans la seconde, la charnière, adaptée à la pièce qui tient la loupe permet de mettre parfaitement au point de vue.

Pour s'en servir, il suffit de placer la petite plaque sur une étoffe et d'appliquer l'œil près de la lentille. Ayant ajusté le point de vue, on aperçoit, amplifiés, les fils compris dans le petit espace, et il devient facile d'en connaître le nombre. On donne ordinairement à la petite ouverture 5 à 6 millimètres.

Une autre loupe, employée particulièrement pour l'examen des soieries, se compose de deux loupes biconvexes, placées à distance, dans une monture qui se visse dans une bague en cuivre portant trois petits supports. L'instrument étant placé sur une étoffe, et l'œil

[1] On construit aussi des compte-fils dont la plaque inférieure est percée de deux ouvertures de grandeurs différentes. Mon père a aussi construit d'excellents compte-fils, soit à un seul verre ou à deux verres achromatiques.

étant appliqué près de la loupe, il suffit, pour mettre au point de vue, de visser ou de dévisser la pièce portant les lentilles.

Le microscope dit à *graines* est fort attrayant pour les enfants, car il permet d'observer, amplifiés, des insectes vivants. Sa construction est fort simple : un cylindre en verre est maintenu dans une petite cage en cuivre; à la partie supérieure de cette dernière, se trouve une loupe biconvexe, maintenue dans une pièce capable de se visser ou de se dévisser pour mettre au foyer; à la partie inférieure, deux petites plaques de glace forment le fond de l'instrument. Le tout se visse sur un petit cylindre de cuivre, qui sert de pied, et dans lequel on renferme l'appareil, afin de le protéger. La manière de s'en servir est extrêmement simple : ayant dévissé la pièce tenant la loupe, on introduit l'objet dans la petite cage; ayant remis tout en place, il ne reste plus qu'à mettre au point et à observer.

On peut encore examiner des corps par transparence, en les plaçant entre les deux lames de glace dont j'ai parlé; on retire l'instrument du tube qui lui sert de pied, et on le dirige vers un objet éclairé; on a donc de la sorte un instrument pour les corps opaques et les corps transparents.

Le *microscope à main*, pour les corps transparents, se compose d'un petit cylindre en cuivre, fixé sur une tige en cuivre, munie d'un manche; à l'une des extrémités du cylindre tenant à la tige, se trouve une loupe biconvexe, maintenue par une petite pièce en cuivre percée d'une ouverture formant diaphragme; à l'autre extrémité, se visse une petite pièce tenant deux petits disques en glace, entre lesquels on met l'objet que l'on veut observer. Pour en faire usage, il suffit de diriger l'instrument vers un endroit éclairé, ayant appliqué l'œil près de la lentille; il ne reste plus qu'à mettre au point, ce qui s'obtient en vissant ou dévissant la pièce tenant les deux petits disques de glace entre lesquels se met l'objet.

Ce petit instrument est fort attrayant; on peut y observer avec facilité des écailles de papillon, de petites plantes aquatiques, des infusoires, les vibrions du vinaigre, etc., etc.

C'est de ce genre qu'étaient construits les microscopes de quelques-uns des anciens observateurs, ainsi que nous le verrons plus loin.

Nous avons fait d'excellents instruments de ce genre, en employant nos doublets perfectionnés et en modifiant la monture. Ces petits instruments peuvent rendre de grands services aux naturalistes, pour l'examen général de certains objets.

Les microscopes que Wilson construisit en 1702, étaient des microscopes à main; ils avaient plusieurs lentilles de rechange, et la monture était construite d'une façon fort ingénieuse. Le microscope de Wilson, muni de nos doublets, deviendrait un instrument parfait.

En construisant un instrument semblable avec miroir concave, on obtient le microscope à main pour les objets opaques.

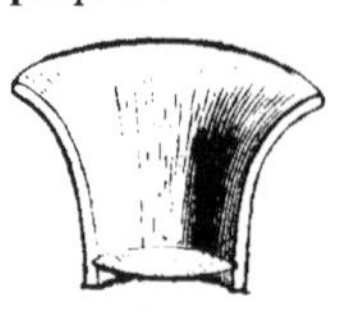

Fig. 6.

La loupe employée par les graveurs et les horlogers pour leurs travaux délicats, est représentée fig. 6. Elle se compose ordinairement d'une simple loupe biconvexe, maintenue dans une monture en corne.

Cette loupe, dont l'usage est journalier, est souvent employée en histoire naturelle pour faire des dissections sur les corps un peu volumineux.

L'usage auquel on la destine ne permet pas de

l'employer en la tenant à la main ; il faut la monter sur un support, dont je donnerai plus loin la description, et qui a reçu à juste titre le nom de porte-loupe.

Les horlogers et les graveurs ont une telle habitude de se servir de la loupe, qu'ils la tiennent près de l'œil, et par ce moyen, se passent de supports, tout en gardant leurs mains libres ; mais cet expédient, très-fatigant, devient impraticable lorsqu'il s'agit de faire des dissections, et, dans l'un et l'autre cas, le porte-loupe est préférable.

La loupe biconvexe, employée pour les divers usages ci-dessus mentionnés, grossit ordinairement de trois à cinq fois ; ce grossissement ne doit pas être dépassé, car si l'on employait des pouvoirs plus considérables, la lentille se rapprochant de l'objet, et son diamètre diminuant en raison de son foyer, non-seulement le champ deviendrait trop limité, mais l'espace compris entre la lentille et l'objet deviendrait infiniment trop petit pour permettre aux mains de diriger les instruments que l'on emploie.

Du reste, on ne se sert de la loupe à faibles pouvoirs que pour les objets d'un certain volume et pour lesquels de fortes amplifications ne seraient pas en rapport avec le but qu'on se propose.

La loupe biconvexe dont je viens de parler a de graves défauts, qui résultent de sa forme, et qu'il est important de connaître. Toutes les personnes qui en font usage savent fort bien que l'objet que l'on examine avec elle n'est perçu avec netteté que par la partie centrale de la lentille, et qu'à mesure que la vue se rapproche des bords, les objets deviennent troubles, plus ou moins en rapport avec les courbures données à la loupe ; de plus, on remarque autour des objets les couleurs de l'iris. Ces graves défauts tiennent, d'une part, à l'aberration de sphéricité, et de l'autre, au manque d'achromatisme.

D'après ce que je viens de dire, il est facile de concevoir que les observations que l'on peut faire avec la loupe biconvexe fatiguent considérablement l'organe de la vue; le tiraillement des objets résultant de l'aberration, les couleurs provenant du manque d'achromatisme sont autant de causes qui viennent entraver l'observateur dans ses recherches; de là, la nécessité d'avoir un instrument qui permette de distinguer les objets avec égale netteté, sans couleurs, sans fatigue, et pendant un temps assez long.

Une loupe dont on fait souvent usage, en remplacement de celle biconvexe, se compose de deux lentilles plano-convexes, dont les convexités se regardent.

Cette construction, improprement appelée achromatique, est de beaucoup préférable à la précédente; cependant, elle ne concilie pas encore tous les avantages que l'on doit exiger.

On peut faire aussi des loupes formées d'un seul verre achromatique plano-convexe. Cette construction est déjà préférable à celles indiquées.

Fig. 7.

La fig. 7 représente une loupe achromatique double; c'est à cette construction que je donne la préférence, comme étant la plus parfaite de toutes.

Quelques mots suffiront pour la décrire et pour faire comprendre toute l'importance que l'on doit y attacher.

La loupe que je viens de citer est formée de deux verres achromatiques plano-convexes de diamètres inégaux, le plus grand des deux verres faisant face à l'objet.

Les deux verres sont maintenus dans une monture en cuivre ou en corne, et placés de manière à ce que leurs convexités se regardent; ladite monture est susceptible de se diviser, afin d'isoler les lentilles lorsqu'on veut les nettoyer.

Cette disposition est, sans contredit, la plus parfaite de toutes, car elle permet d'obtenir un achromatisme parfait et de faire disparaître l'aberration de sphéricité.

En effet, notre loupe est achromatique, parce qu'elle est formée de deux verres séparément achromatiques; de plus, elle est exempte d'aberration de sphéricité, car, les deux verres que nous employons étant eux-mêmes formés chacun de deux lentilles, conséquence de l'achromatisme, il en résulte qu'en donnant à ces divers verres des courbures fort peu prononcées, nous arrivons, par leur réunion, à produire le même effet qu'avec des loupes dont les courbures seraient plus fortes, sans avoir les graves défauts particuliers à ces dernières.

D'après ce que nous venons de voir, il est facile de se rendre compte de l'utilité de cet instrument. Aussi je ne saurais trop insister sur son emploi, car avec cette loupe ainsi disposée on peut continuer des observations pendant des heures entières sans éprouver la moindre fatigue de l'organe visuel, ce qui n'arrive pas avec les autres. Je crois donc rendre service à toutes les personnes qui ont besoin d'amplifier les objets en leur conseillant de se servir de la loupe achromatique double, telle que je viens de la décrire: elles y trouveront des avantages réels sur celles ordinairement employées. Pour l'histoire naturelle, la gravure, l'horlogerie, cette loupe est indispensable.

Ainsi que je l'ai dit, les loupes que je viens de citer ont besoin, pour l'usage auquel on les destine, d'être maintenues sur un support approprié, auquel on a donné le nom de porte-loupe. Occupons-nous donc de la construction de ce support.

Le porte-loupe le plus généralement employé est celui dont se servent les horlogers et les graveurs; mais il est d'une construction si peu soignée qu'il devient impropre, lorsqu'il s'agit de faire des dissections microscopiques. Celui que j'ai construit, et que j'emploie de préférence (fig. 8), car il est fort simple et très-commode, se

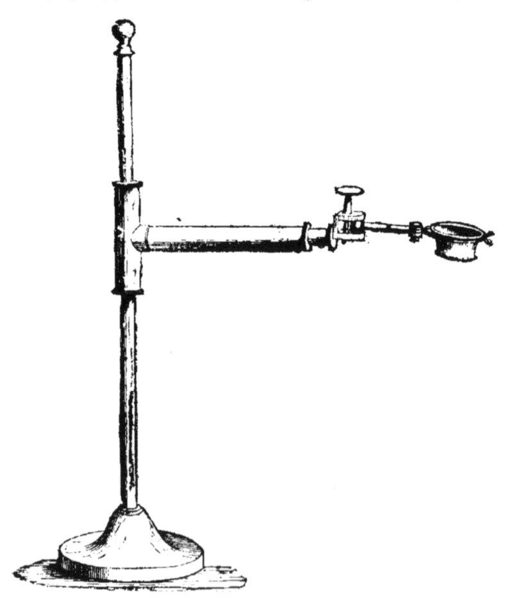

Fig. 8.

compose d'un pied sur lequel se visse une tige d'acier; sur cette dernière glisse à frottemement une pièce de cuivre munie d'un ressort qui empêche la pièce de retomber quand on l'a amenée au point désirable; à cette pièce est fixée une tige qui en reçoit une autre qui se meut à frottement. A l'extrémité de cette dernière se trouve une double coquille dans laquelle se meut une boule portant une pince où peuvent se placer les différentes loupes.

On voit que ce porte-loupe a toute la stabilité convenable. La loupe, étant fixée par la pince qui se trouve à l'extrémité de la branche, peut aisément être levée ou baissée au moyen de la pièce à ressort, sans aucune déviation possible, de sorte qu'il est très-facile de mettre au point de vue; la boule, convenablement disposée, permet encore de faire mouvoir la loupe et de la diriger sur les différents points de l'objet.

Nous construisons aussi des porte-loupes munis d'engrenages et de divers autres accessoires. Le plus parfait en ce genre est celui de M. Strauss, célèbre anatomiste. Il est fort commode dans certains cas. Un de nos bons naturalistes, M. Deshayes, en fait un usage exclusif.

Maintenant que nous avons passé en revue les différentes espèces de loupes, occupons-nous du microscope simple, tel qu'il est employé aujourd'hui pour l'histoire naturelle.

Mais, avant d'en donner la description, disons quelques mots sur la partie historique de l'instrument.

L'origine du microscope simple remonte aux premiers siècles. Une sphère creuse et remplie d'eau fut le premier instrument de ce genre. Pline, Sénèque, Plutarque en parlent dans leurs ouvrages. On parvint ensuite à travailler des lentilles; la forme première qu'on leur donna fut celle biconvexe. L'époque de cette construction est difficile à déterminer. Cependant, d'après le savant François Redi, on peut la reporter au XIIIe ou au XIVe siècle, entre 1280 et 1311; car c'est dans cet intervalle que surgit l'invention des lunettes à lire. Ce furent deux Italiens, Eustachio Divini à Rome et Campani à Bologne, qui excellèrent les premiers dans l'art de travailler les verres. Hartsoeker nous apprend que, en l'année 1665, il se forma un excellent microscope dont la partie optique consistait en un petit globule de verre fondu.

C'est en badinant à la flamme d'une chandelle avec un fil de verre qu'il remarqua que l'extrémité de ce fil s'arrondissait, et comme il savait que les sphères amplifiaient les objets, en maintenant entre deux petites plaques de plomb le petit globule formé, il eut de suite un microscope.

Le savant Le Baillif excellait dans la fabrication de ces petits globules. Mon père a publié, dans son ***Manuel du micrographe***, le mémoire que ce savant a écrit sur ce sujet.

Le microscope à lentille biconvexe fut alors employé avec succès; car les belles observations qui ont immortalisé les Leuwenhoek, les Swammerdam, les Lyonnet, ont été faites à l'aide de cet instrument.

Les instruments de ce genre datant de cet époque se tenaient à la main. Ce n'est que plus tard qu'on imagina de fixer l'instrument sur un support stable.

La lentille biconvexe paraît être la première lentille travaillée par l'opticien. Les microscopes simples de Wilson, vers 1702, et ceux de Cuff, munis de cette lentille, furent les instruments les plus employés. Le microscope de Cuff se trouve décrit dans l'***Histoire des corallines***, publiée par Ellis en 1756. Cet instrument, muni d'un support, est employé encore aujourd'hui; seulement, au lieu de dire microscope de Cuff, on dit microscope de Raspail.

On est étonné de voir la quantité de belles observations faites à l'aide du microscope à lentille biconvexe, malgré toute son imperfection, car le verre biconvexe avait de graves défauts inhérents à sa forme. Plus la courbure était prononcée, plus les aberrations étaient manifestes.

Pour remédier à ces défauts, on employa des diaphragmes qui diminuaient considérablement l'ouverture et forçaient l'observateur à ne se servir absolument que du centre de la lentille. On s'aperçut bientôt que l'on n'avait fait que remplacer un défaut par un autre non moins important; car, d'une part, l'étroitesse de l'ouverture ne permettait de voir qu'une très-petite partie de l'objet, et de l'autre, la faible quantité de rayons lumineux qui traversaient l'ouverture était insuffisante pour qui la vision fût distincte.

M. le baron Séguier, dans un rapport qu'il fit à la Société d'encouragement, s'exprime à ce sujet d'une manière aussi ingénieuse que parfaite. On ne songeait pas, dit-il, qu'en circonscrivant les verres, ce moyen ne faisait que soustraire à l'œil des défauts auxquels il ne remédiait pas.

L'instrument en était là, lorsque les savants Wollaston et Herschell entreprirent de le perfectionner.

En Angleterre, les docteurs Brewster et Goring firent des essais avec des lentilles en pierres précieuses, et ce dernier en fit construire plusieurs en diamant, en saphir, par M. Pritchard. M. le docteur Brewster pensait que c'était le seul moyen d'obtenir de bons résultats; car les substances que je viens de citer, ayant un très-fort pouvoir de réfracter la lumière et un léger pouvoir dispersif, il suffirait de donner de très-faibles courbures aux lentilles pour obtenir un grossissement considérable. Mais le prix énorme, joint à la difficulté du travail, ainsi qu'à des défauts inhérents aux substances elles-mêmes, fit rejeter les lentilles en pierres précieuses.

Mon père, d'après les idées des savants que je viens de nommer, construisit des lentilles en grenat, lesquelles produisirent un assez bon effet; mais les lentilles en verre vinrent bientôt détruire, par leur effet et leur prix modique, toutes les autres constructions.

Ce fut l'immortel Wollaston qui résolut le problème. Cet illustre savant, près de descendre au tombeau, légua à la science son mémoire sur le doublet du microscope. Nous étions alors au 27 novembre de l'an 1828.

Le doublet de Wollaston se composait de deux lentilles plano-convexes, dont les deux parties planes étaient tournées vers l'objet. L'idée de sa construction lui fut suggérée par l'examen des oculaires astronomiques d'Huygens, et il résolut d'appliquer au microscope la même combinaison en sens inverse, afin d'éviter les aberrations de sphéricité et de réfrangibilité.

La monture de son doublet était construite de manière à faire varier l'écartement des lentilles, afin de leur faire produire le meilleur effet possible.

Mais leur écartement plus ou moins considérable devenait un obstacle très-grand, lorsqu'il s'agissait de faire des dissections. Le foyer devenant très-rapproché des lentilles, il était impossible de faire agir les instruments et d'employer de forts grossissements.

C'est alors que mon père, profitant de l'idée de Wol-

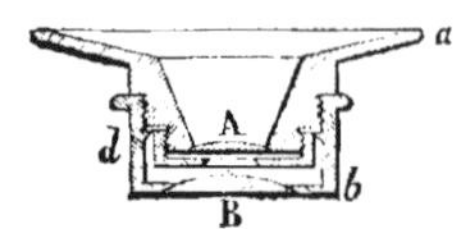

Fig. 9.

laston, construisit son doublet, qui, en conservant les avantages de celui désigné, remédie aux défauts que j'ai signalés. Le doublet perfectionné construit par mon père (fig. 9) se compose de deux verres plano-convexes, l'un très-large, placé du côté de l'objet, l'autre plus petit, et supérieur.

Les deux faces planes sont tournées vers l'objet, entre les deux lentilles fixées dans leurs montures, mon père plaça un diaphragme dont l'ouverture varie suivant le foyer du doublet. La disposition de ce doublet permet de laisser entre lui et l'objet une distance assez grande pour faire agir les instruments de dissection; les verres peuvent se démonter, afin de les nettoyer, et l'on peut ainsi dédoubler le grossissement dudit en n'employant que la lentille supérieure. Dès son apparition, le doublet perfectionné par mon père fut adopté

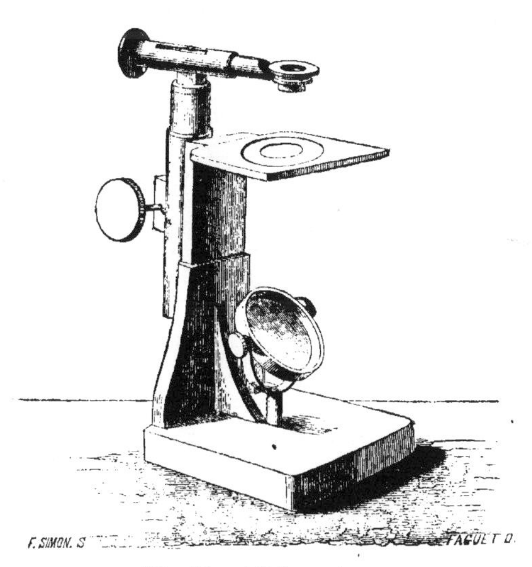

Fig. 10.—1/3 de nature.

par les savants français et étrangers, et la Société dencouragement jugea son microscope simple digne de la médaille d'or. La fig. 10 représente mon nouveau modèle de microscope simple, qui, en raison de son prix modique, est accessible à tout le monde [1].

Le microscope simple perfectionné par mon père est représenté fig. 11. Sa description qui va suivre pourra servir au précédent.

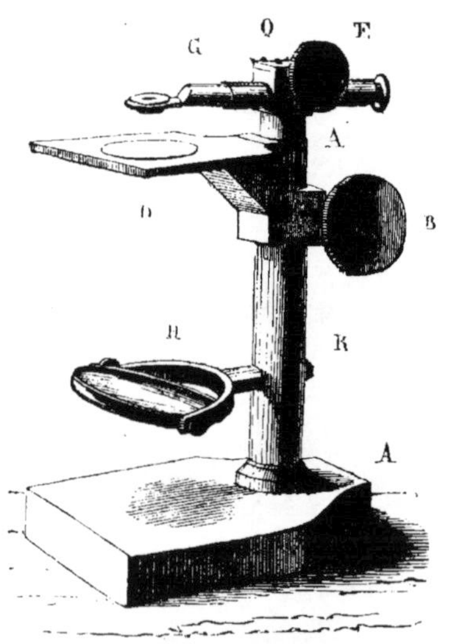

Fig. 11. — 1/3 de nature.

L'instrument se visse sur un pied en cuivre A; il se compose des pièces suivantes :

R, tige ronde creusée, servant à recevoir la tige A, dont la face postérieure porte une crémaillère qui se meut au moyen du bouton à pignon B.

[1] Prix : 50 fr., avec doublet.

Au sommet de la tige A est placée à angle droit la tige G, mobile sur son axe dans la boîte Q.

Cette excellente disposition permet de promener la lentille sur l'objet et d'en examiner toutes les parties.

La tige G porte une crémaillère qui se meut au moyen du bouton à pignon E. A l'aide de ce mouvement, on fait avancer ou reculer la lentille.

A l'extrémité de la branche G, un anneau est disposé de manière à recevoir le doublet, qui s'y place à frottement. Ce dernier moyen, employé par mon père, est préférable à l'ancien, qui consistait à visser la lentille.

D, platine percée à son centre d'une large ouverture. Cette dernière est destinée à recevoir une pièce en cuivre portant un diaphragme, ou bien un disque en glace, lorsqu'il s'agit de faire des dissections.

H, pièce en cuivre portant deux miroirs, l'un plan et l'autre concave. Ladite pièce est mobile, afin d'obtenir, dans certains cas, la lumière oblique.

Les différents mouvements du miroir permettent de lui donner toutes les inclinaisons, afin d'éclairer convenablement l'objet. Nous parlerons de ce point important dans un chapitre spécial.

Voyons maintenant comment on se sert de l'instrument.

L'objet, convenablement disposé (voir les chapitres relatifs à la dissection et à la préparation des objets) est placé sur la platine. La lentille étant maintenue dans l'anneau, on approche l'œil du doublet, puis on incline le miroir de manière à faire tomber la lumière sur l'objet; celui-ci étant éclairé, on fait mouvoir le bouton à pignon, qui entraîne la crémaillère placée sur l'arbre qui porte la lentille, et l'on arrête lorsque l'objet est devenu net ou au point.

On règle ensuite la lumière au moyen du miroir et du diaphragme placé sur la platine.

Pour les objets opaques, on se sert d'une loupe qui se fixe sur la platine.

La fig. 12 représente un microscope simple d'une construction précise, quoique servant exactement aux mêmes usages que celui ci-dessus décrit. Les tiges rondes à crémaillère sont remplacées par des tiges carrées.

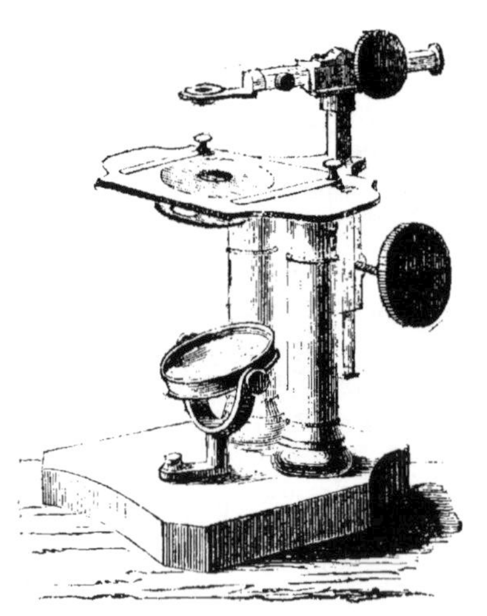

Fig. 12. — [illegible] de nature.

Une platine très-large, que nous avons récemment appliquée, complète cet instrument, qui peut être considéré comme le plus parfait des microscopes simples.

La table anatomique du savant Le Baillif est tout simplement le microscope simple ordinaire, fixé sur un support plus solide et muni d'une table servant à poser commodément les mains pour les dissections.

Cette ingénieuse construction est parfaite; elle a seulement le défaut d'être un peu volumineuse pour le transport.

Pour arriver à connaître d'une manière parfaite la structure d'un corps, il faut d'abord employer une lentille capable de donner l'idée de son ensemble, puis arriver graduellement, par l'emploi de lentilles plus fortes, à la perception de ses moindres détails.

Lorsque l'on veut disséquer un objet, on enlève le diaphragme placé sur la platine et on le remplace par un disque en glace. Les bras étant posés sur la table où se trouve l'instrument, les doigts tenant les outils de dissection viennent s'appuyer sur les bords de la platine. Les autres doigts leur servent alternativement de point d'appui, suivant les exigences relatives à la disposition du corps que l'on dissèque.

Si le corps est un peu volumineux, on emploie un faible grossissement, ou mieux notre loupe achromatique double, que l'on peut fixer sur le microscope simple; mais pour les corps d'une certaine étendue on est forcé de recourir à l'emploi du porte-loupe, car il devient très-gênant d'opérer, dans cette occasion, sur la platine du microscope. Cependant pour les gros objets, dans la plupart des cas, outre les loupes que je viens de citer, nos doublets à faibles pouvoirs produisent un très-bon effet.

Si les corps sont petits, on emploie nécessairement des doublets plus forts, mais on dépassera rarement un grossissement de 60 fois pour les dissections; car alors, l'amplification augmentant, la lentille se rapprochera de plus en plus de l'objet, et il deviendra très-difficile de faire manœuvrer les instruments qui servent à disséquer. Néanmoins, certains observateurs emploient pour leurs dissections des pouvoirs beaucoup plus considérables; mais alors l'habitude et l'habileté viennent suppléer aux inconvénients que je viens de signaler.

D'après ce que je viens de dire, on voit que le microscope simple est particulièrement employé pour préparer et disséquer les objets. Cependant il peut servir à faire des observations sérieuses sans avoir besoin de recourir à l'emploi du microscope composé, car les grossissements qu'ils donnent peuvent varier depuis 10 jusqu'à 480 et même 540 fois.

Cette échelle de grossissement est suffisante pour un grand nombre d'études. Cependant il faut dire qu'il est rare que l'on ait besoin de tous les doublets. Pour les dissections, deux ou trois doublets suffisent. Aussi on prend de préférence les grossissements de 12, 24, et 40 fois.

La liste suivante donne les foyers et grossissements de nos doublets :

1/5 de ligne	amplifié	500 fois.
1/4 —	—	480
1/2 —	—	240
3/4 —	—	150
1 ligne	—	120
2 —	—	60
3 —	—	40
4 —	—	30
5 —	—	24
6 —	—	20
7 —	—	14
8 —	—	15
9 —	—	13
10 —	—	12

Il est une chose regrettable pour la science, c'est que le microscope simple ne soit pas plus répandu; car, pour es dissections fines, il peut rendre d'immenses services.

Pour la dissection des tissus animaux, on l'a certes un peu abandonné; cependant le microscope composé redresseur est moins commode.

Les botanistes, au contraire, ont adopté cet instrument et s'en servent continuellement; dans ces derniers temps, il a servi aux belles recherches de MM. Brongniart, Duchartre, de Jussieu et autres savants célèbres.

En parlant de l'emploi des forts grossissements pour les dissections microscopiques, nous avons signalé les inconvénients qui en résultaient, et nous avons vu que l'espace existant entre la lentille et l'objet devenait si minime qu'il était très-difficile et même souvent impossible de faire agir les instruments qui servent à disséquer. Frappé de ces inconvénients, mon père imagina, en 1835, de placer sur le doublet un verre concave achromatique, pouvant s'en éloigner ou s'en rapprocher à volonté. Cette heureuse disposition a le double avantage d'augmenter le grossissement et de reculer le foyer. On a donc de cette manière le plus puissant des microscopes simples; et, l'espace entre la lentille et l'objet devenant plus grand, il devient facile de disséquer, ce qui ne pouvait se faire précédemment.

Cet arrangement a été adopté par plusieurs naturalistes, qui en ont retiré les plus grands avantages.

II

DU MICROSCOPE COMPOSÉ.

Nous avons vu, dans le chapitre qui précède, que le microscope simple consistait en une ou plusieurs lentilles, agissant immédiatement sur les rayons lumineux, et transmettant directement à l'œil l'image amplifiée.

Dans le microscope composé, au contraire, une image est formée par une combinaison de lentilles et grossie ou amplifiée par une seconde, placée à une certaine distance de la première.

On voit que, dans cette disposition, l'image n'est perçue qu'après avoir subi une seconde amplification.

Les verres destinés à former l'image se nomment *objectifs* et sont tournés vers l'objet, et ceux qui la grossissent portent le nom d'*oculaires* et sont dirigés vers l'œil.

D'après ce que je viens de dire, il est facile de se rendre compte de la différence qui existe entre le microscope simple et le microscope composé.

Mais pour mieux faire comprendre l'effet de ce dernier, reportons-nous un instant à la théorie.

Nous prendrons à cet effet l'appareil le plus simple, composé seulement d'une lentille et d'un oculaire. Soit

MN (fig. 13), un petit objet placé au foyer, ou un peu plus

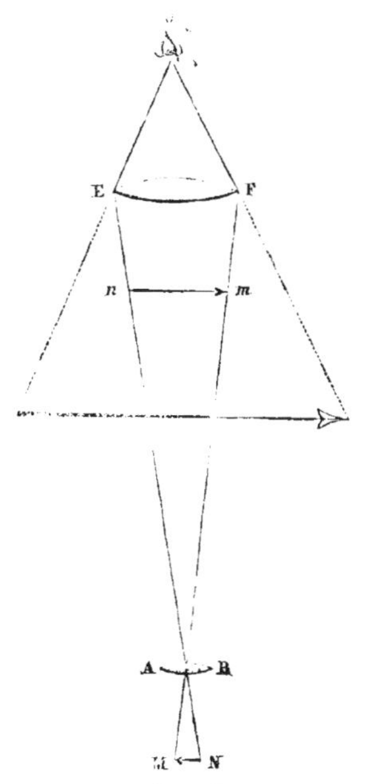

Fig. 13.

loin que le foyer principal de l'objectif AB; les rayons réfractés par cette lentille iront former en *mn* une image de l'objet MN. La grandeur de l'objet *mn* sera à MN comme la distance *n*A est à la distance AM.

Si nous examinons cette image *mn*, déjà amplifiée, à travers un oculaire EF, placé de manière à ce que *mn* se trouve à son foyer principal, nous ferons subir à cette image une nouvelle amplification ; car l'œil placé en O, verra l'objet sous l'angle EOF bien plus grand que *n*O*m*, et par conséquent bien plus grand encore que MON.

On peut, avec les mêmes verres, obtenir une plus

forte amplification, en augmentant la distance entre EF et AB, mais cette disposition rétrécit le champ de vue et empêche de voir l'ensemble des objets soumis au microscope. On a donc placé, entre l'image et l'objectif, un troisième verre, nommé *verre de champ*, lequel sert aussi à détruire l'aberration chromatique. Dans la

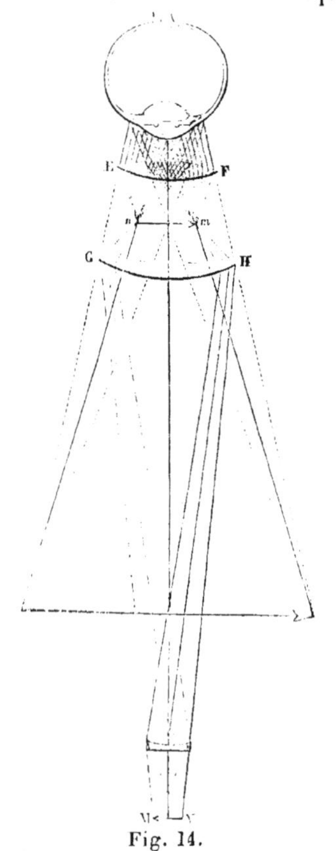

Fig. 14.

fig. 14, MN est l'objet, et *mn* l'image que formeraient

les rayons réfractés par GH, suivant la direction G*n*, H*m*, et c'est cette image qui est amplifiée par l'oculaire EF. On a encore augmenté le champ de vue en donnant la forme plano-convexe aux verres EF, GH.

Cette dernière construction d'oculaire, jointe à l'objectif que l'on a rendu achromatique, forme le microscope composé tel qu'il est employé aujourd'hui.

Il est à remarquer que les rayons, en se croisant, renversent les images.

La théorie que nous venons d'énoncer, se rapporte au microscope vertical. Le savant Amici, de Modène, parvint à produire un microscope horizontal, en ajoutant un prisme à l'instrument.

La théorie du microscope horizontal est la même que celle du microscope vertical.

La fig. 28 présente la disposition d'Amici : MN l'objet,

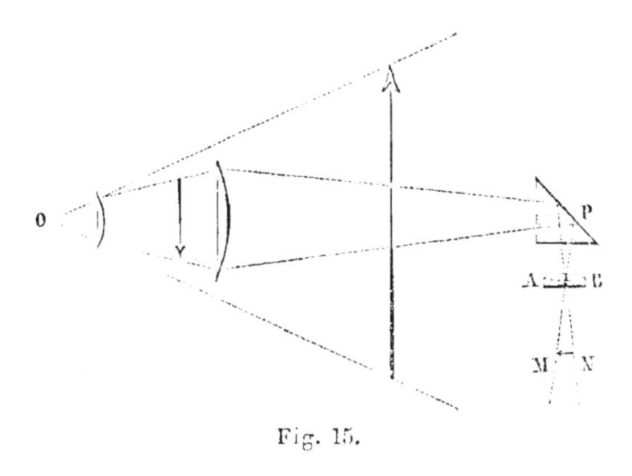

Fig. 15.

AB la lentille achromatique, et P le prisme, dont la face P réfléchira les rayons dans la direction PO.

Il nous reste maintenant à connaître la construction du microscope composé et les différentes formes que l'on lui donne; mais, avant de donner cette description, quelques remarques historiques lui serviront de préface.

L'origine du microscope composé remonte à l'année 1590. C'est au Hollandais Zacharias Jansen ou Zanz, que l'on attribue l'honneur d'avoir construit le premier instrument de ce genre. Jansen en offrit un à l'archiduc Charles-Albert d'Autriche, lequel en fit présent à Cornélius Drebbel, alchimiste hollandais, mort en 1664. Drebbel passe aussi pour l'inventeur du microscope composé; mais, sans nul doute, c'est à Jansen qu'on doit décerner la palme d'inventeur.

Drebbel emporta l'instrument en Angleterre, le montra à plusieurs savants, construisit des microscopes à Londres, en l'année 1621, en se faisant passer pour leur inventeur.

Le Napolitain Fontana, en 1646, fut le premier qui décrivit l'instrument, dans ses nombreuses observations terrestres et célestes. Il prétendit aussi l'avoir découvert en 1618, un an avant que Cornélius Drebbel ne l'eût importé en Angleterre. Cependant, Sirturus, qui écrivit, en 1618, un livre sur l'origine et la construction des télescopes, ne dit pas un mot de cette invention, et il est difficile de penser qu'il eût passé sous silence la prétendue découverte de Fontana.

Puis, voici venir encore Roger Bacon, Record, Viviani, qui se disputent l'honneur de la découverte.

Mais, comme je l'ai déjà dit, Jansen est, pour nous, l'inventeur.

Il est important de remarquer que l'origine des mots *microscope* et *télescope* appartient à Demisiano; télescope, de τῆλε *loin*, σκοπεύω, *regarder*; microscope, de μικρός, *petit*, σκοπεύω, *regarder*.

Nous arrivons insensiblement à une époque plus avancée, où nos renseignements deviennent plus positifs.

Parmi les premiers microscopes composés, on remarque ceux du docteur Hooke (1656), d'Eustachio Divini (1668) et de Philippe Bonani (1698).

Le microscope du docteur Hooke avait trois pouces de diamètre, sept de longueur, et pouvait s'allonger, au moyen de quatre tubes engaînés, en petit objectif, en verre de champ, et en puissant oculaire, formant la partie optique.

Le microscope d'Eustachio Divini était composé d'un objectif, d'un verre de champ, et d'un oculaire formé de deux lentilles qui se touchaient par le centre de leur courbure. Le tube était aussi volumineux que la cuisse d'un homme, et l'oculaire aussi large que la paume de la main. Fermé, ce microscope avait seize pouces de long, et ses grossissements variaient au moyen des tirages, depuis quarante et une jusqu'à cent quarante-trois fois.

L'instrument de Bonani était composé de trois verres, un oculaire, un verre de champ et un objectif. L'instrument était placé horizontalement, et la platine portait un petit tube garni d'une lentille convexe à chaque extrémité, destiné à condenser la lumière sur l'objet. Une lampe accompagnait l'appareil mis en mouvement au moyen d'une crémaillère. Cet instrument était vraiment remarquable.

Jusqu'en l'année 1736, la science microscopique ne fit aucun progrès ; elle se réveilla au bout de soixante ans environ. A cette époque, on fit subir de nombreuses modifications aux télescopes de réflexion. Le savant et immortel Newton conçut le premier l'idée d'appliquer ce système aux microcopes. Après lui, vinrent les docteurs Baker et Smith. Deux ans plus tard, en 1738, Lieberkhun inventa le microscope solaire, dont le succès fut immense et qui redoubla le zèle des savants.

A partir de cette époque jusqu'en 1770, rien ne fut produit. Puis vinrent les recherches des docteurs Hall, Hooke et Custance, relatives au perfectionnement des oculaires et de l'éclairage, lesquels réussirent parfaitement.

En 1771, Adams, le père, appliqua de nombreux procédés au microscope solaire ; il les publia dans sa micrographie.

Lieberkhun, de son côté, rendit le microscope solaire propre à l'examen des corps opaques.

Le même sujet occupa alors Epinus, Ziehr, B. Martin ; c'est ce dernier qui l'emporta sur ses contemporains.

En 1774, Georges Adams inventa le microscope lucernal. La même année, l'immortel Euler proposa la combinaison achromatique pour les objectifs de microscopes. C'est Euler qui résolut le problème du microscope composé, comme Wollaston résolut celui du microscope simple. En 1747, Euler avait déjà provoqué la construction des lunettes achromatiques.

En 1757, Dollond, qui construisit des télescopes achromatiques, n'appliqua pas ce dernier système à ses microscopes, qui jouirent d'une grande réputation.

Suivant quelques auteurs, la découverte de l'achromatisme appartiendrait à un savant d'Essex, M. Chester More Hall. Cette découverte, faite en 1729, aurait été appliquée par lui aux télescopes, en 1733. Comme ce fait est vrai, il aurait donc la priorité sur Euler et Dollond.

Après Dollond, vinrent ensuite les microscopes du duc de Chaulnes, de Dellebarre, lesquels ne sont pas achromatiques et sont très-imparfaits.

En 1784, Epinus essaya, mais vainement, d'appliquer le principe achromatique au microscope.

Malgré les tentatives faites pour appliquer l'achromatisme au microscope, il est incontestable que la première idée relative à cet immense perfectionnement appartient à l'immortel Euler.

Plus tard, de 1800 à 1810, Charles, de l'Institut, fit des essais pour achromatiser de petites lentilles, mais la disposition de ses verres ne permettait pas d'obtenir un bon effet.

En 1812, Brewster proposa de former des lentilles achromatiques composées de verres et de segments de différents pouvoirs refringents. Cette idée ingénieuse offrait tant d'inconvénients pratiques qu'elle ne fut pas adoptée.

Vers 1816, Fraunhofer fabriquait des microscopes à une seule lentille achromatique, dont les verres n'étaient pas collés ensemble. Ces microscopes grossissaient fort peu.

De 1821 à 1823, M. Domet de Mont, amateur distingué, qui s'occupait avec succès du perfectionnement des lentilles achromatiques, réclama la priorité pour la construction en France des petites lentilles achromatiques. Mais ses lentilles ne furent jamais appliquées aux microscopes, mais aux oculaires de lunettes, et ces objectifs, ainsi que ceux de Fraunhofer, n'étaient pas assez puissants pour le microscope, et ne pouvaient augmenter l'effet qu'il produisait. Et malgré ce qu'avait dit Euler, l'instrument restait toujours stationnaire ; car en 1821, le savant Biot écrivait : *que les opticiens regardaient comme impossible la construction d'un bon microscope achromatique,* et les savants employaient encore à cette époque les microscopes d'Adams, de Charles, etc., ces instruments étant non achromatiques.

En l'année 1823, mon père travaillait avec M. Vincent Chevalier, son père, lorsque M. Selligue, mécanicien, leur proposa d'exécuter des objectifs achromatiques pour les microscopes. La proposition de M. Selligue était accompagnée d'un dessin, qui n'était pas d'une grande exactitude. Enfin, après six mois d'essais, mon père et mon grand-père parvinrent à livrer à M. Selligue un microscope exécuté d'après ses instructions, et qui ne le satisfit point. Néanmoins, M. Selligue le présenta à l'Académie des sciences, le 5 avril 1824, et le 30 août de la même année, le savant Fresnel examina l'instrument, signala des défauts, tout en faisant un rapport favorable. Fresnel ne fit pas mention des constructeurs dans son mémoire, car il ignorait leur collaboration avec M. Selligue.

L'instrument présenté par M. Selligue avait l'objectif composé de quatre lentilles, formées chacune d'un *flint-glass* plano-concave, dans lequel s'enclavait une lentille biconvexe en *crown*. Certes, il y avait déjà un certain achromatisme; mais les lentilles ayant leur côté convexe tourné vers l'objet, il en résultait une grande aberration sphérique, qu'on avait cherché à diminuer par des diaphragmes très-petits, qui ôtaient beaucoup de lumière. On voit donc que l'instrument était défectueux.

Mon père reprit alors les travaux d'Euler, et en faisant de nombreuses recherches, il parvint à faire des lentilles très-achromatiques et exemptes d'aberration sensible. *Il eut l'idée de tourner le côté plan de la lentille vers l'objet; il put alors construire des lentilles d'un foyer court et d'un petit diamètre. Il imagina aussi de réunir les deux lentilles, au moyen d'une substance diaphane, la térébenthine ou le baume du Canada.* Par ce moyen, il empêcha l'humidité de s'introduire entre les deux verres, et il évita la déperdition de lumière occasionnée par les réflexions des surfaces juxtaposées.

Il est inutile d'insister sur l'importance de ces perfectionnements; ils ont donné l'essor à la construction des microscopes. Les fabricants français et étrangers s'appliquèrent à reproduire les idées de mon père, et c'est seulement depuis 1823 que datent l'industrie et la production des premiers bons microscopes.

Mon père a porté le microscope au plus haut degré de perfection, et dès l'année 1834, deux médailles d'or lui furent décernées; les rapports qui les accompagnaient furent signés des plus illustres noms. Il n'est pas besoin d'autre éloge.

En septembre 1824, mon père construisit la première lentille achromatique de quatre lignes de foyer, deux lignes de diamètre et une ligne d'épaisseur au centre.

Il faut bien remarquer que si mon père n'eût pas construit de petites lentilles à court foyer, on n'aurait pu, comme on le fait aujourd'hui, en superposer plusieurs et détruire l'aberration de sphéricité.

Enfin, le 30 mars 1825, MM. Vincent et Charles Chevalier présentèrent à la Société d'encouragement un microscope achromatique perfectionné. M. Hachette fit observer, dans son rapport, que l'instrument n'avait pas d'aberration sensible et présentait autant de netteté que les télescopes achromatiques.

Dans les années qui suivirent, M. Tulley, Goring, en Angleterre, et M. Amici, à Florence, construisirent des lentilles achromatiques; mais il est bon de faire observer que ce n'est que la première construction, en 1823, qui donna l'idée de faire des lentilles.

Du reste, il est inutile d'insister davantage, car tout le monde sait que les premiers microscopes achromatiques ont été faits par Vincent et Charles Chevalier. En l'année 1827, M. Amici construisit le microscope horizontal; mon père le reproduisit et le plaça à l'exposition du Louvre. Le célèbre Arago ayant déclaré l'instrument parfaitement exécuté, d'après son rapport, le jury décerna une médaille d'argent pour cet instrument.

De 1828 à 1830, mon père achromatisa des lentilles de une ligne et une demi-ligne de foyer; dès lors l'usage des forts grossissements devint général : jusque-là, c'était impossible.

Depuis 1823, l'usage du microscope s'est répandu dans le monde entier. Que de belles découvertes ont été faites avec cet instrument! Que d'heures agréables ont été passées !

En effet, un grand nombre de sciences naturelles, plongées jusque-là dans le sommeil, se sont réveillées, et se sont enrichies, en dotant l'industrie et l'humanité de précieuses découvertes.

De nouvelles sciences sont apparues; le monde invisible, qui n'était connu que superficiellement, vint étaler aux yeux surpris ses moindres détails. Tout y avait gagné : science, industrie, humanité.

Dans ces derniers temps, plusieurs perfectionnements importants ont été faits; ils reviennent à M. Amici, qui, en 1855, fit voir, à l'Exposition universelle, des lentilles construites sur un nouveau principe, et permettant de voir des stries sur des coquillages microscopiques, tels que la *navicula angulata* et la *grammatophora subtilissima*. Depuis cette époque, tous les constructeurs ont adopté pour les forts grossissements la combinaison de M. Amici, consistant dans l'emploi de lentilles en *flint* très-dense, et en *crown* ordinaire.

Dans la série de M. Amici, la lentille qui se trouve près de l'objet est simple, la deuxième est biconvexe et formée de deux verres, la troisième est plus large et plano-convexe. M. Amici a aussi montré des lentilles dites à immersion, c'est-à-dire ne pouvant s'employer qu'avec une goutte de liquide, placée entre l'objet et la lentille; on conçoit alors que la lentille est mouillée. Cette disposition donne de très-bons effets, mais l'immersion est une chose que l'on ne peut toujours employer.

Une innovation capitale a été introduite par A. Ross, célèbre opticien anglais. Tout en conservant le principe d'Amici, il eut l'idée de rendre mobile la lentille de devant, et de créer ainsi des systèmes à *correction*, fort utiles, en ce sens que, suivant que l'objet est recouvert ou non d'un verre mince, on peut mettre au point, faire varier le grossissement, et obtenir une pénétration très-grande, et surtout corriger, pour tel ou tel objet, l'aberration de sphéricité, et par conséquent fournir une perception parfaite.

Je vais maintenant donner la description de mes différents modèles de microscopes, en signalant les avantages particuliers à chacun d'eux, en faisant remarquer que mes modèles comprennent toutes les formes de microscopes actuellement en usage. Comme il est très-facile de faire varier la forme du microscope, on pourrait donc construire encore d'autres modèles; suivant les idées des observateurs. Dans ces derniers temps, mon but a été de construire, pour un prix très-modique[1], un bon microscope pouvant servir aux médecins, aux étudiants et aux gens du monde. J'y suis parvenu, en créant mon *microscope usuel*, représenté fig. 16.

Cet instrument se compose d'un pied solide A, en fonte de fer; sur la partie inférieure, le miroir M est articulé de manière à envoyer sur l'objet de la lumière directe ou oblique. La platine, munie d'un diaphragme variable, est très-solide et ne peut fléchir en aucun cas. Le tube T se meut à frottement doux, dans le coulant X, et donne le mouvement prompt pour la mise au point;

[1] 70 fr.

le mouvement lent est obtenu à l'aide de la vis Z.—On

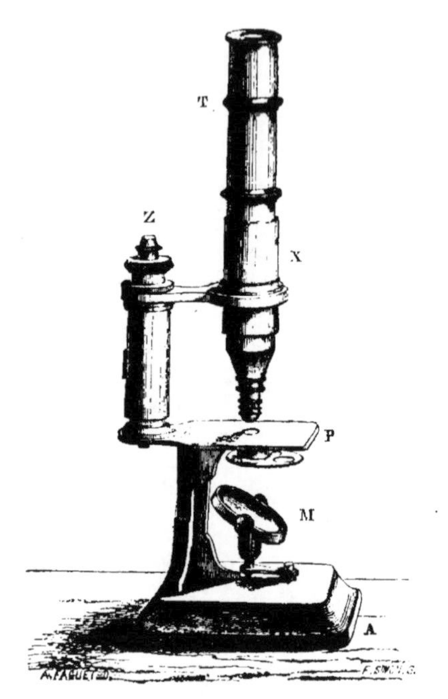

Fig. 16. 1/4 de nature.

le voit, cet instrument, fort simple en apparence, est cependant construit pour être d'un emploi facile. Nous y adaptons notre série n° 3 et notre oculaire 2, et l'on obtient ainsi des amplifications de cinquante à trois cent cinquante fois.—Ce pouvoir est suffisant pour un grand nombre d'études : pour l'histologie, on peut l'appliquer à l'étude des tissus, des liquides; pour la botanique, l'entomologie, il peut rendre de grands services.

La fig. 17 représente notre *microscope d'étudiant,*

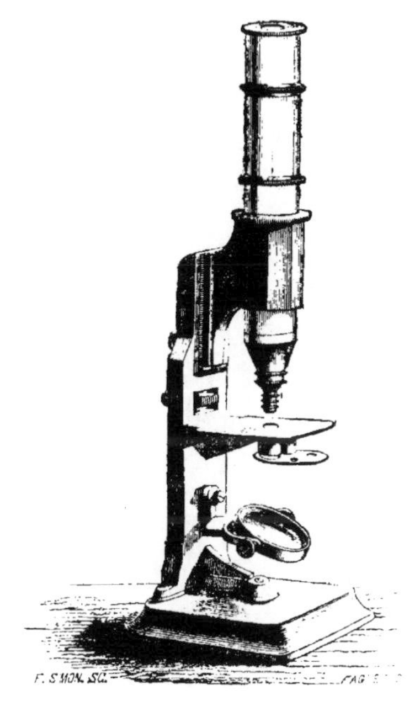

Fig. 17.—1/1 de nature.

dont la description se rapporte au précédent; il est accompagné d'un oculaire n° 2 et d'une série n° 3. Ses amplifications vont jusqu'à trois cent cinquante fois.

Notre *microscope à base cylindrique* est représenté fig. 18. Ce modèle constitue un instrument très-complet; le tube est à tirage, de façon à faire varier le grossissement. Les oculaires 1, 2, 3, les séries 1, 3, 5, qui l'accompagnent, permettent d'obtenir des amplifications de cinquante à cinq cents fois en diamètre.—Ce modèle est accompagné d'une loupe pour les corps opaques. A partir de ce modèle, chaque série de lentilles est renfermée dans un tube en cuivre.

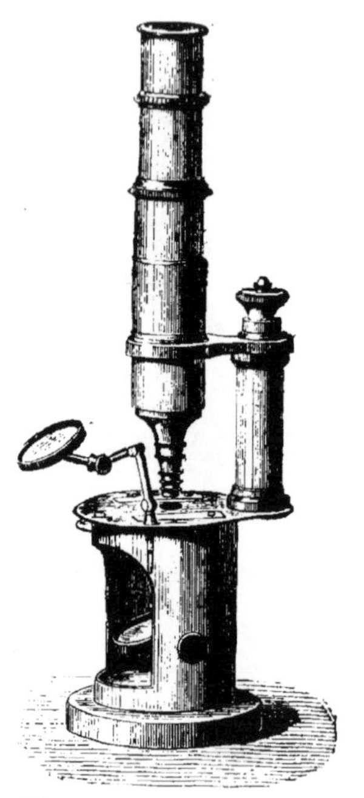

Fig. 18. — 1/1 de nature.

Le microscope représenté fig. 19, a l'immense avantage d'être à la fois *simple et composé*. Il est muni, comme le précédent, de trois séries, 1, 3, 5, de trois oculaires, d'une loupe pour les corps opaques, et a en plus deux doublets. Pour le microscope composé, son tube est à tirage, pour faire varier le grossissement. Il se renferme dans une boîte en acajou et contient les accessoires réunis du microscope simple et composé.

La transformation du composé en simple s'obtient

Fig. 19.—1/5 de nature.

très-facilement ; en effet, il suffit d'enlever de la platine la pièce portant le tube, et d'y substituer une pièce spéciale semblable à celle de mon grand microscope fig. 24 ; la platine est construite comme dans le microscope simple et percée d'une ouverture portant une plaque à diaphragme ; on enlève cette dernière, et on la remplace par un disque en glace, pour opérer les dissections.

Le miroir est muni d'une articulation permettant de diriger la lumière dans tous les sens.

Enfin ce modèle est d'un usage commode et précieux pour tous les genres d'observations.

On trouvera dans les chapitres qui vont suivre, les moyens d'éclairer convenablement l'objet, de le représenter, de le dessiner, de le disposer et de le préparer pour l'observation.

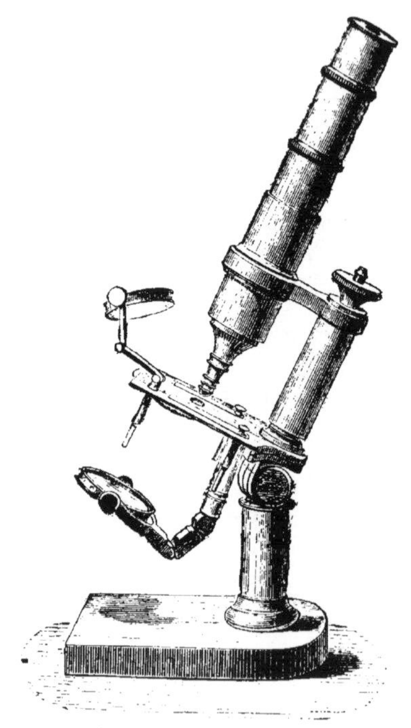

Fig. 20.—1/4 de nature.

Malgré cela, il est utile d'indiquer ici, du moins sommairement, la manière de disposer l'instrument pour l'observation.

Pour les quatre premiers modèles que je viens de décrire, l'instrument étant sorti de sa boîte est prêt à servir aux observations. on commence par placer l'objet sur la platine du microscope, puis on applique l'œil près de l'oculaire; ensuite on tourne le miroir dans tous les sens, de manière à faire tomber les rayons lumineux sur l'objet, ce qui arrive lorsque le champ du microscope apparaît bien uniformément éclairé. Il

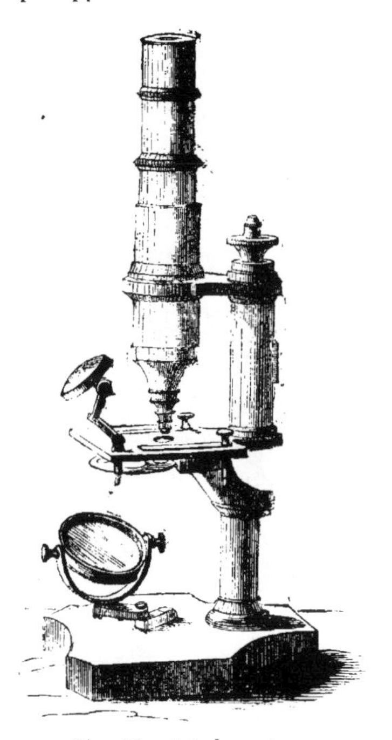

Fig. 21.—1/4 de nature.

ne reste plus qu'à mettre au point de vue, ce qui s'obtient, soit au moyen du tube à frottement ou au moyen de la vis ou de l'engrenage. On règle ensuite la lumière, suivant la nature de l'objet, ainsi que je l'indiquerai au chapitre spécial relatif à l'éclairage.

Le microscope, fig. 20, a l'avantage de pouvoir *s'incliner*; cette disposition plaît à certaines personnes. Ce modèle est accompagné de nos trois oculaires et des séries 1, 3, 5. Le grossissement est de cinquante à cinq cents fois.

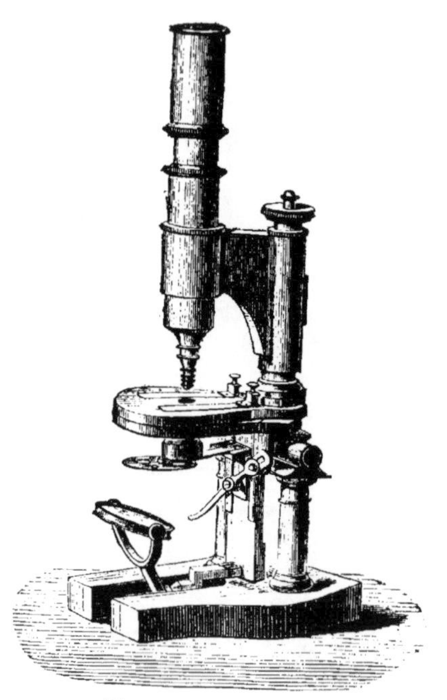

Fig. 22. — 1/5 de nature

La fig. 21 représente un *microscope à platine tournante* d'après le célèbre anatomiste Strauss. Cette disposition est utile dans beaucoup de cas, pour faire pivoter l'objet de façon à présenter toutes ses parties à la lumière; en procédant de la sorte, on voit souvent des détails qui restent inaperçus sans ce moyen. Le miroir est articulé pour donner la lumière oblique, le diaphragme variable est disposé de façon à recevoir un prisme oblique de Shadbot. Il est accompagné des trois oculaires et des séries 1, 3 et 5.

L'amplification est de cinquante à cinq cents fois.

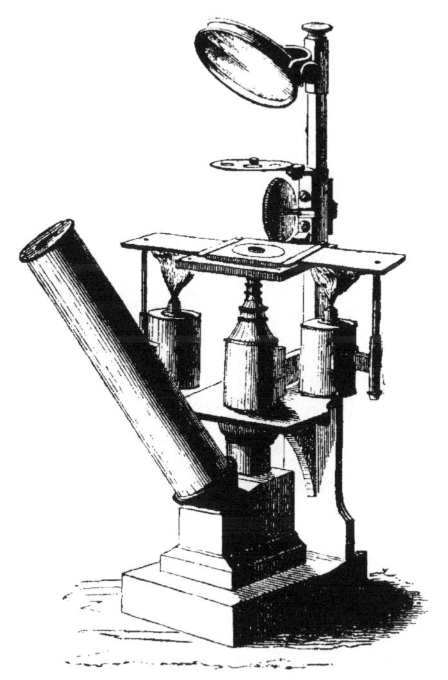

Fig. 23.—1/4 de nature.

Le modèle représenté fig. 22 est celui que nous nommons le *microscope de Strauss à colonnes*, c'est un des modèles les plus commodes et les plus complets. En effet, il s'incline, il possède un tube à tirages, se détournant pour changer les lentilles, une platine tournante et recouverte en glace, un miroir articulé, un diaphragme à levier parallèle permettent, en abaissant le diaphragme, de régler la lumière, ce qui est utile pour l'emploi des condenseurs et des prismes obliques. Ce microscope, accompagné des trois oculaires et des séries 0, 1, 3, 4 et 6, constitue un modèle qui se prête à toutes les observations.

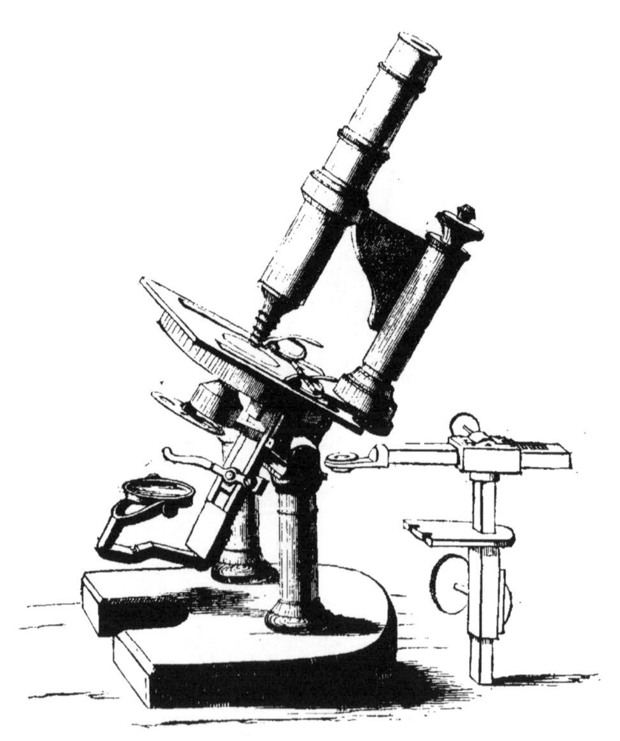

Fig. 24.—1/1 de nature.

Le *microscope chimique de Charles Chevalier*, inventé en 1834, est représenté fig. 23. Comme on le voit, les vapeurs se dirigent du côté du miroir et les lentilles sont placées sous l'objet. Cette ingénieuse disposition, adoptée par les constructeurs de tous les pays, a été premièrement employée par notre célèbre chimiste, M. Dumas, pour lequel mon père l'avait construite. Les oculaires 1 et 2, les séries 1, 3, 4, accompagnent cet instrument auquel nous ajoutons la platine à lampes, inventée par Charles Chevalier.

Notre *grand microscope d'anatomie* est représenté, fig. 24. Nous l'avons exécuté pour établir le microscope le plus stable que l'on puisse construire. La figure qui le représente nécessite une courte description. Comme on le voit, il se compose d'une large table, reposant sur deux colonnes fixées à une base très-solide, il sert à la fois de microscope composé et de microscope simple, il peut s'incliner, possède une platine tournante et tous les avantages des autres modèles. Cette construction se prête à toutes les exigences des observations, et le maniement en est simple et commode, les trois oculaires, les séries 1, 3, 5, 7, 8, à corrections, accompagnent cet instrument qui grossit de 50 à 1,200 fois.

Nous allons maintenant décrire le *microscope universel de Charles Chevalier*, inventé en 1830, et qui renferme tous les avantages qui se trouvent dans les microscopes déjà cités. C'est donc en analysant ce modèle que l'on a construit les autres microscopes.

Cet instrument a été décrit par mon père, dans son ouvrage intitulé : *des Microscopes et de leur usage*, publié en 1839. Depuis cette époque, il y a apporté d'importantes modifications. Je suivrai donc pas à pas sa description, en indiquant les changements apportés.

Le premier de ces microscopes figurait à l'Exposition des produits de l'industrie, en 1834 ; il était destiné au

Collége de France, et fut construit sur la demande de M. Serres. Il fut déclaré supérieur à tous les autres par MM. le baron Séguier, Pouiller, Savart. Ces savants accordèrent à mon père la médaille d'or, pour son nouveau microscope.

L'Académie des sciences fit plus tard l'acquisition de cet instrument pour son cabinet.

L'instrument de mon père est, à juste titre, nommé universel, car il est à la fois horizontal, vertical, simple, composé pour les dissections, renversé pour la chimie, etc., etc. ; enfin, ce microscope peut se prêter à toutes les expériences que nécessitent les observations.

Les avantages que présente cette construction sont incontestables, nous examinerons séparément chaque pièce et chaque accessoire dans ce chapitre et dans ceux qui suivent. Signalons d'abord que la position horizontale d'Amici est dans certains cas préférable à celle verticale; à ce sujet, mon père s'exprime ainsi : « Lorsque l'on a besoin de faire des observations prolongées avec le microscope vertical, on ne tarde pas à sentir un engourdissement douloureux dans les muscles postérieurs du cou, on est obligé de suspendre fréquemment l'expérience et chaque fois la douleur revient avec plus de rapidité. La position de l'œil est la plus désavantageuse pour les observations microscopiques; en effet, le fluide qui lubrifie la surface antérieure de l'organe suit les lois de la pesanteur et s'accumule dans le point le plus décliné, lorsque l'œil est incliné en bas de manière à voir dans le microscope, ce fluide doit nécessairement se porter sur la cornée de face de l'ouverture pupillaire. Pour peu que l'œil soit prompt à se fatiguer, la sécrétion de l'humeur sera augmentée et dès lors il ne reste plus qu'à suspendre les recherches. Avec le microscope horizontal, au contraire, le corps reste parfaitement droit. Le fluide lubrifié du globe oculaire s'amasse dans la gouttière que lui fait la paupière inférieure d'où il est repris par les conduit lacrymaux. Du reste, l'application des meilleures chambres claires et de certains procédés microscopiques exige la position horizontale du savant Amici, et de plus les opérations chimiques sont d'une extrême facilité lorsque le microscope est dans cette position. »

On voit donc par ce bref énoncé que le microscope horizontal a de grands avantages. Quelques observateurs préfèrent la position inclinée ; du reste, ce microscope peut facilement se placer à toutes les inclinaisons possibles. Cet avantage est obtenu à l'aide d'une simple charnière ; quelques observateurs arrivent à cet effet avec un prisme, mais ce moyen ne vaut pas le nôtre, car il fait perdre de la lumière. La nouvelle disposition de la vis de rappel, celle de la platine, du miroir, enfin l'ensemble de toutes les combinaisons qui assurent la justesse et la précision font facilement voir que le microscope de mon père est vraiment universel. Comme nous allons le voir, ces divers changements s'obtiennent très-facilement, les pièces se remplacent et les mouvements s'exécutent sans que l'instrument éprouve le moindre dérangement dans sa stabilité, tant est grande la précision apportée dans la disposition et dans la construction.

La fig. 25 représente l'instrument qui se visse sur un pied en cuivre. Dans ce microscope, le tube T se meut, à frottement doux dans le tube z, la tige D pivote dans la pièce S. Le tube portant les lentilles pivote aussi en P, afin de changer ces dernières.

Le porte-prisme V entre à frottement sur les tubes A et Z pour composer le microscope horizontal. Pour obtenir le microscope vertical, on enlève d'abord la pièce V avec le corps de l'instrument Z, on sépare en-

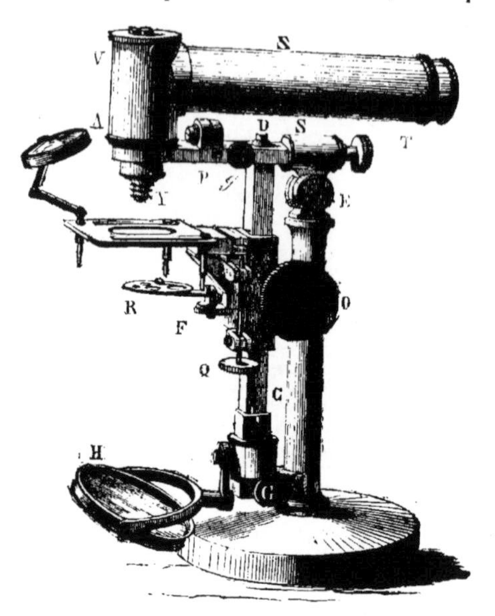

Fig. 25.—1/4 de nature.

suite le porte-prisme V du corps Z, puis on ajoute à frottement ce dernier sur le tube A ; de la sorte, on a l'instrument vertical.

La pièce AP s'ajuste sur la tige D au moyen d'une broche semblable à celle qui est représentée en G, cette pièce s'ajuste à l'aide de la goupille mobile à bouton *g*. La pièce V entrant à frottement doux sur le tube A donnerait le moyen de faire pivoter le corps Z et le porte-prisme V, autour d'un axe qui passerait par l'objectif Y.

La tige CC est fixée inférieurement sur la pièce E au moyen du bouton goupille G.

Le miroir H est mobile autour d'un anneau pour

obtenir la lumière oblique. La platine est mise en mouvement par le pignon O. La vis de rappel Q donne le mouvement lent. Le diaphragme variable R est fixé sur une pièce à charnière qui permet de le supprimer. Une deuxième platine à levier s'adapte pour l'usage du prisme oblique et du condenseur. Nous avons déjà vu comment l'on transforme le microscope horizontal en vertical : pour avoir un microscope simple, il suffit d'enlever le corps du microscope fixé au support sur la pièce PA au moyen du bouton *g* ; on le remplace par un anneau qui se fixe de même avec le bouton *g* et qui est destiné à tenir les doublets. Pour avoir le microscope chimique, rien n'est plus simple. Faites décrire un quart de cercle de droite à gauche au tube Z et au porte-prisme qui se meut à frottement sur le tube A. Cela fait, retirez le bouton G, et relevez la colonne CC sur la charnière E, faites alors décrire un demi-cercle à l'appareil sur le pivot S, abandonnez le tout sur la charnière, afin que l'appareil se trouve horizontal, et vous aurez un excellent instrument disposé pour les expériences chimiques. Il ne vous restera plus qu'à retourner la platine et à poser dessus une plaque portant des lampes à alcool, si on désire faire intervenir la chaleur.

Ce microscope peut aussi s'employer à toutes les inclinaisons que l'on désire au moyen de la charnière E. Si l'on veut employer la lumière directe, on peut relever l'appareil horizontalement sur la charnière E, où, cela fait, en lui faisant décrire un quart de cercle sur le pivot S, on le place encore dans la position horizontale sans difficultés.

Du reste, au moyen de la charnière E et du pivot S, il est facile de concevoir que l'on peut diriger le microscope dans toutes les positions que l'on peut désirer.

Si l'on a lu attentivement cette description, on pourra voir que le microscope universel réunit tous les avantages que l'on peut désirer. Cet instrument est accompagné des pièces suivantes : savoir, des séries de lentiles achromatiques 1, 3, 4, 5, 6.

Trois oculaires d'Huygens,

Une chambre claire d'Amici,

1 micromètre,

1 prisme oblique,

2 doublets pour le microscope simple,

1 loupe pour l'éclairage des corps opaques,

1 cuve pour le chara,

Le microscope est renfermé dans une boîte en acajou, le caisson garni en velours qui renferme les petits objets, contient aussi :

1 scalpel fin,

2 porte-aiguilles,

1 presselle fine,

24 lames de verre,

12 carrés minces,

4 objets préparés.

On peut ajouter à ce microscope afin de le rendre aussi complet que possible :

1 objectif variable,

1 prisme redresseur pour les dissections microscopiques,

1 compresseur,

1 platine mobile,

1 appareil de polarisation,

1 miroir de Lieberkhun, les lampes chimiques, l'appareil électrique et tous les accessoires nécessaires à la préparation des objets.

La fig. 26 représente le microscope universel grand modèle, qui renferme un plus grand nombre d'accessoires que le précédent. Ce microscope est horizontal,

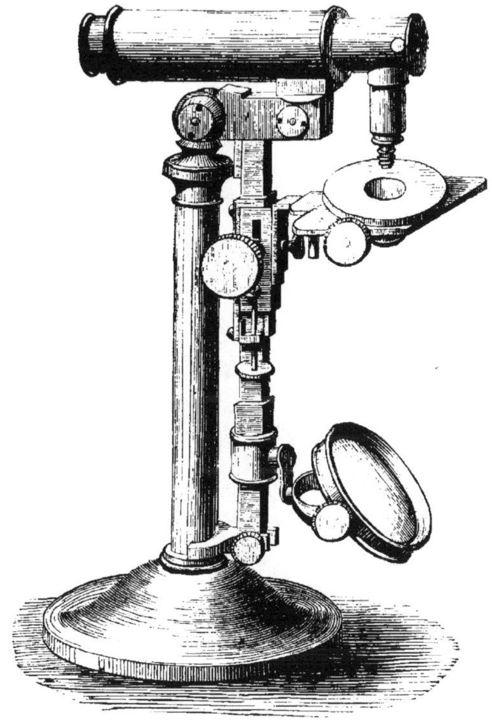

Fig. 26.

vertical, incliné, chimique, mais il ne peut se transformer en microscope simple. Il est muni de deux platines, l'une simple et l'autre mobile, recouverte en glace noire, et portant un levier.

Le microscope diamant ou de poche, inventé par Charles Chevalier, en 1834, est représenté fig. 27.

La figure donne une idée de cet instrument qui a

l'avantage de pouvoir se mettre dans la poche, et qui

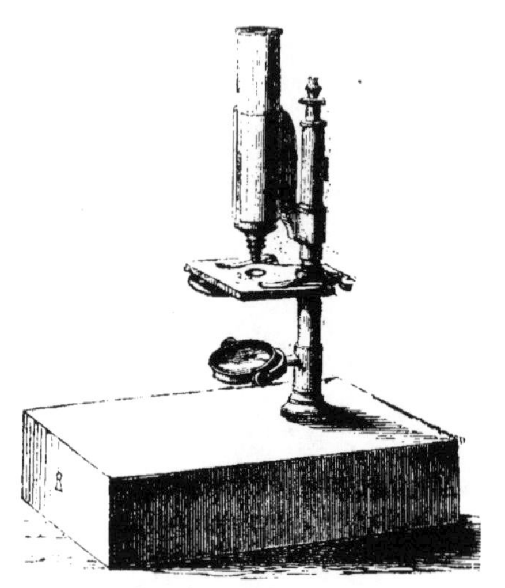

Fig. 27.—1/3 de nature.

est d'une utilité incontestable pour les médecins, qui ont souvent des observations microscopiques à faire chez leurs malades.

Ce microscope est accompagné d'un oculaire et des séries 3, 5, 6. Il grossit cinq cents fois.

Pour obtenir un microscope redresseur, il suffira d'ajouter un prisme aux modèles décrits, on trouvera cette description au chapitre *Accessoires*. Dans ces derniers temps, M. Wenham, en Angleterre, a imaginé le microscope stéréoscope ; nous n'avons pas encore contruit cet instrument qui est plutôt un objet de curiosité qu'une chose utile. Il en est de même des microscopes à deux ou trois corps, imaginés par Chérubin, d'Orléans, en 1677, et que l'on a fait revivre, il y a quelques années. Nous pensons que ces appareils sont d'une utilité fort discutable.

Tels sont les différents microscopes que l'on emploie aujourd'hui. Nous allons maintenant, dans le chapitre qui va suivre, dire quelques mots du microscope solaire.

III

MICROSCOPE SOLAIRE, MICROSCOPE A GAZ, MICROSCOPE ÉLECTRIQUE.

Le microscope solaire n'est autre chose qu'un microscope simple disposé d'une façon particulière, afin de représenter sur un écran et de rendre visible dans le moment même, à un certain nombre de spectateurs, les merveilles de la nature microscopique, qui ne peuvent s'observer que séparément à l'aide des autres sortes de microscopes.

L'invention de cet instrument remonte à l'année 1738; elle est due à J. Nathanael Lieberkun, célèbre anatomiste de Berlin. L'instrument dont il donna la description était composé d'une lentille puissante pour condenser les rayons solaires et d'un microscope simple. Cet instrument n'était pas accompagné de réflecteur, et l'on peut se figurer combien l'effet de cet instrument était peu satisfaisant.

Cependant on pressentait de merveilleux effets, et l'on ne fut pas long avant de trouver des perfectionnements : il fallait un réflecteur; Cuff, l'opticien anglais, construisit un microscope muni de ce précieux accessoire et du microscope de Wilson. C'était déjà un pas immense vers la perfection. Epinus, Ziehr, Martin, Baker, Adams, apportèrent leurs pierres à l'édifice, et bientôt B. Martin compléta l'œuvre en proposant d'appliquer des lentilles achromatiques au microscope solaire; mais les moyens de fabrication manquaient, et ce n'est que plus tard que l'instrument put être considéré comme parfait. Euler remplaça le miroir en verre par un réflecteur métallique; enfin, en nous rapprochant de nos jours, Brewster, le docteur Goring, modifièrent aussi avantageusement l'instrument.

Mon père fit divers perfectionnements au microscope solaire : il modifia la partie mécanique, plaça une roue à engrenage, appliqua un verre concave achromatique à l'instrument, rendit le *focus* variable, le construisit achromatique, ainsi que le condenseur, et le rendit tout à fait complet. Ces divers perfectionnements ont été universellement adoptés : c'est le meilleur éloge que l'on puisse faire de leur excellence.

Mon père construisit deux modèles de microscope solaire. Son grand modèle, le plus complet, est représenté fig. 28. Donnons-en la description.

AABB, plaque en bois ou panneau du volet percée d'une ouverture circulaire qui doit être située exactement en face du tube T de l'instrument.

aabb, plaque en cuivre fixée sur la précédente au moyen des petits boutons à vis *cc*.

M, miroir plan réflecteur qui peut se mouvoir circulairement à l'aide du bouton *c'*, qui fait tourner le disque S au moyen d'un engrenage.

C, second bouton qui imprime au réflecteur un mouvement vertical.

D, échancrure nécessaire pour que le disque S ne soit pas arrêté dans sa marche par le bouton C.

Afin de donner toute l'exactitude et la solidité possibles au mouvement vertical de l'appareil, mon père a placé sur le côté de l'instrument une roue d'engrenage dont l'utilité est incontestable.

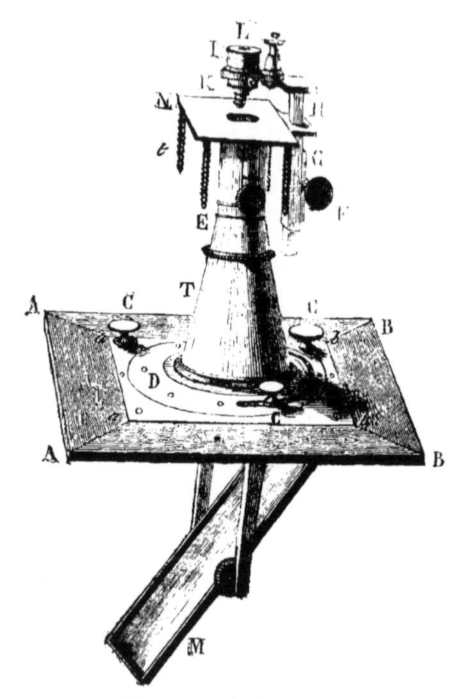

Fig. 28.—1/6 de nature.

T est un tube conique qui porte à son extrémité évasée le grand verre condensateur; le sommet du cône est terminé par un tube à parois parallèles *t'*, qui reçoit un autre tube *t*, dont l'extrémité est garnie près du porte-objet d'un second verre condensateur que nous nommerons verre de *focus*.

Mon père a rendu cette lentille mobile au moyen de la crémaillère à bouton E. On peut donc changer le foyer de cette lentille, ou, en d'autres termes, placer l'objet plus ou moins près de son foyer, et cette circonstance est importante, car certains objets exigent peu de lumière, et d'ailleurs il en est qui seraient consumés ou altérés à l'instant même s'ils étaient placés exactement au foyer des condensateurs.

N représente la platine, formée de deux plaques qui s'écartent et se rapprochent à volonté au moyen de petits ressorts hélicoïdes. Autrefois, on ne pouvait placer qu'un certain nombre d'objets dans le microscope; cette dernière disposition de mon père permet de soumettre à l'action de l'instrument tous les corps imaginables, et notamment ses boîtes à parois parallèles transparentes.

Voyons maintenant comment est construit le système amplificatif.

H est une tige carrée que le bouton d'engrenage F fait glisser dans la boîte G. A son extrémité se trouve fixée à angle droit la pièce I, qui reçoit les trois lentilles achromatiques K, et dans certaines circonstances la lentille concave L, dont nous reparlerons.

Mon père a aussi appliqué au microscope solaire l'emploi de la vis de rappel pour les mouvements lents. Aussitôt qu'il parvint, en 1823, à faire d'excellentes lentilles achromatiques, il les appliqua au microscope solaire, et rien n'a été fait de plus précis. On a reproduit son instrument sans rien y omettre : on n'a donc rien trouvé de mieux. Le petit modèle de microscope solaire ne diffère du précédent que par son moindre volume et par la suppression de divers accessoires mécaniques.

Quoique son effet soit moins puissant que celui du

grand modèle, cet instrument est aussi parfait et procure les mêmes jouissances.

Avant d'indiquer la marche à suivre pour faire usage de l'instrument solaire, expliquons en quelques mots la théorie de l'instrument.

M représente le miroir, C le grand condensateur, *c* le

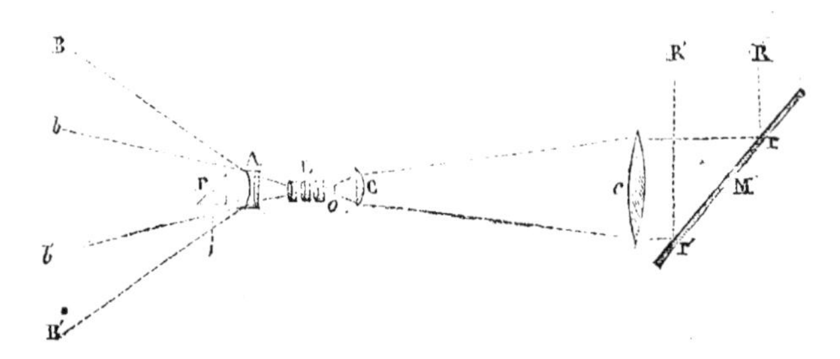

Fig. [illegible].

focus, L les trois lentilles achromatiques, H la lentille concave achromatique, P est un prisme rectangulaire.

RR' représentent les rayons solaires réfléchis en *rr'* par le miroir M, réfractés par le condensateur C, et enfin par la lentille *c*, qui les concentre sur l'objet O. Les rayons qui partent de l'objet sont repris et réfractés de nouveau par les lentilles L, et vont, après s'être entrecroisés, former, sur un écran placé au-devant de l'instrument, une image renversée de l'objet, d'autant plus grande que l'écran est éloigné de l'objectif.

Nous avons signalé l'emploi de la lentille plano-concave achromatique A. On se rappelle que mon père a adapté une semblable lentille au microscope simple; c'est cette disposition qui lui a suggéré l'idée de l'application au microscope solaire. Du reste, voici les avantages que l'on en retire.

Il arrive souvent que la chambre où l'on fait les expériences n'est pas assez profonde, et que l'on ne peut obtenir l'amplification désirable. En plaçant devant les lentilles le verre achromatique concave dont nous avons parlé, on remédie à cet inconvénient, car l'image produite est bien plus grande que si la lentille n'était pas employée. Du reste, la fig. 29 fera parfaitement comprendre cet effet.

Car la plus grande divergence des rayons BB' produira conséquemment une image plus grande que si elle était formée par la prolongation des rayons *bb'*, arrêtés à la même distance. Le verre concave peut être supprimé suivant les effets que l'on désire obtenir.

La figure fait également comprendre l'effet du prisme P, qui permet de reporter l'image, soit latéralement sur le parquet ou au plafond.

Voyons maintenant comment on dispose le microscope solaire pour les observations.

La chambre servant aux observations devra, autant que possible, n'avoir qu'une fenêtre exposée au midi. Cette fenêtre sera parfaitement calfeutrée à l'aide de volets, puis on enlèvera un des carreaux, que l'on remplacera par un panneau en bois percé d'une ouverture circulaire assez grande pour faire passer le miroir de l'instrument. C'est sur ce panneau que l'on fixera la plaque *aa*, *bb*, que l'on maintiendra à l'aide des vis *cc'*, qui seront maintenues dans des écrous placés dans le panneau.

Le miroir M se trouvera donc en dehors de la fenêtre, ainsi que le grand verre condensateur.

On enlèvera alors le porte-objectif L, et on fera mouvoir le miroir M en tournant peu à peu les boutons *cc'*, jusqu'à ce que le soleil vienne se réfléchir dans le miroir M, qui renverra les rayons solaires sur le condensateur. Puis, saisissant l'engrenage du *focus*, on le fera mouvoir jusqu'à ce qu'on obtienne sur l'écran un disque parfaitement éclairé. Il ne restera plus qu'à remettre en place le porte-objectif et à glisser l'objet entre les deux plaques à ressort de la platine.

On cherchera ensuite le foyer en faisant mouvoir les lentilles à l'aide du bouton F.

On sait que le *focus* est destiné à régler la lumière, et que l'on peut avec lui éclairer peu ou fortement l'objet, suivant que l'on fait arriver sur ce dernier le foyer des rayons lumineux, ou qu'on place l'objet en dedans de ce foyer. Les objets délicats, vivants, etc., ne doivent donc pas être placés au foyer des rayons lumineux, mais bien en dedans. Du reste, un peu d'habitude apprendra de suite ces petites précautions.

La connaissance intime des objets à observer donnera le secret de l'éclairage, et l'on comprendra de suite que si, sur un animal vivant, tel que ceux que l'on emploie quand on veut observer la circulation du sang, on projette le foyer des rayons solaires, il y aura cessation de la vie, et par conséquent du phénomène; d'autres fois, cette concentration de la chaleur est nécessaire, par exemple, lorsqu'il s'agit de faire cristalliser des solutions salines. Il est donc important de savoir régler la lumière avec le *focus*. On peut également, pour cet usage, se servir du tube *t*, que l'on fait glisser dans le tube T. L'image produite par le microscope est reçue sur un écran, qui doit être parfaitement tendu et parallèle au microscope. Plus l'écran sera près, plus l'image sera petite, et *vice versa*. Cependant l'écran ne peut être reculé que dans certaines limites, car la lumière devient insuffisante. Du papier blanc bien tendu sur un châssis formera un des meilleurs écrans. On peut aussi employer du papier végétal ou projeter l'image sur une muraille bien blanche et unie.

En se plaçant derrière l'écran lorsqu'il est en papier mince, on voit distinctement les objets et l'on peut les dessiner. Lorsque l'on montre à un plus ou moins grand nombre de spectateurs les merveilleux effets du microscope solaire, on les fait placer derrière l'écran, afin qu'ils ne puissent voir que l'objet et que rien autre chose ne puisse distraire leur attention, qui s'étend de suite à l'admiration. Si l'on veut dessiner, on reçoit l'objet sur un plan dépoli; mais la photographie est le meilleur crayon, et il faut laisser la nature dessiner la nature. Arrière donc, œuvres humaines, atomes perdus dans l'immensité, laissez la lumière saisir la lumière! Inclinez-vous devant l'homme qui, par son œuvre, a saisi la nature par son propre crayon.

Tout le monde connaît les effets du microscope solaire, et l'on sait qu'ils tiennent du merveilleux.

La lumière solaire peut être remplacée par la lumière électrique ou par celle du gaz oxy-hydrogène. Nous construisons aussi ces appareils.

La photographie, comme nous l'avons dit, est le meilleur moyen d'obtenir de belles reproductions d'objets microscopiques avec le microscope solaire. Les premières épreuves de ce genre ont été faites par mon grand-père, Vincent Chevalier, en 1840.—Le procédé à employer est de recevoir l'image amplifiée sur une glace préparée au collodion humide. Dans notre *Méthode des portraits de grandeur naturelle,* nous avons décrit le procédé opératoire. Nous renvoyons donc à cet ouvrage. On peut, à notre microscope solaire, adapter toutes les séries de lentilles et le prisme de Shadbot, de façon à avoir tous les effets et grossissements désirables.

IV

DES ACCESSOIRES DU MICROSCOPE.

Dans ce chapitre, nous examinerons les divers accessoires qui peuvent s'appliquer au microscope, et qui servent à faciliter les observations. Toutefois nous ferons remarquer que l'on n'y trouvera pas la description des accessoires servant à l'éclairage, à la polarisation, à la mesure et au dessin des objets, etc., lesquels seront décrits avec détail dans des chapitres spéciaux, qui donneront aussi la manière succincte de les employer.

Nous ne parlerons donc ici que des accessoires dont l'emploi facilite les recherches microscopiques, soit en es rendant plus précises ou en permettant de les abréger, et dont la description n'aurait pu faire l'objet de chapitres spéciaux.

Parlons d'abord de l'endroit que l'on doit choisir pour les observations microscopiques et de l'arrangement du laboratoire qui sert aux expériences.

C'est ordinairement dans le cabinet de travail que les observations se font, car il est inutile d'avoir un laboratoire spécial pour cet usage. L'instrument sera posé sur une table solide, placée devant une fenêtre assez large. La table servant aux expériences devra être assez spacieuse pour que les accessoires puissent être placés sans encombre.

Quant à la hauteur de la table et du siége, ils doivent être réglés de manière à ce que l'oculaire du microscope vienne se présenter naturellement à l'œil de l'observateur. Le siége devra être dur, et le tabouret devra être préféré aux fauteuils ou chaises, qui gênent ordinairement les mouvements et entravent les expériences.

Ces considérations peuvent paraître puériles; mais leur importance sera appréciée lorsqu'on les aura mises en pratique.

Quant aux meubles qui doivent faire partie du laboratoire, ils sont en petit nombre : en première ligne nous citerons une cage en verre, ou mieux, une vitrine à cadres en bois, qui servira à protéger l'instrument de la poussière et de l'humidité lorsqu'on suspendra les expériences, ce meuble est indispensable; il nous suffisait de le citer pour faire comprendre son utilité.

Les accessoires du microscope, les cuves servant aux dissections, les instruments tranchants, seront renfermés dans une armoire parfaitement close; certains outils qui sont casés dans la boîte qui sert à transporter le microscope pourront nécessairement y être laissés.

Le nécessaire aux réactifs et aux produits conservateurs devra être éloigné de l'armoire aux accessoires, quoique les produits corrosifs étant peu employés ou en petite quantité, ils ne peuvent généralement nuire d'une façon redoutable aux instruments.

Les lames de glace, les instruments servant à la circulation du sang, de la séve, etc., trouveront leur place dans la boîte du microscope ou dans le nécessaire, dont je parlerai plus loin; mais le micrographe studieux fait lui-même de petits accessoires, augmente le nombre de ses appareils, et de petits casiers à tiroirs seront excessivement utiles, ainsi que des cuvettes plates et carrées en bois mince ou en carton, qui serviront à placer les préparations faites, que l'on pourra ensuite placer dans des cartons volume qui se mettront à plat dans la bibliothèque.

On peut aussi placer les préparations dans des boîtes munies de rainures.

On voit que l'ameublement du micrographe est peu considérable; mais, organisé ainsi que je viens de l'indiquer, il donnera toutes facilités à l'homme minutieux de placer et de trouver à l'instant même les accessoires dont il aura besoin.

Si vous voulez être bon observateur au microscope, soyez minutieux, précis, soigneux; de cette façon, vos expériences vous seront profitables; autrement, vous n'atteindrez qu'imparfaitement votre but, et vos recherches ne présenteront pas d'intérêt.

Occupons-nous maintenant de garnir nos vitrines, casiers, etc.; en un mot, parlons des accessoires proprement dits.

Fig. 30.

Des loupes.

Les loupes plano-convexes montées sur pied en cuivre sont fréquemment employées pour projeter de la lumière sur certains objets, soit pour les examiner ou pour en opérer la dissection. On fera donc bien d'avoir à sa disposition un de ces condensateurs. J'ai représenté fig. 30 le modèle le plus en usage, qui s'emploie particulièrement pour les dissections microscopiques. Du reste, je reparlerai des condensateurs en traitant de l'éclairage des objets microscopiques.

Prisme redresseur de Charles Chevalier.

Le prisme redresseur, inventé par mon père en 1834, est un accessoire d'une utilité depuis longtemps appréciée.

Avec cet instrument on peut à volonté rendre à l'objet sa véritable position, et même le faire tourner dans tous les sens. Pour le microscope horizontal, en quittant l'oculaire, *les rayons sont forcés de traverser le prisme, mais son action, réunie à celle de l'appareil, imprime aux rayons une* RÉFLEXION CROISÉE qui détruit complétement *l'inversion produite par le premier entre-croisement.* Il est quelquefois difficile de suivre les mouvements des animalcules, qui changent de place à tout moment. Avec le prisme redresseur on n'est pas exposé à pousser le porte-objet dans un sens lorsqu'il est nécessaire de lui faire suivre une autre direction pour retrouver l'infusoire. On obtient par ce moyen un excellent microscope pour les recherches et dissections anatomiques.

« Le prisme redresseur est une pièce absolument indispensable à l'anatomiste. Toutes les personnes qui ont l'habitude du microscope savent combien il est difficile de conduire avec exactitude les pointes, scalpels, etc., sur la platine. Les rayons, en se croisant, donnent une image renversée de l'objet que l'on examine, et conséquemment, lorsqu'on fait mouvoir un scalpel sur le côté gauche, il paraît agir sur la partie droite de l'objet; si on le pousse vers la droite, il semble se diriger du côté gauche, et ainsi de suite. La difficulté augmente encore si l'on dissèque un très-petit objet sous un fort grossissement[1]. »

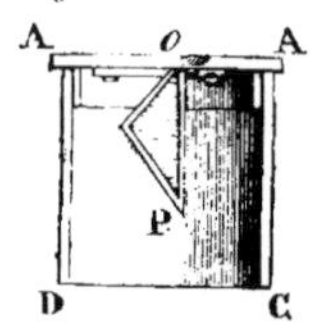

Fig. 31.

Notre appareil est tout simplement un prisme rectangle fixé dans un tube de cuivre qui se place sur l'oculaire du microscope. La fig. 31 le représente.

ABCD, tube en cuivre.

P, prisme redresseur.

O, ouverture à laquelle on applique l'œil.

E, le tube vu de face.

Nous venons de décrire le microscope redresseur horizontal. En prenant les mêmes idées, il est facile de comprendre notre microscope vertical à prismes redresseur. Plaçons au-dessus des lentilles un prisme comme celui qui est au-dessus des lentilles dans le microscope horizontal, puis au-dessous des lentilles notre second prisme rectangle, voilà le microscope à prismes redresseur.

Dans ces derniers temps, M. Amici a construit un seul prisme, qui, placé sur l'oculaire, produit l'effet de deux prismes. Nous avons adopté cet instrument; mais

[1] *Manuel du micrographe* de Charles Chevalier (1839).

avec le microscope horizontal l'image est plus pure et plus définie.

Objectif variable de Charles Chevalier.

Un instrument imaginé par mon père, et qui se lie au prisme redresseur, *est son objectif variable*. Son excellence et les services qu'il peut rendre lorsqu'on s'occupe de dissections microscopiques l'ont fait adopter par un grand nombre d'anatomistes. J'en donne ici la description, extraite de l'ouvrage de mon père :

« Lorsqu'on s'occupe de dissections microscopiques, l'instrument composé est parfois trop puissant ou plutôt, le champ de vue n'est pas assez étendu et il n'y a pas assez d'espace entre les lentilles objectives et la platine; les mêmes inconvénients se présentent si l'on fait usage du microscope simple. Notre objectif variable devient alors indispensable. Il se compose de deux tubes en cuivre, glissant l'un dans l'autre; à l'extrémité de chaque tube se trouve une lentille achromatique à long foyer. L'appareil s'adapte soit au microscope, à l'aide d'un pas de vis à la place de l'objectif. Au moyen du tube à glissement, on peut éloigner ou rapprocher les deux verres et obtenir un grossissement plus ou moins fort, sans avoir besoin de changer de lentilles, le champ du microscope est vaste et l'espace suffisant pour faire mouvoir des instruments assez volumineux. Depuis plusieurs années nous avons appliqué cette combinaison à nos lunettes achromatiques, et les résultats obtenus nous ont engagé à adopter ce nouveau système. »

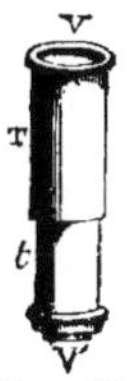

V
T
t
V
Fig. 32.

La fig. 32 représente l'objectif :

T, tube extérieur;

t, tube intérieur glissant dans le premier;

V, verre supérieur;

V', verre inférieur.

D'après la description que je viens de faire de l'objectif variable de mon père, on peut se faire une idée du plus excellent microscope composé pour les dissections, car, employé avec le prisme redresseur, on peut à l'aide de grossissants très-faibles (2 à 6 fois), pratiquer des dissections sans fatigue, ayant un instrument donnant une netteté parfaite avec un vaste champ et des images redressées. On ne peut craindre d'avancer qu'il n'est pas possible de construire un meilleur microscope pour les dissections. L'objectif variable s'adapte aussi bien au microscope vertical qu'à celui horizontal, et nous en reparlerons au chapitre ***Dissection des objets microscopiques.***

Comme on le sait, dès 1834, mon père inventa son télescope réfracteur avec objectif double ou à verres combinés. C'est cette invention qui lui donna l'idée de l'objectif variable pour le microscope, et plus tard celle de l'invention et de l'application à la photographie et au daguerréotype de son objectif double ou à verres combinés inventé pour les télescopes en 1834, et qui aujourd'hui est universellement adopté par les personnes qui s'occupent de l'art si sublime enfanté par Niepce et Daguerre. C'est aussi cette idée si féconde en résultats, qui suggéra à mon père l'idée de ses jumelles mégascopiques pour le théâtre et les voyages, dont la puissance et la netteté est si justement appréciée.

Les diaphragmes placés sous la platine pour régler la lunette, seront décrits au chapitre *Éclairage,* ainsi que les différents miroirs et prismes qui servent à cet usage.

Valets.

Les valets sont de petites pinces fort utiles qui servent à maintenir les lames de glace portant les objets que l'on désire examiner. Presque tous les microscopes sont munis de ces précieux accessoires.

Anneau à ressort.

Lorsque l'on veut examiner avec de faibles grossissants des petits insectes ou des parties d'un corps quelconque tenues dans les collections à l'aide d'épingles, on ne peut les détacher sans nécessairement les altérer, il faut donc les examiner avec l'épingle qui sert à les fixer. A cet effet, on se sert d'un anneau en cuivre, sur lequel est fixé un ressort. Entre le ressort et la rondelle on a pratiqué une rainure qui sert à loger l'épingle qui tient le corps que l'on veut observer; l'épingle peut être avancée ou reculée, et l'on peut voir de suite tout l'avantage que l'on peut retirer de ce petit accessoire.

Petite pince.

Un petit accessoire aussi très-utile est la petite pince

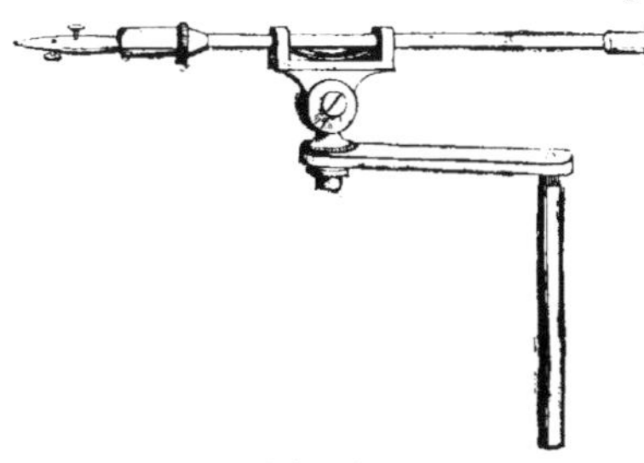

Fig. 33.

représentée fig. 33. Elle est utile toutes les fois que l'on veut tenir de petits insectes vivants ou autres corps que l'on peut examiner sous toutes les faces en faisant tourner la petite pince, cette dernière est aussi munie d'un mouvement d'avant en arrière, et *vice versa*, ce qui facilite beaucoup l'examen des objets. A l'extrémité se trouve une pointe destinée à piquer les corps que l'on voudra examiner de cette façon. Cette petite pince se place sur le microscope simple à la place d'un des valets.

Vis de rappel.

Lorsque l'on veut mettre exactement au foyer les objets que l'on examine, il faut obtenir un mouvement très-lent et précis. A cet effet, il faut adapter au microscope une vis de rappel, dont l'emploi est à mon avis indispensable, surtout avec les forts grossissants. En décrivant le microscope universel de mon père, j'ai déjà parlé de cet accessoire, dont il serait superflu de donner la description mécanique.

Compresseur.

Un des accessoires les plus utiles est, sans contredit, le compresseur. Son emploi facilitera singulièrement un grand nombre de recherches, et l'on peut dire sans crainte qu'il est universellement adopté.

On a construit différents compresseurs, mais le plus parfait de tous est, sans contredit, celui de Schieck de Berlin. Avant d'en donner la description, indiquons d'abord un compresseur excessivement simple, d'un prix excessivement modique, et qui peut de même, sans être aussi parfait que celui de Schieck, rendre de grands services.

Ce petit instrument se compose d'une plaque de bois percée d'une ouverture circulaire, au fond de laquelle repose sur une rondelle de cuivre un disque en glace, les parois de la cavité sont garnies d'un tube portant un pas de vis dans lequel vient s'adapter une petite pièce en cuivre portant à sa partie inférieure une plaque de glace taillée en biseau. On comprend maintenant ce compresseur, l'objet à comprimer étant placé sur la plaque de glace occupant le fond de la cavité, on visse alors la pièce portant l'autre glace, qui arrive près de l'objet que l'on peut comprimer comme on le désire. Inutile d'insister davantage sur ce petit instrument s simple en apparence, mais dont les résultats sont justement appréciés des observateurs.

Examinons maintenant le compresseur de Schieck. Je donnerai sa description, extraite de l'ouvrage de mon père :

« A B, fig. 34 ; règle en cuivre percée à son centre d'une ouverture circulaire C.

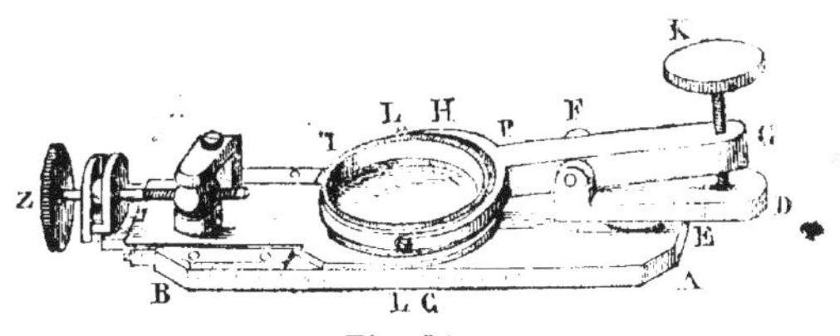

Fig. 34.

« D, pièce mobile dans le sens horizontal sur le pivot E, et terminée à son extrémité par les montants F.

« G, levier mobile sur le pivot qui traverse les montants F.

« H, demi-cercle pivotant en P sur l'extrémité du levier, ce demi-cercle reçoit le cercle I mobile sur les pivots L L.

« A l'autre bout du levier, est ajustée une vis à tête molletée K, dont l'extrémité porte dans une rainure pratiquée sur la pièce D. Si l'on desserre la vis K, un petit ressort placé entre D et G force le bras G du levier à s'abaisser et soulève le bras opposé qui supporte l'anneau.

« L'ouverture C et l'anneau I sont garnis de verres plans à biseau, celui de l'anneau doit être très-mince. »

Quand on veut faire usage de l'instrument, on fait tourner la pièce D sur le pivot E, après avoir eu soin de desserrer la vis K. On place alors un objet sur le verre de l'ouverture C, et ramenant l'anneau I sur ce verre, on tourne doucement la vis; lorsque les deux plaques sont presque en contact, on pose l'appareil sur la platine du microscope et l'on aperçoit parfaitement les objets qu'on peut alors comprimer au moyen de la vis K. Il faut avoir soin de régler de temps en temps le microscope, car la compression exercée sur les objets, les déprime, les place nécessairement sur un plan de plus en plus bas et les fait sortir du foyer.

Ce *compressorium* l'emporte sur tous les autres; le mouvement de compression est régulier, la vis est placée sur le côté de l'appareil, et l'on n'est plus obligé comme autrefois de porter la main au centre de la platine pour tourner le chapeau ou la virole; le contact des deux verres est parfait au moyen des deux verres L et D, qui permettent à l'anneau I de s'abaisser en conservant toujours une direction parallèle à la règle A B; enfin le pivot E, facilite la préparation des objets, puisqu'on peut mettre de côté la partie supérieure de l'appareil pendant qu'on expose ces préparations sur le verre de l'ouverture C D.

Comme on le voit, ce compresseur est parfait, et

se complète par la vis de rappel Z qui permet de rouler l'objet comprimé et de le tirailler latéralement.

Pince de Strauss.

J'ai déjà donné la description d'une petite pince fort utile pour l'examen de certains objets : celle due à M. Strauss donne des résultats beaucoup plus précis que celle décrite précédemment, en raison du petit chariot à vis de rappel qui y est adapté. La pince de M. Strauss est un petit instrument de précision fort apprécié des observateurs minutieux.

Appareil galvanique.

Lorsque l'on voudra soumettre à l'action de l'électricité des corps que l'on observe au microscope, il faudra se servir du conducteur électrique de M. Ploessel. Ce petit instrument fort simple peut, dans un grand nombre de cas, rendre de grands services.

Donnons sa description :

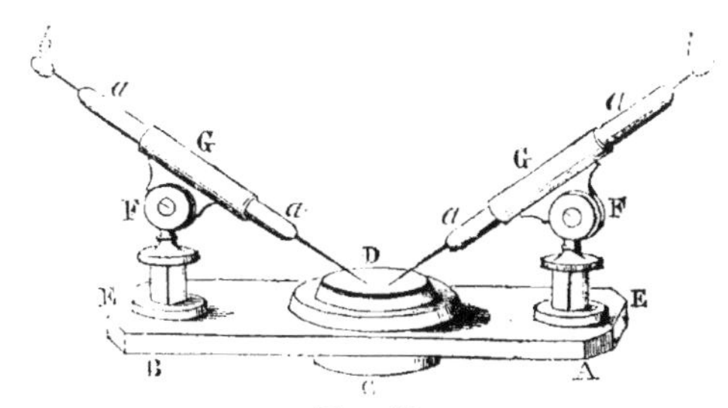

Fig. 35.

AB, règle en cuivre; C, virole fixée au centre de cette règle et garnie du verre D; EE, petits tubes qui recouvrent les tiges des pièces FF. Ces deux canons ou tubes sont fendus, pour que la pression exercée sur les tiges soit plus exacte. G G, tubes qui basculent sur les charnières F F et reçoivent les tubes capillaires en verre, *aa*, *bb*, fils de platine introduits dans les petits tubes; une de leurs extrémités est contournée en anneau, l'autre vient se placer sur la plaque D.

Pour se servir de ce petit instrument, on fixe les fils conducteurs d'une pile (celle de Daniell, par exemple), aux anneaux *bb* des fils de platine, et on place en face l'un de l'autre l'extrémité desdits fils.

Le courant passe alors, et l'on peut observer l'action électrique sur les corps que l'on soumet à l'examen.

Rien de plus curieux que cette action sur les infusoires, la circulation du sang, la cristallisation de certains sels. Ces expériences procurent à la fois science et plaisir.

Platine mobile.

Lorsque l'on examine certains objets avec de forts grossissants, il arrive que la main qui promène le porte-objet pour trouver les objets, imprime des mouvements trop brusques, et l'on est souvent un temps infini avant de trouver l'objet que l'on veut observer.

En employant le chariot ou platine mobile, on remédie entièrement à cet inconvénient.

Plusieurs observateurs ont imaginé de ces instruments. Turrel, par exemple, a imaginé une platine mobile que je vais mentionner ici.

Ce petit appareil se compose de trois platines superposées. La platine inférieure fixée au microscope est immobile, les deux autres glissent dans des coulisseaux suivant deux directions contraires, l'une d'avant en arrière et l'autre latéralement. En faisant mouvoir ensemble ces deux plaques, on obtiendra un mouvement diagonal qui peut être utile dans certaines circonstances. Les plaques percées d'une même ouverture centrale sont mues par une vis et un pignon à têtes molletées placées sur chaque côté de la platine.

Ce chariot est d'un usage très-commode; mais sa construction amène souvent dans les mouvements une certaine irrégularité, qui n'existe pas dans le chariot adopté par mon père pour son grand microscope universel.

Une platine récemment construite par mon père donne aussi des résultats très-précis. Sa construction est fort simple.

Cette platine est munie, à sa partie supérieure, d'un disque à centre qui permet de faire pivoter l'objet sur lui-même, mouvement qui peut être employé pour faciliter l'examen précis des objets.

Ce mouvement peut du reste être adapté aux platines que je viens de citer, ainsi qu'à celles des autres systèmes, lesquelles se rapportent en général aux mêmes moyens, et l'inspection d'une platine mobile fera de suite comprendre la construction de toutes celles construites, la base étant la même, sauf quelques modifications dans les détails.

D'après ce que je viens de dire, on comprendra que la platine mobile est un accessoire qui doit accompagner tout microscope complet et à forts grossissements.

Porte-objet pneumatique.

Lorsque l'on voudra étudier l'action des différentes pressions atmosphériques sur des corps organisés vivants, il faudra se servir du porte-objet pneumatique du docteur Poiseuille qui est connu d'un grand nombre de praticiens.

Cuve ou aquarium.

Les cuves plates imaginées par mon père sont des accessoires fort utiles, et je dirai même indispensables. J'ai représenté, fig. 36, cet accessoire. J'extrairai du ***Manuel du micrographe*** la description donnée par mon père :

« Nous appellerons spécialement l'attention des observateurs sur nos boîtes translucides à surfaces planes. Longtemps on fit usage de tubes ou fioles pour observer certains corps immergés dans un liquide. Il n'y a pas encore bien longtemps que plusieurs observateurs et opticiens distingués employaient ce procédé en Angleterre, et l'on peut voir la représentation de leurs appareils dans les derniers traités du microscope.

Fig. 36.

« Cette méthode est mauvaise, car les surfaces courbes du verre plein d'eau ne peuvent se présenter en même temps au foyer des lentilles, et les rayons partis de l'objet éprouveront différentes réfractions qui nuiront à la netteté de l'instrument. S'il devient nécessaire d'exercer une compression sur l'objet, elle ne pourra être égale sur tous les points, à moins toutefois que le compresseur ne présente une courbure semblable à celle des parois du vase, et alors si l'objet est un être animé, il pourra se glisser sur les parties latérales et s'échapper par les intervalles. Nous pourrions ajouter qu'il fallait un appareil spécial pour maintenir les fioles.

« Depuis plusieurs années, nous construisons des boîtes en glace composées de quatre lames réunies au moyen d'un mastic particulier. Toutes les surfaces sont planes, et l'on fixe ces boîtes sur la platine, en les serrant entre les valets (bien entendu quand on a fait pivoter le microscope universel ou autre, de façon à placer verticalement la platine). Elles sont indispensables pour le microscope solaire. Une lame de glace, également plane et dont les bords sont en contact avec les parois extrêmes de la boîte glisse d'avant en arrière et sert à augmenter ou à diminuer la capacité. Cette plaque est fort utile lorsqu'on veut, comme M. C. Varley, examiner de jeunes charas qu'on a fait croître dans le même vase où on les examine ; on amène très-facilement la petite plante contre la paroi de la boîte, on agira de même si on veut maintenir ou comprimer des êtres animés. »

Un observateur savant et précis, M. Nicolet, a retiré de très-grands avantages de ces cuves pour l'étude des infusoires. En un mot, leur emploi a été généralement adopté, et les services rendus sont incontestables.

Tubes à infusoires.

La cuiller à filet devient nécessaire lorsqu'on veut choisir un individu dans un vase qui en contient plusieurs. On peut construire soi-même ce petit instrument avec un morceau de fil métallique dont on contourne une des extrémités en anneau sur lequel on tend un petit morceau de gaze. Lorsqu'on veut faire un choix, on glisse doucement la cuiller sous un ou plusieurs individus, et on la retire en ayant bien soin de ne pas trop agiter le liquide.

Pour saisir certain corps flottant dans l'eau, on se

sert aussi de petites cuillers en verre. On peut aussi, si la nature de l'objet ne s'y oppose pas, se servir de presselles courbes. Mais si l'on veut saisir des corps qui se trouvent au fond d'un vase un peu profond ou autre récipient, il faudra faire usage de longues presselles ou de petites baguettes de verre plein, arrondies aux extrémités, fort utiles pour prendre des gouttes de liquide que l'on veut observer. On peut en avoir de diverses grosseurs et longueurs.

En parlant des infusoires, nous indiquerons les moyens et les outils nécessaires pour leur récolte, mais nous signalerons ici un moyen très-employé pour les pêcher dans les vases où on les tient renfermés. Il faut avoir des tubes en verre de différentes formes, fig. 37.

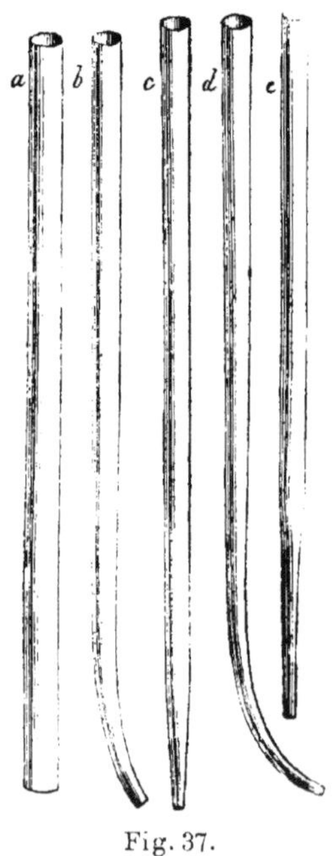

Fig. 37.

Ayant choisi un tube convenable, on ferme l'orifice supérieur avec le bout du doigt, puis on le plonge dans le liquide, en le dirigeant vers l'endroit où se trouvent les animalcules; cela fait, on retire le doigt, et à l'instant le liquide s'engage dans le tube, entraînant avec lui les infusoires. On replace alors le doigt sur le tube, et l'on porte sur une lame de glace le liquide contenant les individus, que l'on peut alors observer à son aise, fig. 38. Non-seulement on peut pêcher dans les vases, mais de même sur les gouttes de liquide déposées sur les lames de glace ou dans de petits récipients.

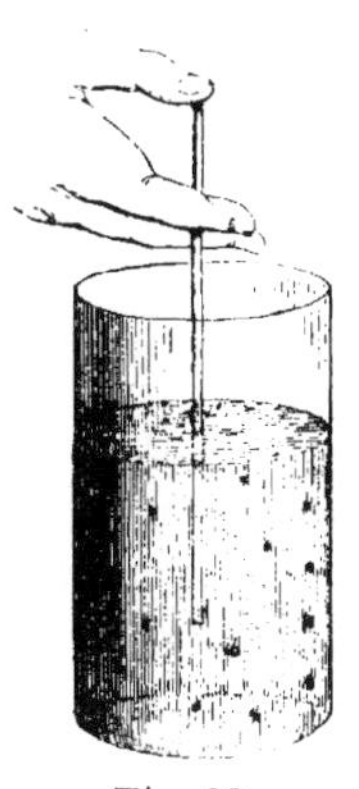
Fig. 38.

Les accessoires nécessaires pour l'examen de la circulation du sang et de la séve seront décrits en traitant de ces expériences; nous ne nous y arrêterons donc pas.

Lames de glace.

Les lames de glace qui servent à déposer les objets pour les examiner sont les accessoires les plus employés; on aura soin de se les procurer belles, sans bulles, raies ni fils. Leur surface devra être parfaitement lisse et sans trou; quant à leur épaisseur, elle doit être en général moyenne, cependant quelquefois on peut avoir besoin de lames de glace assez épaisses. Le champ de ces lames doit être usé à l'émeri, et lesdites biselées. Nous employons ordinairement des lames de deux grandeurs, soit de 60 millimètres sur 15 et de 75 millimètres sur 25.

Ces deux dimensions suffisent en général. On peut, à l'aide d'une règle et d'un diamant, couper soi-même les lames de glace et les user ensuite sur les côtés en les frottant avec de l'émeri sur plan en fer ou cuivre, ou même sur un morceau de verre dépoli et épais; mais ces manipulations sont ennuyeuses, et l'on fait toujours mieux de les acheter préparées. Malgré cela, quelques amateurs se servent des moyens indiqués ci-dessus. En Angleterre, on polit le champ des lames de glace, et cette méthode est très-bonne.

M. Quekett a décrit dans son ouvrage un petit appareil servant à couper les lames de glace aux dimensions que l'on désire; mais le micrographe peut supprimer cet appareil.

Les lamelles qui servent à recevoir les préparations doivent être de différentes épaisseurs, suivant la nature et les exigences relatives à l'examen des objets; ces lamelles peuvent être faites excessivement minces. Mon père, qui les indiqua et les construisit le premier pour remplacer le mica (substance imparfaite), est arrivé à en faire de si minces, qu'il faut les plus grandes précautions pour ne pas les briser. En général, on les emploie d'une épaisseur telle qu'on peut les manier commodément, surtout pour les préparations au baume de Canada, dans les fluides, etc., etc. Ces lames ne peuvent être faites par les amateurs, elles réclament les soins de l'opticien. On les coupe avec le diamant, mais il faut une grande habitude. Nous en employons ordinairement de deux grandeurs, en rapport avec les lames indiquées.

Il existe d'autres sortes de lames de glace que l'on emploie pour les préparations, ainsi que d'autres accessoires en verre; nous en parlerons en traitant des divers modes de préparation.

Certains objets se préparent souvent entre des disques en glace de moyenne épaisseur; on doit donc en avoir de différents diamètres. Très-souvent on emploie, au lieu de lamelles minces en glace, de petits disques de la même nature, que l'on peut trouver dans le commerce. Mais comme il peut se faire qu'on ait besoin de diamètres particuliers, ce qui arrive fréquemment en raison de la diversité des objets microscopiques, on fera bien d'avoir à sa disposition une petite machine qui permette de découper soi-même de petits disques en glace mince; en un mot, une petite tournette.

S'étant procuré de petites feuilles de glace très-minces, on fera usage de la petite machine due à M. Schadbot (fig. 39).

Fig. 39.

L'observateur au microscope devra se munir d'un bon diamant à écrire, pour marquer les préparations. Cet accessoire est indispensable.

Lorsque l'on veut observer de petits animaux aquatiques, on se sert quelquefois de petites lames de glace portant une ou plusieurs concavités, que l'on peut recouvrir d'une lamelle également en glace. Mais les récipients concaves ont une fâcheuse influence pour la parfaite perception, aussi devra-t-on leur préférer une lame de glace, sur laquelle on aura collé un petit anneau en verre. Ce petit récipient, à fond parallèle, sera tout à fait parfait. Le liquide étant mis dans la cavité, il ne reste plus qu'à placer un petit disque en glace sur l'ouverture, puis à observer.

On peut avoir plusieurs de ces lames portant des anneaux de diverses épaisseurs.

Écran.

Quand on observe avec le microscope, horizontal ou vertical, on fait bien de se munir d'un écran qui empêche la lumière d'arriver sur les yeux de l'observateur, ce qui procure une gêne et qui empêche souvent de faire de parfaites observations, surtout le soir, avec les lumières artificielles. Pour le microscope horizontal, nous plaçons simplement à l'oculaire un disque en carton noirci, assez grand pour empêcher la lumière directe de gêner l'observateur.

On peut aussi employer pour le microscope vertical le bonnet inventé par M. Lister, et que M. Quekett a indiqué dans son *Traité du microscope.*

Oculaire indicateur.

L'oculaire à indicateur de M. Quekett est un ingénieux accessoire qui peut, dans certains cas, être très-utile pour indiquer à une personne l'objet qu'on désire lui faire apercevoir, surtout quand un objet qui vous intéresse se trouve parmi d'autres que l'on ne peut isoler qu'avec un moyen tel que celui que M. Quekett a proposé. Il consiste en une petite tige de cuivre placée au foyer du premier verre de l'oculaire.

Des lampes.

Comme tout le monde le sait, les observations microscopiques peuvent se faire à la lumière naturelle et artificielle. Dans ce dernier cas, le choix d'une bonne lampe est indispensable, car une belle lumière vive et blanche peut seule donner de bons résultats.

Une lampe dite Carcel modérateur sera préférée, et la construction dite à tringle, permettant d'abaisser ou de hausser le foyer de lumière, devra être particulièrement requise. Il ne faut pas entendre par là que l'emploi de cette forme est indispensable, car d'autres lampes peuvent aussi donner de très-bons effets; mais comme facilité d'usage, le modèle que j'ai indiqué est, à mon avis, le plus parfait. On peut ajouter à la lampe que l'on emploie un réflecteur parabolique, comme l'a indiqué mon père, afin de diriger toute la lumière émise sur le miroir. Cette addition n'est pas indispensable, mais les effets sont plus réguliers.

Fiches à préparations.

Comme nous le verrons plus loin en traitant des préparations microscopiques, les objets préparés que l'on désire observer au microscope solaire doivent être maintenus dans des fiches en bois. Avec cet instrument, si l'on veut examiner des objets déposés sur des lames de glace, tels que les globules de sang, des cristallisations salines, etc., on maintiendra les lames dans des fiches à tourniquet.

Ces pièces sont ainsi construites : une lame de cuivre mince, percée d'une ou de plusieurs ouvertures, est collée sur une lame de glace, et forme nécessairement une ou plusieurs cavités; le tout est ensuite placé sur une rainure pratiquée à la partie inférieure d'une fiche en bois.

L'objet étant introduit dans les petites cellules, on recouvre le tout d'une lame de glace, que l'on maintient à l'aide de deux tourniquets placés sur la fiche. Cet accessoire est fort utile. D'autres accessoires servant à l'examen de la circulation du sang et de la séve avec le microscope solaire seront décrits en parlant de ces expériences.

Divers.

Les accessoires qui servent à faciliter les expériences rendent d'immenses services, et l'on devra soi-même en construire suivant les expériences et les recherches que l'on entreprend.

Un observateur patient et minutieux n'est pas embarrassé quand il lui manque un de ces riens qui assurent souvent la réussite des expériences, et à l'aide de quelques outils usuels il a bien vite construit le petit appareil qui lui est utile.

A l'œuvre donc, amateurs; inventez, construisez, vous doterez la science de nouveaux appareils, et l'on se souviendra avec plaisir de celui qui les produisit. Imitez Le Baillif, le savant modeste : jamais rien ne lui manquait, car sa main était aussi prompte que sa pensée à enfanter de merveilleux appareils, et ceux qui l'ont connu savent tout le zèle et l'habileté de ce savant si simple et si affable. Mon père possède encore des appareils faits par Le Baillif; sur tous on lit : savoir et habileté. C'est Le Baillif qui guida mon père dans ses premiers essais; il l'encouragea sans cesse, et les conseils de Le Baillif furent pour lui bien précieux.

A Le Baillif toute mon admiration et ma reconnaissance !

J'ajouterai à ce chapitre la description de quelques accessoires qui servent à récolter certains objets qui peuvent faire le sujet d'un grand nombre d'études au microscope.

Les expériences que l'on peut faire sur les plantes sont innombrables. Pour les récolter, on se servira de la boîte à herboriser. Cette boîte, construite en fer-blanc, se fixe au corps à l'aide d'une bretelle que l'on passe sur les épaules. La boîte est fermée à l'aide d'un couvercle ; toutes les plantes que l'on récolte sont placées soigneusement l'une sur l'autre, de façon à ce qu'elles s'abîment le moins possible. Il est toujours bon d'avoir avec soi un bon couteau, muni d'une serpette, pour couper les branches dont on aurait besoin, et aussi une pelle en fer, pour déraciner certaines plantes, que l'on abîmerait autrement.

A l'une des extrémités des boîtes à herboriser, on laisse quelquefois un petit compartiment, qui s'ouvre à charnières sur le côté de la boîte, et qui est muni sur son épaisseur d'une petite ouverture qui se ferme également à l'aide d'un petit couvercle à charnières; quelques trous sont aussi percés près du petit couvercle.

Cette petite case sert à enfermer les insectes que l'on veut récolter. On les introduit par la petite ouverture pratiquée sur l'épaisseur de la boîte, et de retour chez soi, on les obtient en ouvrant entièrement le compartiment; mais ce moyen est mauvais, et une boîte à herboriser, sans case pour les insectes, est préférable. Quant à la manière de faire les herbiers, etc., etc., on trouve les descriptions dans les ouvrages spéciaux.

Quand on veut récolter des insectes, si l'on désire en faire des collections, il faudra procéder de la manière suivante : on se procure une boîte en bois léger, de moyenne épaisseur, au fond de laquelle on fixe une lame de liége, ou bien, sur le fond même de la boîte, on colle de petits cylindres de moelle de sureau. Les insectes récoltés, coléoptères, diptères, lépidoptères, etc., y sont fixés au moyen d'épingles, suivant les règles indiquées dans les ouvrages d'entomologie.

La boîte à insectes se tient au corps à l'aide d'une bretelle, comme la boîte à herboriser.

Si l'on n'a que de petits insectes à récolter (excepté des lépidoptères), on peut les placer dans une bouteille à large col, fermée à l'aide d'un bouchon de liége. De retour chez soi, on peut les disposer comme on le désire. Quand on récolte des coléoptères, on fait bien d'avoir à sa disposition de longues presselles en cuivre, qui servent à saisir ces insectes, et surtout certains carabes, etc.

Lorsque l'on récolte des coléoptères, diptères, hémiptères, qui sont destinés à être disséqués, on les place dans des flacons où l'on a mis des rognures de papier, sur lesquelles on verse une petite quantité d'huile de pétrole ; cette huile permet de les conserver encore assez longtemps vivants, tout en les plongeant dans une espèce d'anéantissement.

Les très-petits insectes se récoltent de même dans de petits flacons. Nécessairement on se munira de petites presselles en cuivre, pour servir dans l'occasion. Quant aux moyens à employer pour étaler les insectes, les préparer, disposer les collections, on en trouvera la description dans les ouvrages spéciaux, le cadre de cet ouvrage ne nous permettant pas de les décrire. Je me bornerai seulement à indiquer un moyen qui me réussit très-bien pour conserver tous les insectes en général. Ce moyen consiste à employer le liquide suivant, composé de :

Créosote.	10	parties.
Huile de pétrole ou de naphte .	10	—

La manière d'employer ce liquide est fort simple : tous les insectes, disposés préalablement, excepté les épidoptères, y sont plongés et retirés à l'instant; on les laisse ensuite égoutter en les posant sur des feuilles de papier buvard, et le lendemain de leur préparation ils sont bons à être mis dans les collections.

Au moment où les insectes sont plongés dans la liqueur, ils perdent leurs couleurs; mais aussitôt évaporée, les teintes reparaissent avec le même éclat. J'ai préparé ainsi des insectes très-délicats, tels que le hanneton bleu, le carabe bleu, purpurin, le calosome sycophante, etc. ; tous les insectes ont conservé leur brillante parure et sont parfaitement inaltérables.

J'insiste donc sur l'emploi de ma liqueur conservatrice, car elle peut rendre de grands services.

Pour les lépidoptères, je me contente de passer sous l'abdomen et le corselet un pinceau léger et chargé de la liqueur.

J'ajouterai aussi que je laisse toujours dans les boîtes un petit tampon de coton imbibé de cette substance; le tampon est maintenu sur un verre de montre placé dans une petite boîte en carton.

Le papier qui est collé sur le liége et qui le maintient au fond des boîtes, est collé à l'aide de colle faite avec de la farine et de la gomme arabique. J'ajoute bien des fois, pour 50 grammes de colle, 5 grammes de sublimé corrosif.

A l'aide de ces moyens, les collections se conservent parfaitement, et jamais les acares et autres parasites ne viennent ronger les insectes.

Les insectes doivent être fixés dans les collections à l'aide d'épingles dorées ou vernies, ainsi qu'on les fabrique en Angleterre.

Pour récolter les petites algues terrestres, les champignons, les lichens, on se sert de boîtes en fer-blanc, dans le genre de celles qui servent à contenir les vers que l'on emploie pour la pêche. Les mousses, les hépatiques, etc., peuvent être rapportés dans la boîte à herborisation.

Le filet à papillons dont je fais usage se compose d'une canne dont le bout peut se dévisser. Lorsqu'on veut en faire usage, on adapte soit le filet, en gaze, pour chasser les lépidoptères ou autres insectes ailés, ou encore le filet en toile qui sert à pêcher dans les mares et fossés, les algues, petits poissons, têtards de grenouilles, salamandres, etc.

On voit que ce filet, ainsi disposé, est fort commode.

car il sert de canne ; il suffit donc d'emporter sur soi les filets dont j'ai parlé, et qui sont portatifs car le cercle est à charnière.

V

DU GROSSISSEMENT DU MICROSCOPE.

Du dessin et de la mesure des objets.

Nous extrayons du *Manuel du micrographe* de Charles Chevalier (1839) tout ce qui regarde l'importante question de la mesure et du dessin des objets. Nous ne saurions mieux faire. Du reste, les procédés de mesure ont été imaginés par mon père, et ce sont ceux qui sont suivis aujourd'hui, avec cette différence que mon père reportait l'image à 25 centimètres, tandis qu'aujourd'hui on adopte une distance plus rapprochée, celle où se trouve reportée l'image, distance variable pour chaque personne. A part la distance, les moyens de détermination sont les mêmes.

DE LA CHAMBRE CLAIRE APPIQUÉE AU MICROSCOPE.

Dans ce chapitre, nous n'aurons à nous occuper que du dessin, de la reproduction des objets soumis au microscope. Peut-être aurait-on préféré nous voir consacrer un seul article à toutes les applications de la chambre claire; dessin, mesure des objets et grossissement. Mais la micrométrie exigeait à elle seule de trop nombreux détails pour qu'il nous fût possible de la réunir aux autres parties, et d'ailleurs nous devons décrire plusieurs procédés de mensuration qui rentrent dans le domaine de la *camera lucida* ; c'est ce qui nous a décidé à donner en premier lieu la description de ceux d'entre ces appareils que l'on associe le plus avantageusement au microscope. Cette manière de procéder nous permettra d'éviter les répétitions, et le lecteur aura acquis une connaissance intime des appareils qu'il suffira de lui nommer, pour qu'il sache à l'instant ce dont il s'agit.

Toutes les chambres claires ne sont pas applicables aux différents microscopes. Les diverses positions de ces instruments exigent encore des changements dans la manière de disposer les *camera*. Occupons-nous d'abord de celles qu'on peut appliquer au microscope horizontal.

Dans cette catégorie, nous placerons les chambres claires de Wollaston, de Sœmmering et d'Amici.

Le premier de ces instruments est assez connu pour qu'il soit inutile d'en donner la description que l'on trouvera d'ailleurs dans nos *Conseils aux artistes et aux amateurs sur l'application de la chambre claire à l'art du dessin, etc.* [1].

Le même ouvrage contient les premières idées de Wollaston, Bate et Amici, ainsi que nos propres recherches sur l'application de ces instruments au microscope.

Débarrassés de ces détails préliminaires, abordons de suite le procédé opératoire.

La *camera* de Wollaston, montée sur son support ou

[1] Brochure in-8, avec planches. 1838. Chez l'auteur.

fixée à un anneau qui entre à frottement sur le tube de l'oculaire, se place de la manière ordinaire, en observant toutefois qu'il faut mettre sa face antérieure presqu'en contact avec le premier verre du microscope, surtout lorsqu'on emploie de forts grossissements.

Le reste du procédé ne diffère en aucune manière de celui que nous avons recommandé pour la *camera* employée isolément.

Avec cette chambre claire, on obtient facilement les plus beaux résultats; mais les inconvénients que nous avons signalés, en parlant de la position verticale du microscope, se présentent de nouveau, et c'est là une autre preuve des avantages attachés à la position horizontale, car l'exactitude de l'instrument et le peu de difficulté que présente son usage n'ont pu le sauver d'une espèce d'oubli, surtout depuis que M. Amici a fait connaître la *camera* que nous nommons horizonto-verticale. Avant de parler de cette combinaison, disons quelques mots de celle de Sœmmering.

Elle est composée d'un petit disque d'acier fin et parfaitement poli, dont le diamètre est un peu moins grand que celui de la pupille. Ce miroir est incliné à 45 degrés et supporté par une tige métallique fort déliée fixée à un anneau semblable à celui dont nous avons déjà parlé. Lorsqu'on veut employer cet instrument, on glisse l'anneau sur le tube oculaire, et en regardant de haut en bas comme dans la *camera* de Wollaston, on voit en même temps l'image de l'objet réfléchie par le petit miroir, le papier et le crayon, car les petites dimensions du miroir permettent aux rayons qui partent du papier de se rendre à la pupille, en passant sur les bords du petit disque.

Cette *camera lucida* est d'un emploi simple et facile; mais aux inconvénients de la position verticale, elle joint celui de renverser les objets. Voyons comment M. Amici a su vaincre ces difficultés.

Sa *camera* est reproduite dans la fig. 40, oculaire du microscope; M, miroir plan métallique percé d'une petite ouverture centrale qui correspond exactement à celle de l'oculaire; prisme rectangulaire destiné à réfléchir en C les rayons venus du papier; O, position de l'œil.

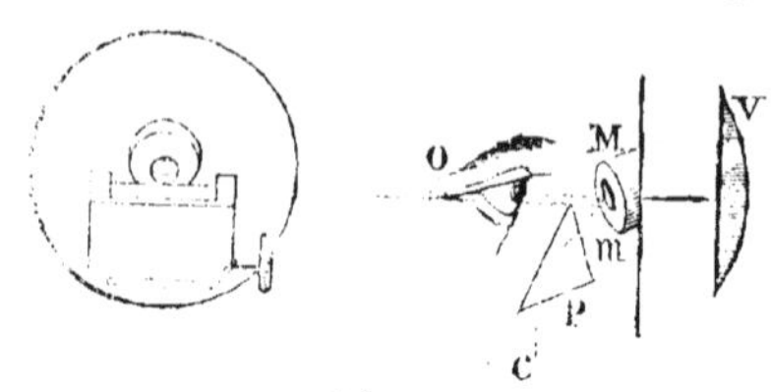

Fig. 40.

Si l'on regarde par l'ouverture du miroir M, on distinguera parfaitement l'objet amplifié par le microscope. D'un autre côté, le prisme P agira sur les rayons partis du point C et les renverra en *m* sur le miroir plan qui les réfléchira suivant la direction *mO*, et conséquemment, on verra tout à la fois l'objet et l'image de la main ou du crayon qui paraîtra venir se porter sur l'objet amplifié, pour le reproduire.

La supériorité de cet appareil est incontestable; parmi tous ses avantages, nous signalerons les principaux.

1° Ce n'est plus l'image de l'objet amplifié qui frappe l'œil, c'est l'objet amplifié lui-même. Il en résulte une plus grande netteté, et l'on n'a pas à craindre de voir cette image subir la moindre altération en passant par un nouveau milieu ou en se réfléchissant sur une nouvelle surface.

2° C'est la main qui paraît se porter sur l'objet pour en suivre les contours et cette combinaison est préférable, car si l'un des deux a besoin d'être vu bien distinctement, l'objet doit sans contredit avoir la préférence.

Quelques personnes éprouvent, en commençant, une certaine difficulté à se bien servir de cet appareil, mais il en sera de même pour le plus grand nombre d'instruments; il faut en tout faire son apprentissage. Aussitôt que les premières difficultés sont vaincues, on est amplement dédommagé par les beaux résultats que l'on obtient.

Nous plaçons la chambre claire horizonto-verticale d'Amici au-dessus de toutes les autres combinaisons applicables au microscope horizontal.

Pour le *microscope vertical,* nous avons été obligé de modifier l'appareil, et, de toutes les dispositions, voici celle qui nous a paru la plus avantageuse :

On pose sur l'oculaire le miroir percé d'Amici, fixé sur un disque en cuivre. A quelque distance du microscope et à la même hauteur que le miroir, on ajuste un prisme rectangulaire parallèlement au papier sur lequel on veut dessiner. Alors, si on regarde dans le microscope par la petite ouverture du miroir, on verra simultanément l'objet et le crayon. Fig. 41 [1].

On comprend sans peine que l'effet produit est semblable à celui que l'on obtient avec la *camera* du professeur Amici. On a encore proposé plusieurs combinaisons optiques pour dessiner les objets microscopiques; nous avons dû choisir les meilleures.

Il est certainement possible de modifier les appareils, et nous en avons déjà construit plusieurs d'après les

[1] J'ai dernièrement modifié cette chambre claire en changeant les angles du prisme et en plaçant ce dernier près du miroir.
A. C.

indications des personnes avec lesquelles nous sommes

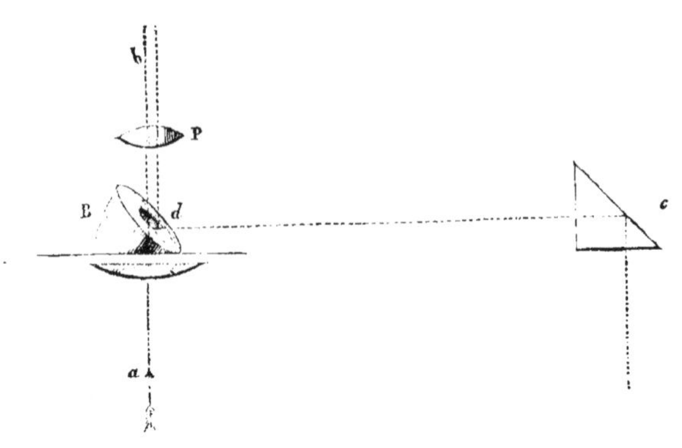

Fig. 41.

en relation, ou suivant nos propres idées lorsqu'on s'en rapportait à nous. Dans le nombre, nous citerons une *camera* microscope à faibles grossissements destinée au dessin des préparations anatomiques.

Ainsi que nous l'avons dit dans la notice déjà citée, ce n'est que dans le cas où la lumière est également répartie qu'on peut employer l'appareil avec le plus d'avantage et de facilité. Nous allons donc donner quelques renseignements sur ce point, auquel nous attachons une grande importance.

Si l'objet est très-éclatant ou plutôt si on ne peut le rendre visible qu'à l'aide d'une très-vive lumière, il est possible qu'on ne voie pas la main et le crayon. Il faut placer l'appareil ou la table dans une position telle, que le jour puisse tomber sur le papier, et lorsqu'on sera parvenu à établir en quelque sorte l'équilibre entre l'éclairage de l'objet et celui du crayon, on apercevra distinctement les deux objets et l'opération n'offrira plus la moindre difficulté.

Est-il nécessaire d'indiquer le procédé à suivre quand il y a excès de lumière sur le papier?

L'objet qu'on veut dessiner présente fréquemment des parties obscures et d'autres très-brillantes. Après avoir disposé l'appareil comme pour dessiner les points les plus lumineux, et lorsqu'on a obtenu les premiers traits, on place devant le papier la main gauche qui projette des ombres plus ou moins fortes, suivant le plus ou moins d'éclat des différentes parties du corps soumis au microscope.

Si l'objet est faiblement éclairé, qu'il offre beaucoup de points obscurs, on trouvera de grands avantages à dessiner sur du papier noir avec du crayon blanc. Nous avons aussi obtenu de bons résultats en dessinant avec le crayon ordinaire, sur un morceau de papier végétal dont la transparence permet de voir le fond d'une autre feuille noire placée sous la première. On pourrait, au besoin, avoir des papiers de couleurs variées et dessiner tantôt sur une feuille bleue, tantôt sur une verte, en un mot, sur les couleurs qui laissent voir simultanément et avec netteté l'objet et la main du dessinateur.

Pour le microscope horizontal, nous employons toujours la *camera* d'Amici; mais le lecteur appliquera sans peine nos raisonnements aux autres appareils de ce genre.

MICROMÉTRIE.

Mesure de l'amplification des microscopes et de la grandeur réelle des objets.

La micrométrie fit longtemps le désespoir des observateurs; elle semblait exclusivement réservée aux hommes versés dans la connaissance des sciences exactes; c'était une partie du mystère cachée derrière le voile que ne pouvaient soulever les néophytes. La détermination du pouvoir amplifiant des microscopes présentait surtout de nombreuses difficultés; car, pour établir un calcul exact il fallait connaître parfaitement la théorie des foyers et se livrer ensuite à une série d'opérations qui exigeaient l'étude préalable des mathématiques.

Le physicien, habitué à résoudre les problèmes les plus difficiles, pouvait se faire un jeu de ces recherches dont la complication et l'aridité paraissaient insurmontables à l'amateur avide de résultats prompts et faciles.

Aujourd'hui encore on considère la micrométrie comme une partie difficile de la science microscopique. Cette opinion est basée principalement sur une idée fausse. On s'imagine que pour mesurer la grandeur réelle d'un objet il faut connaître le pouvoir amplifiant du microscope.

Disons de suite que cette connaissance est absolument inutile. D'ailleurs, quand bien même elle serait nécessaire, nos procédés pour mesurer l'amplification sont tellement simples que la difficulté n'existerait plus pour les personnes qui les mettraient en usage.

Examinons rapidement les méthodes de nos prédécesseurs.

Le premier moyen qui dut se présenter à l'esprit pour mesurer les corps fut la comparaison d'objets inconnus avec d'autres objets dont la grandeur avait été déterminée à l'avance. Ainsi Leuwenhoek employait le sable de mer, dont il mesurait les grains en en plaçant un certain nombre dans une étendue d'un pouce; il posait ensuite quelques-uns de ces grains auprès des objets soumis au microscope et les comparait ensemble. Le docteur Jurin remplaça les grains de sable par de petits fragments d'un fil métallique. Pour déterminer leur grosseur il enroula ce fil sur une épingle et comptait le nombre d'anneaux compris dans un pouce, puis il coupait le fil en très-petits morceaux, qu'il mettait sur la platine avec l'objet. Ces deux procédés, et surtout le premier, ne pouvaient fournir que des résultats inexacts.

On doit accorder plus de confiance au procédé dont le docteur Hooke faisait usage pour mesurer le grossissement. Ce physicien célèbre plaçait à la hauteur du porte-objet une règle divisée en fractions du pouce, et, tenant les deux yeux ouverts, il regardait en même temps cette échelle et l'objet amplifié par le microscope; il transportait pour ainsi dire ce dernier sur la règle et comptait le nombre de divisions qu'il occupait.

Mais, quoique bien simple en apparence, ce moyen exigeait une grande habitude et n'était pas sans difficultés pour quelques observateurs. Il faut, en effet, une certaine pratique pour voir avec les deux yeux, simultanément et d'une manière distincte, deux objets différents; on ne peut compter sur une grande exactitude, car la moindre circonstance peut faire naître une illusion au moment où l'on s'efforce de transporter l'image de l'objet sur la règle. Cette méthode a été remise en lumière il n'y a pas longtemps par M. Raspail.

Les astronomes s'occupaient activement de la recherche d'un bon micromètre applicable à leurs lunettes; en Angleterre, Gascoigne construisit le premier instrument de ce genre antérieurement à 1640, et cette tentative donna naissance à un grand nombre d'inventions nouvelles. Les réseaux métalliques, les cheveux, les fils d'araignée, etc., furent successivement mis en œuvre pour la confection des nouveaux instruments; ensuite on traça des divisions sur des plaques minces de nacre de perle, de corne et de verre. Tantôt l'indicateur du micromètre était mobile et mu par une vis dont les révolutions étaient indiquées sur un cadran, tantôt l'appareil était immobile.

Plusieurs de ces mensurateurs astronomiques étaient applicables au microscope, et dans le nombre nous citerons principalement les micromètres à vis. Mais aussitôt que l'on fut parvenu à tracer sur une lame de verre des divisions bien nettes et égales, on put reconnaître que ces derniers instruments l'emporteraient sur tous les autres.

Le moyen le plus simple, et que l'on employa en premier lieu, n'était guère applicable qu'aux objets excessivement minces, bien transparents et non suspendus dans un liquide. On plaçait d'abord la lame divisée sur la platine, et sur cette lame l'objet à mesurer; le nombre de divisions couvertes par ce dernier indiquait exactement ses dimensions. Mais, ainsi que nous l'avons dit, la moindre épaisseur, une goutte de liquide, etc., entravaient l'opération à l'instant, car l'objet et le micromètre n'étaient plus situés sur le même plan et ne pouvaient se trouver placés tous deux au foyer de la lentille. Malgré son imperfection, ce procédé était encore employé par M. Le Baillif en 1824. Cependant B. Martin, dans son *Système d'optique*, imprimé en 1740, décrivit son micromètre oculaire associé au micromètre objectif. Ce moyen est celui que l'on emploie encore aujourd'hui, et la description que nous en donnons plus loin nous dispense de nous y arrêter davantage. Ce fut encore Martin qui inventa le micromètre à aiguille et à cadran. Cet instrument était composé d'une vis dont on connaissait exactement l'écartement du pas, terminée à l'un de ses extrémités par une aiguille déliée, à l'autre par un indicateur qui parcourait les divisions tracées sur un cadran fixe et donnait la mesure exacte de la progression de la vis. On fixait l'appareil sur l'oculaire en faisant pénétrer l'aiguille déliée qui terminait l'une des extrémités de la vis dans le tube, exactement au point où venait se former l'image de l'objet. En tournant alors la vis, la pointe de l'aiguille traversait l'image, tandis que l'indicateur marquait sur le cadran le point de départ et celui d'arrêt; un calcul fort simple donnait enfin un résultat assez exact. Cette méthode a été proposée il y a quelque temps pour mesurer les laines. Frauenhofer construisit d'après ce principe un micromètre qui a joui d'une grande réputation. Il plaçait cet instrument sur la platine du microscope, et la vis faisait marcher l'objet; un fil placé dans l'oculaire servait de point de repère. Au reste, le duc de Chaulnes appliquait à son microscope la plupart de ces micromètres, dont on trouvera la description dans son ouvrage.

Il nous paraît inutile de nous occuper plus longtemps de ces différents moyens, presque tous abandonnés aujourd'hui, surtout par les personnes auxquelles nous avons communiqué nos procédés. Nous ne parlerons pas davantage des graines de lycopode, du *lycoperdon bovista*, du cristallin des poissons, des pelures d'oignon de Dellebare, etc., qui, loin de nous faire faire le moindre progrès, nous ramèneraient infailliblement aux premiers temps de la micrométrie et aux grains de sable de Leeuwenhoek.

Depuis longtemps on faisait des recherches dans le but de simplifier les procédés micrométriques; mais il fallait en même temps conserver ou plutôt augmenter leur exactitude. M. Amici publia un mémoire (*De' microscopi catadiottrici, memoria presenta ed inscrita nel tomo XVIII della societa italiana delle scienze residente in Modena*), traduit en français et publié dans les *Annales de chimie et de physique*, tome XVII, août 1821.

Notre curiosité fut vivement excitée par cette publication, qui contenait de bons renseignements sur l'application de la *camera* à la micrométrie. Nous devons dire toutefois que pour nous ces instructions manquaient peut-être de clarté.

Ceux de nos lecteurs qui seront curieux de connaître la méthode du savant professeur de Modène pourront consulter les mémoires indiqués plus haut : il nous eût été impossible de les reproduire ici.

Des expériences répétées nous mirent bientôt en possession des procédés que nous allons décrire. Pour plus de certitude nous les avons communiqués à un grand nombre de personnes qui ont bien voulu les vérifier, et les emploient exclusivement aujourd'hui.

Il faut remarquer que M. Amici n'avait pas déterminé d'une manière précise la distance de l'oculaire au papier sur lequel on dessine. Cette détermination était cependant importante, et nous devons en dire quelques mots avant de commencer notre description.

Les physiciens varient dans leurs estimations de la distance de la vue moyenne. Cette variation amène nécessairement des différences dans les calculs, et si l'on n'en tient pas exactement compte on s'expose à commettre de grossières erreurs. Nous croyons qu'on pourrait faciliter les opérations en admettant un terme moyen représenté par une mesure décimale. ***Ainsi donc, nous avons depuis longtemps adopté une distance de 25 centimètres, sans prétendre en aucune manière que ce soit la véritable distance, mais parce que cette mesure décimale simplifie encore les calculs, déjà fort simples de nos procédés, et que d'ailleurs elle*** *ne s'éloigne pas trop des différentes évaluations indiquées par les physiciens.*

Nous avons déjà parlé plusieurs fois de micromètres divisés sur verre; il devient indispensable d'en donner une courte description.

On est parvenu, à l'aide du diamant et d'une machine, à tracer sur une lame de verre un grand nombre de divisions égales dans un très-petit espace : ainsi nous obtenons aujourd'hui le millimètre divisé en cinq cents parties. Plusieurs artistes et quelques amateurs exécutent ces divisions avec une grande perfection. Parmi ces derniers nous citerons M. Le Baillif, qui avait lui-même construit une machine à tracer que nous possédons aujourd'hui; M. le baron Séguier grave des micromètres pour ses expériences, et il serait difficile d'obtenir des instruments exécutés avec plus de netteté et d'exactitude. M. Le Baillif eut le premier l'heureuse idée de donner des longueurs différentes aux traits de ses divisions; on ne saurait s'imaginer combien cette disposition est avantageuse. Ainsi, par exemple, cet habile observateur indiquait distinctement cinq ou six divisions par des traits plus ou moins longs, semblables à ceux que l'on trace sur les échelles métriques ordinaires.

Quoiqu'on soit parvenu à diviser le millimètre en cinq-centièmes, on fait rarement usage d'une échelle aussi délicate, et, si l'on comprend bien nos procédés, on reconnaîtra qu'elle est tout à fait inutile, puisqu'on peut à volonté obtenir des fractions aussi petites que l'on veut en reculant la mire à une distance plus ou moins considérable.

Les micromètres objectifs sont ordinairement fixés dans l'ouverture d'une réglette en cuivre.

Il faut distinguer deux choses dans la micrométrie :

1° l'évaluation du pouvoir amplifiant du microscope; 2° la mesure de la grandeur réelle des objets. Commençons par le pouvoir amplifiant, et, pour aller du simple au composé, prenons d'abord le microscope solaire.

Lorsque l'écran sera placé à la distance convenue (0^m,25), on introduira dans le porte-objet ou platine un micromètre divisé, par exemple, en millimètres, dont l'image ira se peindre sur l'écran. Avec un compas, on mesurera exactement la grandeur de cette image ou d'une de ses parties; ensuite on portera les pointes du compas sur une échelle métrique, et l'on obtiendra de suite l'évaluation du pouvoir amplifiant des lentilles. Supposons, par exemple, qu'un millimètre du microscope occupe sur l'écran un espace égal à 1 décimètre, nous aurons une amplification de 100 fois, et l'opération sera toujours aussi facile, quelles que soient les quantités.

Nous avons dit qu'on pouvait augmenter la puissance du microscope solaire, soit en changeant les lentilles, soit en éloignant l'écran. Il arrivera donc que, plus on éloignera ce dernier, plus l'image du millimètre paraîtra amplifiée.

On peut employer le même moyen pour estimer la force du microscope simple ordinaire, en fixant la lentille ou le doublet à la place des lentilles achromatiques; cependant nous allons indiquer un procédé tout aussi simple, et qui donne des résultats très-exacts.

Notre petit microscope horizontal peut être converti en microscope simple, et par conséquent ce dernier peut prendre la position horizontale. On aurait donc la faculté d'y adapter la chambre claire horizonto-verticale de M. Amici ou le miroir de Sœmmering.

Plaçant alors le papier à 0^m,25 de l'axe de la lentille,

et sur la platine un micromètre divisé, par exemple, en centièmes de millimètre, on marquera sur le papier deux points correspondants à une ou plusieurs divisions amplifiées du micromètre, et la comparaison de cet intervalle avec les divisions d'une échelle métrique donnera pour résultat la mesure exacte du pouvoir amplifiant.

Exemple.—Soit un micromètre divisé en centièmes de millimètre. Si l'image amplifiée de cinq centièmes ou un vingtième de millimètre correspond à un centimètre de la règle, le pouvoir amplifiant de la lentille sera égal à deux cents. Si on pose de suite la règle métrique à la place du papier et que l'on fasse concorder ses divisions avec celles du micromètre vu au moyen de la lentille, on pourra faire l'opération avec la plus grande rapidité.

Mais tous les microscopes simples ne sont pas disposés de manière à pouvoir prendre la position horizontale; il fallait donc modifier le procédé, ou plutôt renverser le système.

Placez à $0^m,25$ de l'axe, et à la hauteur de la lentille, une mire ou tableau sur lequel on aura collé préalablement une feuille de papier blanc. Posez sur la lentille le miroir percé d'Amici en dirigeant sa surface réfléchissante vers la mire. Si vous mettez alors le micromètre sur la platine et que vous regardiez par l'ouverture centrale du miroir, vous verrez en même temps la mire et les divisions amplifiées du micromètre qui sembleront tracées sur le papier. Si vous prenez sur l'écran la distance d'une ou plusieurs divisions du micromètre avec un compas, vous n'aurez plus qu'à comparer cette distance aux divisions de l'échelle micrométrique, et vous obtiendrez le résultat par la même opération que ci-dessus. On conçoit aussi qu'il est également possible de placer la règle sur la mire ou de tracer sur cette dernière des divisions correspondantes.

Nous pensons qu'il est impossible d'employer des procédés plus simples et plus à la portée de toutes les intelligences; ainsi donc, sans nous arrêter davantage sur ce point, nous passerons de suite aux méthodes dont nous faisons usage pour déterminer la grandeur réelle des objets soumis à l'action du microscope simple.

Et d'abord, nous engageons de nouveau le lecteur à bien se pénétrer de la vérité de ce fait, ***qu'il est absolument inutile de connaître le pouvoir amplifiant du microscope pour déterminer la grandeur réelle des objets.***

Débarrassées de cette complication, les opérations suivantes seront tout aussi simples et aussi facilement comprises que celles dont nous venons de nous occuper.

Pour le microscope solaire, il faut agir comme pour mesurer son pouvoir amplifiant; il est évident que si un millimètre du micromètre vient se peindre sur le tableau sous les dimensions d'un décimètre, tout objet mis à la place du micromètre devra se peindre avec des proportions relatives; donc un corps qui occupera sur l'écran un espace correspondant à $0^m,1$ aura nécessairement pour grandeur réelle $0^m,001$, et ainsi de suite. Lorsqu'on a tracé sur l'écran les points correspondants à $0^m,001$ du micromètre, il faut donc retirer ce dernier et glisser à sa place l'objet dont on veut trouver la grandeur réelle. Mais il peut arriver que l'objet ne remplisse pas exactement l'intervalle indiqué sur le tableau; cette difficulté n'arrêtera nullement l'opération, car il suffit d'employer un micromètre divisé en centièmes de millimètre et de tracer sur le tableau toutes ces divisions. Nous verrons tout à l'heure qu'il est un autre moyen d'arriver à connaître la grandeur réelle des plus petits corps.

Emploie-t-on le microscope simple dans la position horizontale, voici la manière de procéder.

On dispose l'appareil comme pour mesurer l'amplification, après avoir dessiné sur le papier l'image amplifiée du micromètre que l'on enlève; on met sur la platine l'objet à mesurer et on compare son amplification avec l'échelle obtenue préalablement.

Nous devons parler ici d'une importante modification que nous avons fait subir à ce procédé.

Lorsque les objets sont infiniment petits, dans le cas où l'on veut mesurer des détails d'une grande finesse, alors même qu'ils sont amplifiés, on éprouve le besoin d'avoir une échelle divisée en parties presque insensibles. Mais l'exiguïté de ces divisions les rendrait imperceptibles à l'œil nu, et l'on ne pourrait obtenir une évaluation exacte. Notre procédé fait disparaître tous ces obstacles et donne à la micrométrie une puissance en quelque sorte illimitée. On nous pardonnera donc des détails et des répétitions indispensables.

L'appareil est disposé de la même manière que dans l'opération précédente; mais, comme il ne s'agit pas de chercher le pouvoir amplifiant de la lentille, on ne sera point tenu de placer le papier à une distance de $0^m,25$. On pourra donc l'éloigner autant qu'on voudra, et cette faculté constitue toute l'importance du procédé micrométrique.

Supposons que le papier soit placé à $0^m,50$ de la lentille, admettons encore que le micromètre objectif soit divisé en centièmes de millimètre et que la lentille amplifie cent fois[1]. Il est évident que si le papier était placé

[1] Nous sommes forcé ici de mentionner l'amplification, par la nature même du problème, qui sans cela eût été tout à fait inintelligible.

à $0^{m},25$, un centième de millimètre amplifié correspondrait sur le papier à un millimètre; donc, si le papier est placé à $0^{m},50$, ce centième de millimètre correspondra à deux millimètres. Mais on sait que ces deux millimètres ne représentent toujours qu'un centième de millimètre. Quand on aura établi cette proportion, on retirera le micromètre pour glisser à sa place l'objet qu'on veut mesurer, et dès lors il sera facile de connaître la grandeur réelle d'une de ces parties, quand bien même elle ne serait que d'un cinq-centième de millimètre, car aussitôt que l'on a obtenu sur le papier une image du centième de millimètre du micromètre, on pourra la diviser en cinq ou dix parties, et cela avec d'autant plus de facilité que cette mesure sera plus étendue. Ainsi donc, deux millimètres seront plus faciles à diviser en cinq parties que ne le serait un seul, et de plus ces divisions seront visibles à l'œil nu.

La partie de l'objet mis à la place du micromètre, paraît-elle remplir sur le papier une, deux ou trois de ces divisions? La grandeur réelle sera de un, deux ou trois cinq-centièmes de millimètre.

Est-il besoin d'ajouter que, plus l'écran sera éloigné, plus on obtiendra de subdivisions, et plus il sera facile de mesurer exactement des objets infiniment petits, ou même leurs moindres détails.

Si l'on éprouve quelque embarras à tracer les mesures sur un papier placé trop bas, on peut y dessiner à l'avance une échelle divisée en millimètres, centimètres, etc. On établira sa concordance avec le micromètre, et après avoir remplacé ce dernier par un objet, on agira comme nous l'avons dit.

Quand on se sert du microscope simple vertical, on le dispose comme pour la recherche de l'amplification, et lorsque le miroir d'Amici est placé sur la lentille et le micromètre sur la platine, on porte la mire à une certaine distance, à deux mètres par exemple, puis on opère comme ci-dessus.

Dans le cas où l'on porte la mire trop loin pour pouvoir mesurer l'amplification avec un compas, il est avantageux d'y tracer préalablement une échelle divisée en centimètres ou en parties égales qu'on pourra toujours faire concorder avec les traits du micromètre, en approchant ou reculant la mire.

Cette dernière manœuvre est nécessaire toutes les fois que les traits du micromètre ne coïncident pas exactement avec ceux de l'échelle. On nous permettra de citer un exemple de cette opération. Soit un micromètre divisé en dixièmes de millimètre. Soit une échelle tracée sur la mire et représentant des centimètres ; si l'on recule cette mire à une distance de deux mètres, les dixièmes de millimètre vus au moyen du microscope avec un certain grossissement, correspondront exactement aux centimètres, et par suite, un millimètre à $0^m, 10$. Si l'objet qui remplace le micromètre remplit une division de l'échelle, sa grandeur réelle sera égale à un dixième de millimètre. Mais quand on veut mesurer quelque détail de cet objet, comme on peut facilement diviser les centimètres de l'échelle en millimètres, si cet objet correspond à un millimètre, sa grandeur réelle sera égale à un centième de millimètre.

Nous allons maintenant passer au microscope composé; toutefois, nous observerons que ces premières explications aideront beaucoup à l'intelligence de la seconde partie de notre travail.

Mais avant d'aller plus loin, il est important de répéter qu'il n'est nécessaire de placer le papier ou la mire à $0^m, 25$, distance que nous avons adoptée pour la vision moyenne, que lorsqu'il s'agit d'obtenir l'évaluation du pouvoir amplifiant du microscope.

Cet instrument est horizontal ou vertical ; il faut donc examiner séparément les procédés applicables aux différentes positions.

MESURE DE L'AMPLIFICATION.

1° Microscope horizontal.

On fixe sur l'oculaire la chambre claire horizonto-verticale d'Amici. Sur la platine, on place un micromètre objectif, et sur la table, à $0^m,25$ de l'axe de l'instrument, une feuille de papier. En traçant avec un crayon deux traits correspondant à une ou plusieurs divisions du micromètre, il sera facile ensuite de mesurer l'intervalle avec un compas et de le comparer aux divisions d'une échelle métrique. On peut encore tracer d'avance cette échelle sur le papier ; le rapport de ses divisions avec celles du micromètre indiquera positivement le grossissement du microscope.

Ex. Soit un micromètre objectif divisé en centièmes de millimètre ; si une de ses divisions correspond à un millimètre de la règle, le microscope grossira cent fois, et ainsi de suite.

Voici maintenant une autre méthode beaucoup moins simple, car il faut faire trois opérations pour arriver au résultat que nous obtenons avec une si grande facilité.

Il faut : 1° trouver la puissance de l'oculaire ;

2° celle de l'objectif ;

3° multiplier l'une par l'autre.

En premier lieu, on met sur le diaphragme, à l'intérieur du tube de l'oculaire, un micromètre divisé, par exemple, en millimètres, et qui doit se trouver exactement au foyer du verre oculaire; ensuite on replace dans le microscope le tube oculaire armé de la chambre claire d'Amici[1]. Au-dessous de la *camera*, et à la distance convenue, se trouve le papier ou l'échellé. Si un millimètre du micromètre égale un centième de l'échelle, l'oculaire grossira dix fois.

Il s'agit maintenant de connaître la puissance de la seconde partie de l'appareil, c'est-à-dire de l'objectif et du verre de champ réunis.

Enlevez la *camera*, placez sur la platine un micromètre que nous supposerons divisé en centièmes de millimètre, mettez au point et cherchez, en faisant tourner la pièce de l'oculaire, ou bien au moyen du support à chariot, à faire concorder les divisions supérieures avec les inférieures, enfin faites votre calcul proportionnel.

Ex. Si une division ou un centième de millimètre du micromètre objectif correspond à un millimètre du micromètre oculaire, vous aurez pour résultat un grossissement de cent fois.

Il vous reste enfin à faire la troisième opération, ou, en d'autres termes, à multiplier la deuxième quantité.

Grossissement de l'oculaire = 10 fois.

id. de l'objectif = 100 fois.

Donc 100×10 ou $1000 =$ la puissance amplifiante du microscope.

Il arrive quelquefois qu'il n'y a pas concordance parfaite entre les divisions des deux micromètres, et que, pour l'obtenir, on est obligé d'allonger plus ou moins le microscope, au moyen du tube oculaire. Nous pensons, en conséquence, que lorsqu'on emploiera le pro-

[1] On doit faire abstraction de l'objectif et du verre de champ qui pourraient être enlevés, mais qu'on laisse en place parce qu'ils dirigent les rayons lumineux sur le micromètre oculaire.

cédé que nous venons de décrire, on devra commencer par établir la concordance des deux micromètres, puis retirer l'inférieur, sans toucher au tube oculaire, et procéder comme nous l'avons indiqué plus haut.

2° Microscope vertical.

Les deux moyens applicables au microscope horizontal le sont également à l'appareil vertical.

Pour le premier, on remplace la chambre claire d'Amici, par son miroir percé; plaçant ensuite un micromètre objectif sur la platine, et une mire ou écran à $0^{m},25$, on opère comme avec le microscope horizontal; il en est de même pour le second procédé.

MESURE DE LA GRANDEUR RÉELLE DES OBJETS.

1° Microscope horizontal.

L'excellence des opérations que nous avons indiquées pour le microscope simple devient surtout évidente lorsqu'on emploie l'instrument composé.

Disposez l'appareil horizontal comme pour mesurer le grossissement, mais éloignez votre papier autant qu'il vous sera possible, et vous aurez une échelle qui représentera l'amplification considérable subie par le micromètre objectif. La facilité avec laquelle vous pouvez diviser cette échelle en parties plus ou moins petites, vous permettra de mesurer la grandeur réelle des objets les plus déliés.

Si vous n'employez pas la chambre claire, il suffit de remplacer le micromètre objectif par l'objet à mesurer, et son rapport avec le micromètre oculaire donnera la mesure de sa grandeur réelle.

Ex. Soit un micromètre oculaire divisé en millimètres. Si le micromètre objectif est divisé en centièmes et qu'une de ces divisions corresponde à un millimètre de l'oculaire, un objet mis à la place du micromètre objectif, et qui remplira une des divisions du micromètre oculaire, aura une grandeur réelle d'un centième de millimètre.

2° Microscope vertical.

Avec un microscope vertical, on remplace encore la *camera* d'Amici par son miroir; mais ici, comme pour le microscope simple vertical, on peut reculer la mire aussi loin qu'on le jugera convenable.

Ex. Soit un micromètre objectif divisé en centièmes de millimètre, soit une mire divisée en centimètres et placée à trois mètres de distance. Supposons que le pouvoir amplifiant soit tel que deux divisions du micromètre inférieur correspondent à cinq divisions de l'échelle tracée sur l'écran, il est évident que ces cinq divisions représenteront deux centièmes ou un cinquantième de millimètre. Si je subdivise les cinq parties de la mire en deux parties chacune, j'aurai dix divisions représentant des cinq-centièmes de millimètre, et lorsque le micromètre objectif sera remplacé par un objet, je pourrai facilement mesurer des parties qui n'auront qu'un cinq-centième de millimètre. On conçoit qu'en augmentant la distance de l'écran au microscope, on obtiendra une échelle représentant des millièmes, etc. de millimètre.

Si l'on a bien conçu toute l'importance de ce procédé, on nous pardonnera volontiers la répétition de cet exemple, que nous avons déjà donné, en parlant du microscope simple, et nos lecteurs conviendront sans doute avec nous que ce moyen donne à la microscopie une puissance presque illimitée.

Nous doutons fort que les personnes qui auront une fois employé notre procédé aient jamais recours à l'emploi du double micromètre ; néanmoins, nous devons en dire deux mots.

L'appareil est le même que pour la mesure de l'amplification du microscope vertical, moins la mire et le miroir d'Amici. On substitue l'objet au micromètre objectif, dont on a préalablement déterminé le rapport avec le micromètre oculaire.

Avec la chambre claire appliquée au microscope horizontal, on mesure très-facilement les angles des cristaux ; il suffit de dessiner l'angle et de mesurer avec un rapporteur. Ce moyen dispense nécessairement de goniomètre. On pourrait encore employer le microscope solaire qui amplifie considérablement ces angles.

VI

DE LA POLARISATION.

DU MICROSCOPE POLARISANT.

Extrait du *Manuel du micrographe.*

En découvrant la double réfraction dans la chaux carbonatée (spath d'Islande), Bartholin ouvrit, en 1669, une voie nouvelle à la science. Mais pour que cette découverte prît une place définitive dans le monde savant, il fallait la soumettre à des règles constantes, la pratique avait précédé la théorie. Huygens peut être considéré comme le législateur de la double réfraction, car il avait deviné ses lois lorsque Wollaston vint leur donner la certitude qui résulte de l'expérience.

Les physiciens s'emparèrent avec avidité de ces faits nouveaux et, en 1810, Malus fit jaillir une science nouvelle des travaux sur la double réfraction ; il découvrit la polarisation de la lumière.

La théorie de ce phénomène ne saurait trouver place dans le cadre de cet ouvrage ; c'est aux traités de physique et aux divers travaux des physiciens distingués de notre époque qu'il faut demander les lois qui régissent cette branche importante de la science.

M. Henry Fox Talbot eut le premier l'idée d'associer la polarisation au microscope, pour étudier la structure des corps.

Le docteur Brewster fit également usage du microscope polarisant dans ses recherches sur la structure des pierres précieuses et de plusieurs substances animales et végétales. Il employait alternativement les microscopes simple et composé.

M. Biot me chargea, il y a quelques années, de lui construire un appareil polarisant qui pût être adapté au microscope. Les effets admirables obtenus par ce moyen m'ont engagé à décrire les différentes dispositions de l'instrument.

Lorsqu'on emploie le microscope simple, il faut d'abord placer une lame de tourmaline sur la lentille. Si l'on peut consacrer une lentille spécialement à ce genre d'expérience, il vaut mieux coller la plaque de tourmaline avec la lentille au moyen du baume de Canada; on évitera la perte de lumière qui peut résulter de la réflexion opérée par la première surface de la tourmaline. Il arrive aussi parfois que cette pierre n'est pas bien polie et, dans ce cas, le baume devient un correctif excellent.

On pourrait placer la plaque de tourmaline entre deux verres plano-convexes et la fixer au moyen du baume. Ce procédé indiqué par le docteur Brewster, lui paraît préférable au précédent et met à l'abri des inconvénients déjà signalés. Ces indications sont applicables aux doublets.

On fixe ensuite sur le porte-objet une seconde lame de tourmaline et l'on ajuste le miroir comme pour les autres expériences.

Quand l'appareil est ainsi disposé, si l'on tourne doucement la lame supérieure ou plutôt le doublet, on arrivera facilement à croiser les deux pierres de telle sorte, que toute clarté disparaîtra et que le champ sera complétement noir. C'est alors, qu'il faut mettre l'objet à examiner sur la plaque polarisante de la platine. La structure particulière du corps dépolarisera la lumière qui pourra dès lors traverser la lame supérieure et l'on apercevra sur un fond noir les objets diaprés des plus brillantes couleurs.

M. Brewster nous apprend que lorsque l'éclairage est puissant et la lentille très-petite, on peut construire cette dernière en tourmaline et réunir ainsi l'amplificateur et ce qu'il appelle *l'analyseur* ou plaque supérieure.

Avec le microscope composé, la disposition est la même. Cependant la coloration des tourmalines présente certains inconvénients. Pour les éviter, M. Talbot leur substitue deux prismes de Nicol, ainsi nommés de leur inventeur, Richard Nicol, d'Édimbourg.

Nous avons fait subir une modification à l'appareil de M. Talbot. Ayant remarqué, comme le docteur Brewster, *que le prisme oculaire ou analyseur rétrécissait le champ de vue, nous l'avons placé immédiatement au-dessus des lentilles objectives,* dans le tube qui porte ces dernières. On peut aussi, si l'on veut moins dépenser, placer une tourmaline sur la platine et un prisme dans le corps du microscope.

Tous nos appareils de polarisation sont aujourd'hui disposés de cette manière. Le prisme de Nicol est également applicable au microscope simple, mais seulement comme polarisateur, car si on en plaçait un second au-dessus de la lentille, l'œil de l'observateur serait trop éloigné de cette dernière et le champ de vue trop rétréci.

On ne tarda pas à construire des appareils propres à démontrer les brillants phénomènes de la polarisation dans un cours public, devant de nombreux spectateurs. Cependant, on ne pouvait encore étudier des corps d'une certaine dimension et les tourmalines que l'on employait avaient le défaut d'assombrir les images.

M. Alexandre Brongniart désirait un appareil et voulut bien s'adresser à moi en me laissant liberté entière pour la disposition optique et mécanique. J'eus la vive satisfaction de pouvoir répondre à ce témoignage de confiance en construisant un polariscope qui fut présenté à l'Académie des sciences.

J'ai remplacé les tourmalines par un prisme de Nicol et une glace noire, et j'ai fait l'application de deux prismes semblables au microscope solaire et au polariscope. Rien ne peut égaler la richesse des images produites par l'action de la lumière polarisée sur les cristaux microscopiques.

Avec mon nouveau polariscope[1] on peut étudier et former des images énormément agrandies de corps ayant jusqu'à dix centimètres de diamètre, tels que *verres trempés*, ornements en sélénite (sulfate de chaux), lames de mica, etc., etc.; tandis que le microscope solaire polarisant dévoile les phénomènes développés au sein des plus petits atomes.

M. Amici avait également construit un microscope composé polarisant, mais il employait des paquets de lames de verre et un rhomboïde à double image. Sa combinaison est peu connue, néanmoins il était de notre devoir de la mentionner dans cet ouvrage.

[1] Cet instrument, construit en 1834, donna à mon père l'idée du mégascope pour la photographie. Cet appareil, que j'ai perfectionné dans l'ensemble du système optique, m'a servi pour mes grandes reproductions anatomiques, les portraits grandeur naturelle, etc. A. C.

Nous désirons que nos efforts soient de quelque utilité pour la propagation d'une science qui s'enrichit chaque jour des belles expériences de nos physiciens, et compte au nombre de ses adeptes des savants tels que Malus, Arago, Biot, Fresnel, Pouillet, Savart, Brewster, Herschell, Talbot, etc.

VII

DE L'ÉCLAIRAGE DES OBJETS TRANSPARENTS ET OPAQUES.

Tous les microscopes sont munis d'un miroir concave, destiné à réfléchir la lumière sur l'objet à observer. Dans les instruments complets, il se trouve deux miroirs, l'un plan et l'autre concave. Examinons donc l'emploi de ces miroirs. L'objet étant placé sur la platine, on portera l'œil à l'oculaire, on inclinera alors le miroir jusqu'à ce qu'on aperçoive le champ du microscope entièrement éclairé; on ajustera ensuite l'objet au foyer de l'instrument, soit en se servant du tube du microscope, que l'on fera tourner doucement, ou au moyen du bouton à crémaillère ou de la vis de rappel, suivant le genre de construction du microscope.

L'objet étant perçu et éclairé, il ne reste plus qu'à régler convenablement l'éclairage. On sait que sous la platine est fixé un disque en cuivre percé de trous de différentes grandeurs. Cet accessoire, imaginé par Le Baillif, a reçu le nom de *diaphragme variable;* il est disposé de manière qu'en le faisant tourner, chaque trou se présente au centre de la platine, de sorte que suivant le plus ou moins grand degré de transparence de l'objet, on ne fait arriver sur lui que la quantité de lumière nécessaire à son examen. Si l'objet est très-transparent, on peut poser sur le miroir un disque de carton blanc ou en plâtre de mouleur; ce qui permettra d'obtenir une lumière beaucoup plus douce. Ce n'est que par de petits tâtonnements, et en inclinant le miroir, que l'on peut arriver à obtenir un éclairage convenable, lequel varie pour chaque objet et même pour chaque partie d'un même objet. En général, lorsque la lumière arrive directement, le réflecteur doit former un angle de 45°. On retire aussi de grands avantages d'un mouvement placé sous la platine, et qui permet d'abaisser ou d'élever le diaphragme pour régler la lumière. Les premiers microscopes de mon père présentaient cette modification qui s'obtenait à l'aide d'une boite glissant sur la colonne. L'opticien Oberhauser adapta un levier à l'appareil, et rendit ainsi ce système tout à fait parfait.

La chambre où l'on observe doit être un peu obscure et éclairée par une seule fenêtre, de cette manière on ne reçoit pas de lumière latérale qui empêche souvent de voir nettement l'objet.

Lorsque l'on emploie la lumière naturelle, celle fournie par les nuages ou par un mur blanc devra être préférée. La lumière produite par la couleur bleue du ciel n'est pas, à mon avis, favorable aux observations. On regarde ordinairement dans le microscope avec l'œil gauche, et l'on tient l'œil droit fermé. Si l'on n'a pas cette habitude, on peut se servir de lunettes dont une des ouvertures est close par un verre noir. On peut aussi se servir du bonnet que j'ai indiqué au chapitre *Accessoires*.

Dans le microscope horizontal, on se sert du disque

en carton dont j'ai parlé au même chapitre. Lorsque l'on voudra observer de très-petits objets qui présentent des stries, des granulations, comme on en trouve sur les navicules, les écailles de papillon, on inclinera le miroir à droite et à gauche, de manière à envoyer sur l'objet une lumière oblique qui, en projetant des ombres, facilitera la perception des moindres détails. On fera aussi usage, pour cet effet, du prisme de Schadbot, dont la figure 42 fera comprendre l'effet.

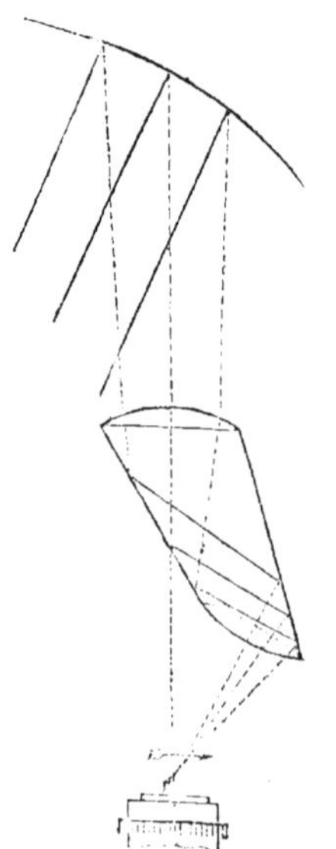

Fig. 42.

Lorsque l'on veut faire des observations le soir, on se servira de la lumière d'une bonne lampe, telle que celle que j'ai indiquée au chapitre *Accessoires*, et non de la lumière produite par le gaz ou une bougie, car le vacillement de la flamme est pernicieux pour l'organe visuel. Du reste, en général, les observations que l'on fait le jour sont bien préférables à celles du soir.

Mon père a signalé qu'en se servant de la lumière artificielle, il était important d'observer que la distance de la lampe au miroir devait être égale à celle de ce dernier à l'objet, afin d'obtenir un éclairage plus parfait. Nécessairement on ne peut observer ce précepte quand on fait usage de la lumière naturelle.

J'ai dit en commençant que dans les microscopes complets il se trouvait deux miroirs, l'un plan et l'autre concave. Le premier est utile toutes les fois que la lumière renvoyée est trop vive. On emploie le miroir concave pour concentrer les rayons lumineux sur l'objet.

Le miroir plan, qui dirige des rayons parallèles ou divergents, envoie une lumière douce très-utile dans certains cas.

La lumière solaire pourra, dans certains cas, être employée surtout avec les faibles grossissements. A ce sujet, mon père s'exprime ainsi :

Lorsqu'on veut étudier des corps infiniment petits, ou les détails d'un objet dont on connaît l'ensemble, on est forcé d'employer des grossissements plus énergiques. Mais l'intensité de la lumière est toujours en raison inverse de la puissance amplifiante; la quantité de lumière indispensable pour éclairer les objets sous un grossissement de 200 fois ne sera pas suffisante pour les mêmes objets soumis à un grossissement de 1,000 fois ou plus.

Il est évident que, dans une telle occurrence, on aura souvent besoin de la lumière la plus vive, c'est-à-dire des rayons solaires. Si les auteurs ont repoussé ce genre de lumière, c'est qu'ils n'avaient pas réfléchi qu'il est toujours possible de modérer la lumière la plus intense, de manière à lui conserver cependant une énergie suffisante pour rendre distincts les plus petits corps.

La lumière solaire pourra remplacer tous les procédés d'éclairage destinés à augmenter la clarté, lorsqu'on fait usage des plus fortes lentilles; mais ces rayons éclatants fatiguent bientôt l'organe de la vue, et de pareilles observations ne tarderaient pas à en arrêter la puissance. Au moyen d'une pièce garnie de verres colorés, qui se visse à volonté au-dessus des lentilles, nous avons obtenu les plus beaux effets des rayons solaires. L'expérience apprendra combien il était peu rationnel de se priver d'un moyen d'investigation aussi important.

On peut visser plusieurs de ces verres colorés au-dessus des lentilles, et tempérer ou augmenter l'éclairage en variant leur nombre ou leur coloration.

Dans certaines formes de microscopes, et particulièrement avec le microscope universel de mon père, on peut employer la lumière directe. Ce moyen, peu employé, peut cependant être utile; mon père en parle ainsi :

Pour la lumière directe, on dirige vers la croisée l'extrémité objective de l'instrument et la platine, les rayons lumineux tombent alors directement sur l'objet. Si l'on se sert de la lampe, il faut l'approcher de la platine autant qu'il sera possible. On peut l'employer pour examiner des objets renfermés dans nos boîtes en verre et toutes les fois qu'il n'est pas besoin d'une très-vive lumière.

Si on voulait augmenter son intensité, il faudrait recourir à l'éclairage par réfraction, et remplacer le miroir concave, par une loupe ou un système de lentilles qui réfracterait les rayons et les réunirait sur l'objet. Les verres colorés dont nous avons déjà parlé peuvent encore trouver ici des applications.

Mais l'éclairage par réflexion est le plus habituellement employé; c'est surtout à cette méthode que s'appliquent toutes les modifications, toutes les inventions plus ou moins avantageuses qu'on a proposées à différentes époques.

Maintenant que nous connaissons les moyens a employer pour éclairer convenablement les objets microscopiques transparents, citons quelques appareils spéciaux proposés pour l'éclairage des objets transparents. Parmi ces instruments, nous indiquerons : les condensateurs de Wollaston, d'Amici, d'Euler, de Dujardin, de Gillets, de Kingsley, de Schadbot. Parmi ceux-ci, le prisme d'Euler, à surface convexe, le prisme oblique de Schadbot, l'éclairage Dujardin, composé de lentilles achromatiques, sont les seuls employés.

DE L'ÉCLAIRAGE DES OBJETS OPAQUES[1].

Les détails précédents nous permettront d'abréger ce second paragraphe. Les corps opaques interceptent les rayons lumineux réfléchis par le miroir et les empêchent d'arriver à l'œil. Cependant ces corps ne sont pas moins intéressants pour l'observateur que les objets transparents. On a donc cherché les moyens de les rendre visibles au microscope, en leur appliquant un éclairage convenable. Nous avons dit que pour y parvenir, on employait la lumière directe, réfléchie ou réfractée.

La lumière directe fut nécessairement le premier moyen qui dut se présenter à l'esprit, mais de même que la lumière réfractée, elle n'agit que sur un côté de l'objet, et comme, dans le microscope composé, les objets sont vus dans une position renversée, la transposition des ombres et des clairs peut donner naissance à des illusions fâcheuses; d'une autre part, cette lumière latérale est quelquefois nécessaire, par exemple lorsqu'on examine des objets striés ou couverts d'éminences, de poils, etc.

Pour éclairer directement un objet opaque, il suffit de placer l'instrument de telle façon que l'objet soit exposé au jour d'une croisée ou bien à des rayons

[1] Charles Chevalier, *Manuel du micrographe*.

lumineux admis à travers une ouverture étroite, mais surtout à la lumière d'une lampe placée tout près de l'objet et disposée de manière à ce que les rayons lumineux ne frappent pas l'œil de l'observateur. Ce premier procédé peut être utile pour reconnaître avec de faibles grossissements la couleur et la forme extérieure de certains corps.

Pour réfracter la lumière et concentrer en un foyer placé au même point que l'objet, on se sert d'une loupe plano-convexe, en la dirigeant de manière à reproduire sur l'objet une image nette du point lumineux d'où partent les rayons.

En 1740, Lieberkuhn parvint à éclairer complétement les objets opaques, au moyen d'un réflecteur concave en argent parfaitement poli. La lentille était placée au centre de ce miroir, et le foyer de l'un correspondait au foyer de l'autre.

Aujourd'hui, nous suivons la même méthode, seulement nos réflecteurs sont en verre, et l'on n'a plus à craindre l'oxydation; quelquefois nous isolons la lentille du miroir qui est monté sur une tige et peut se mouvoir à volonté, de manière à donner une lumière plus ou moins intense et à servir avec toutes les lentilles, excepté avec les plus fortes : toutefois la première disposition est préférable.

Voici du reste la manière de procéder.

On enlève la pièce qui porte les diaphragmes pour laisser une large ouverture à la platine; le réflecteur, garni de sa lentille, est adapté à l'extrémité objective du microscope, et le miroir inférieur incliné de manière à réfléchir les rayons lumineux à travers cette ouverture. Arrivés au réflecteur concave, les rayons sont de nouveau réfléchis et vont se réunir à son foyer, dans le même plan que l'objet (fig. 43).

Si l'objet présente des parties très-brillantes, il fau-

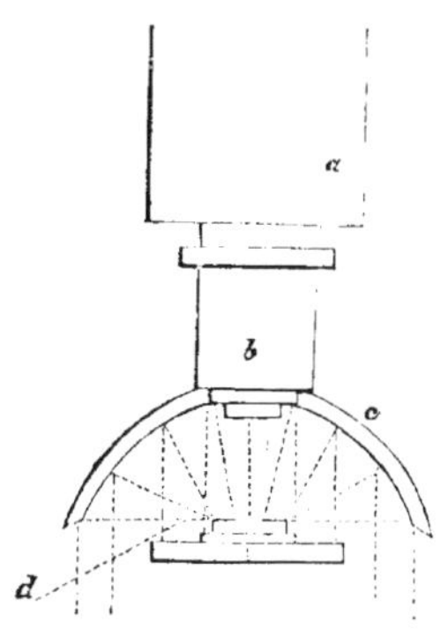

Fig. 43

dra ménager l'éclairage, soit en couvrant le miroir inférieur d'un papier huilé ou d'un carton blanc, soit en employant le réflecteur mobile, qui permettra de varier le foyer et de faire tomber sur l'objet une partie plus ou moins large du cône lumineux formé par les rayons convergents. On peut encore élever ou abaisser le miroir concave inférieur qui se meut à coulisse, ou enfin se servir du miroir plan.

La lumière artificielle est toujours préférable pour les corps opaques. Ce genre d'éclairage n'admet pas l'emploi des plus fortes lentilles, parce qu'avec les forts grossissements, la lumière est affaiblie, et qu'il faut toujours ménager un certain espace entre l'objet et l'objectif. Cet intervalle est surtout nécessaire lorsqu'on fait usage de la lumière directe ou réfractée au moyen de la loupe. La lumière artificielle offre encore l'avantage de pouvoir être éloignée ou rapprochée à volonté du miroir inférieur, lorsqu'on veut obtenir plus ou moins de clarté. Dans certaines circonstances, on peut la modifier au moyen de diaphragmes variables placés au-dessus des lentilles.

Enfin l'observateur intelligent et zélé puisera, dans l'usage même du microscope, une habileté que l'expérience seule peut donner.

Dans les derniers temps, mon père a construit des miroirs de Lieberkuhn en glace, d'un foyer très-court, de façon à pouvoir les employer avec de forts grossissements. Nous pouvons aujourd'hui employer le réflecteur concave avec un grossissement de trois cent cinquante fois en diamètre. Ces miroirs de Lieberkuhn peuvent aussi s'adapter au microscope simple.

Pour cela nous enlevons un des valets, et le doublet tenu dans l'anneau du microscope s'applique à la partie supérieure du miroir.

Pour l'observation, on peut employer un petit disque en glace, qui peut se fixer dans l'ouverture de la platine. Ce disque porte, à son centre, une petite tige en cuivre sur laquelle se fixe le corps opaque à observer. On place l'objet sur des disques colorés, dont la nuance varie suivant la teinte des objets. Pour les miroirs à foyer court, ce petit accessoire est très-avantageux.

Le miroir de Lieberkuhn peut s'adapter à tous nos microscopes. Lorsque l'on veut peu dépenser, la loupe plano-convexe à tige articulée doit être employée, ou une loupe sur pied, telle que celle dont j'ai parlé au chapitre *Accessoires*.

VIII

PRÉCAUTIONS AVANT D'OBSERVER.

Du choix du microscope.

Prêt à commencer des observations, il sera bon de s'assurer de l'état de son microscope, et la première chose à faire sera de regarder si les verres sont propres : dans le cas contraire, on les dévissera et on les essuiera soigneusement à l'aide d'un linge de toile très-fine (batiste), et non avec une peau ou de la soie qui ne servent qu'à graisser ou à rayer les verres. On peut aussi, en projetant l'haleine dans le moment où l'on essuie les verres leur rendre leur limpidité. Mais si les verres, étaient ternis par les doigts ou par la présence d'autres corps, on se servira d'un linge humecté d'un peu d'alcool rectifié, et cela fait on aura soin de revisser exactement les pièces, afin que le centrage des verres soit complet. Lorsque l'on se servira d'alcool, il faudra prendre les plus grandes précautions si l'on essuie des petites lentilles achromatiques, car étant formées de deux verres réunis par une substance résineuse l'alcool pourrait agir sur cette substance et décoller les lentilles.

Lorsqu'il n'y a qu'un peu de poussière sur les verres,

on peut se servir d'un pinceau doux, mais il faut le préparer pour cet usage en le faisant séjourner quelques heures dans de l'éther, afin de le dégraisser complétement ; on le conservera ensuite dans un étui.

On prendra les mêmes précautions pour le miroir.

Ainsi que mon père l'a indiqué, on évitera de respirer sur l'oculaire; dans le cas où cela arriverait le nuage se dissiperait bientôt, à moins que la vapeur trop abondante ne se condensât en une couche liquide qu'on essuierait avec soin.

Quelques personnes saisissent le corps de l'instrument avec la main, pour lui imprimer certain mouvement. En hiver, ou dans une pièce froide, la chaleur de la main agit sur l'air contenu dans le tube, et bientôt un léger nuage vient ternir les verres; on a recommandé de tenir l'instrument dans une pièce chaude.

Si les parties métalliques de l'instrument étaient ternies par le contact des doigts, on les essuiera dans le *sens du poli*, à l'aide d'un linge de toile fine, soit à sec, soit en y projetant l'haleine. Les parties métalliques de l'instrument étant presque toutes recouvertes d'une couche de vernis ayant pour base l'alcool, cette dernière substance ne pourra être employée pour le nettoyage des pièces.

Dans le cas où le métal serait taché, le vernis attaqué, il faudrait repolir la pièce endommagée, et pour cela recourir au constructeur. Si le vernis n'est pas attaqué, un linge légèrement huilé rendra dans beaucoup de cas le brillant aux pièces de métal. Un pinceau doux servira aussi à enlever la poussière sur les parties métalliques.

Pour terminer ces recommandations, j'ajouterai quelques lignes écrites par le docteur Mandl, au sujet de la disposition dans laquelle on doit être pour faire de bonnes observations au microscope :

« Ceux qui voudront faire usage du microscope devront être sains de corps et d'esprit. Un mal de tête, une fièvre inflammatoire qui ferait paraître des images illusoires devant les yeux, est autant incompatible avec le succès désirable des observations qu'une imagination vive qui s'emporte à chaque instant, qui voit des merveilles partout, soit sous le microscope, soit à l'œil nu. Il faut avant tout avoir la ferme volonté d'examiner sérieusement, et de séparer toujours dans le récit de ses recherches l'observation et la conclusion.

« Si l'on avait toujours suivi cette règle, le public aurait pu facilement choisir entre l'observation qu'un examen répété aurait pu confirmer ou renverser, et entre les conséquences tirées par l'auteur. »

L'instrument étant parfaitement disposé, il ne reste plus qu'à examiner l'objet, qui doit être parfaitement préparé (*voir* les chapitres spéciaux) et convenablement éclairé pour être bien perçu.

DU CHOIX DU MICROSCOPE.

Test-objects.

J'extrairai de l'ouvrage de mon père la plus grande partie de ce chapitre, car les règles qu'il a posées en 1823 sont encore celles qui régissent la construction des microscopes. Quant aux *test-objects*, ils ont changé de nature. Ainsi les navicules sont aujourd'hui les meilleurs test-objects [1], par exemple : *la navicula angulata, la grammatophora subtilissima*. Les stries de l'*angulata* ne sont bien vues qu'à partir de notre n° 5 ; nos n°s 6, 7, 8 les montrent très-bien. Pour les navi-

[1] Malgré cela, les écailles du papillon du chou, celles de la forbicine, du lépisma, sont d'excellents tests..

cules plus fines, il faut prendre nos séries à correction. Nos séries 0, 1, 2, 3, 4 servent pour toutes les études de physiologie végétale et animale.

Les progrès remarquables, la propagation de la science du microscope, sont les meilleures preuves que l'on puisse fournir en faveur du degré de perfection auquel l'instrument est parvenu dans l'espace de quelques années. Dans les premiers temps, les recherches étaient sans cesse entravées par la mauvaise disposition de la partie mécanique; et ce n'était pas vraiment un problème très-facile à résoudre que d'associer la mobilité à la solidité, sans surcharger l'appareil et embarrasser l'observateur d'une foule de supports, de vis de pression, etc. Et quand bien même on serait parvenu à vaincre cette première difficulté, l'appareil optique, proprement dit, demeurait avec toutes ses imperfections.

Enfin, le microscope fut régénéré, les savants l'adoptèrent, et la science s'enrichit de cette nouvelle conquête.

L'appareil mécanique, le système optique, voilà les deux grandes bases; aussi donnons nous des renseignements exacts sur les qualités qu'il faut exiger d'un bon microscope sous les rapports optique et mécanique. Mais indiquer ces qualités et ne pas consigner en même temps la manière de les vérifier serait une véritable mystification.

Il était donc de la plus haute importance de découvrir un moyen d'épreuve, une pierre de touche qui pût dévoiler les défauts et mettre en évidence les *propriétés efficaces.*

Les astronomes ne se contentaient plus de voir distinctement des planètes et leurs satellites, comme avant la découverte des étoiles doubles et des nébuleuses; il fallait que leurs lunettes fussent éprouvées sur ces derniers corps.

Pourquoi le microscope n'aurait-il pas eu également son moyen de contrôle? il faut bien se persuader que de cette découverte dépendait l'avenir de l'instrument, car la connaissance des imperfections est le premier pas vers la perfection, et l'introduction des *test-objects* dans la science microscopique doit être mise au nombre des plus heureuses innovations.

Examinons d'abord le mécanisme, la charpente de l'instrument, dont il est facile de vérifier les différentes combinaisons.

On n'ignore pas les nombreux changements qu'on a fait subir aux montures des microscopes; les uns voulaient une disposition particulière pour chaque genre d'observation, et il n'y a pas encore bien longtemps qu'on a construit des microscopes pour les objets aquatiques, d'autres pour les corps vivants, etc. A nos yeux, le meilleur mécanisme était celui qui se prêtait au plus grand nombre d'applications et présentait le plus de solidité.

Cette pensée constante nous conduisit de changements en changements, à terminer les modèles que nous construisons aujourd'hui.

Nous passerons sous silence tous les détails de construction, qui n'auraient d'intérêt que pour les mécaniciens.

1o Toutes les parties qui composent la monture doivent être parfaitement ajustées.

Il est facile de s'en assurer, car le moindre défaut d'ajustage occasionnera des mouvements irréguliers, des saccades, des déplacements de l'objet qui se manifesteront à l'œil le moins exercé et ne permettront pas de faire l'observation la plus simple.

2° Pour éviter les frottements trop rudes, on construira les différentes coulisses, boîtes carrées, vis, etc., en métaux différents.

Nous ne pensons pas qu'il soit nécessaire d'expliquer cette deuxième proposition. Au surplus, en faisant glisser les différentes pièces, on appréciera sans peine la précision ou la roideur des mouvements.

3° Le centrage parfait des différentes parties est de la plus haute importance.

En effet, si toutes les parties superposées ne sont pas situées positivement dans le même axe, les différents verres ne se correspondront pas exactement, ou bien les autres parties de l'appareil ne viendront pas se présenter à ces verres d'une manière convenable, il sera impossible de distinguer les objets et de les placer dans une situation commode pour l'observateur.

4° Dans le microscope composé, la partie optique doit être immobile.

Lorsque la mise au point s'obtient par le mouvement imprimé au corps de l'instrument, l'œil placé sur l'oculaire est obligé de suivre les divers changements, et comme il arrive qu'on appuie le bord de l'orbite sur le micopscope, le poids de la tête qui porte entièrement sur le tube, peut amener de légères variations dans l'ajustement; mais on n'ignore pas qu'un déplacement insensible détruit aussitôt la netteté de l'image; donc la platine seule doit être mobile. A cette mobilité, il faut joindre une grand précision de mouvement et un ajustage parfait. Si d'une part la mobilité du corps de l'instrument l'expose à des variations nuisibles, l'exécution imparfaite des différentes pièces qui composent la platine et son mécanisme aura nécessairement les mêmes résultats.

Les mouvements latéraux ou d'avant en arrière ne

peuvent qu'embarrasser l'observateur, loin de faciliter les recherches, et si ces mouvements sont nécessaires en certaines occasions, il devient indispensable de les limiter au moyen de butoirs qui permettent de replacer les diverses pièces exactement dans leur position primitive. Au surplus, on évite tous ces déplacements en faisant usage de la platine à chariot.

Nous avons insisté sur l'immobilité du corps de l'instrument, parce qu'il est vrai que c'est par le centre des lentilles qu'on voit le plus nettement, et qu'il faut que ces dernières, l'objet et le microscope, soient d'abord placés exactement dans le prolongement du même axe, sauf à modifier ensuite la position de l'objet ou du réflecteur. Nous avons posé ces principes dès 1823 [1].

Ces *observations* sont en partie applicables aux microscopes simples; mais quand on les destine aux recherches anatomiques, il faut que la platine soit immobile.

5° Les cônes qui portent les lentilles du microscope composé et les oculaires seront ajustés à baïonnette sur le corps de l'instrument [2]. Les doublets entreront à frottement dans les anneaux du microscope simple. Avec l'ajustage à baïonnette on n'a pas à craindre les variations qui peuvent résulter de la plus légère imperfection des vis, on perd moins de temps à effectuer le changement des pièces, et l'on est certain de toujours les remplacer dans la même position.

6° Nous avons déjà parlé des avantages que présente

[1] Aujourd'hui, on veut la platine immobile dans tous les cas, et nous avons adopté cette disposition, bien que les idées émises par mon père soient tout à fait précises.

[2] Malgré les avantages de la baïonnette, beaucoup d'observateurs préfèrent le pas de vis.

la vis de rappel à boule pour le mouvement lent et des diaphragmes variables, il est inutile de nous y arrêter de nouveau. Nous ne reviendrons pas davantage sur les garnitures en velours placées à l'intérieur des tubes, et généralement adoptées.

7° Il est important que l'on puisse monter et démonter l'instrument avec la plus grande facilité et que les différentes parties dont il est composé soient logées dans la boîte de manière à éviter les ballottements, les chocs qui pourraient altérer l'exactitude des pièces et rendre les mouvements difficiles ou irréguliers.

8° Enfin, un bon microscope doit se plier à toutes les exigences, prendre toutes les positions désirables et les conserver sans variations; la simplicité des formes, du mécanisme et des accessoires est encore une qualité précieuse.

Passons maintenant au point capital, sans lequel les meilleures montures, le mécanisme le plus ingénieux ne seraient que des objets inutiles, un corps inanimé, la matière sans vie.

1° Les différents verres qui entrent dans la composition d'un microscope seront taillés dans une matière bien transparente et d'une grande pureté. Ils doivent être travaillés avec le plus grand soin.

2° Les deux verres de l'oculaire, ou, pour parler plus correctement, l'oculaire et le verre de champ, auront leur convexité tournée vers l'objectif. Les vis de leurs montures doivent être bien filetées, pour qu'on n'éprouve aucune difficulté lorsqu'il s'agit de les remettre en place après les avoir nettoyées.

3° Il est important que les lentilles soient parfaitement centrées et les différents verres qui les composent collés ensemble et sertis dans la monture. Il serait facile de multiplier ces propositions; mais ne vaut-il pas mieux indiquer de suite le moyen de vérifier l'efficacité de l'instrument?

Les qualités que nous venons d'énumérer sont faciles à reconnaître, mais elles ne suffisent pas; il faut surtout que leur réunion, que leur ensemble soient soumis à un dernier examen. Combien d'instruments, parfaits en apparence, ne peuvent résister à cette redoutable épreuve!

Le docteur Goring passe généralement pour avoir le premier introduit les test-objects dans la science; nous devons dire, tout en repoussant l'accusation de partialité, que longtemps avant la publication du mémoire du docteur anglais, M. Le Baillif (en 1823) éprouvait les microscopes en examinant les stries des plumules de divers papillons, les appendices flagelliformes des animalcules spermatiques, les divisions micrométriques, etc. Nous possédons même des dessins coloriés représentant plusieurs de ces objets dessinés par Le Baillif.

Comme il ne serait pas impossible qu'on nous accusât de chercher à diminuer le mérite des travaux du docteur Goring, nous répondrons à l'avance, en rappelant nos relations amicales avec le savant docteur, une correspondance suivie pendant plusieurs années et les emprunts fréquents que nous avons faits à ses œuvres. Nous pourrions ajouter que, loin de nuire en rien aux recherches de M. Goring, les expériences de M. Le Baillif prouveraient plutôt l'excellence du procédé, puisque la même pensée surgit presque simultanément dans l'esprit de deux hommes aussi remarquables par leur talent d'observateur et la justesse de leurs conceptions.

Il paraît que M. Goring fut conduit à la découverte des ***test-objects*** par un passage de Leeuwenhoek relatif au papillon du ver à soie. En étudiant les ***tests,*** le docteur anglais reconnut deux propriétés distinctes dans le microscope : l'une, qu'il nomme *pouvoir pénétrant*, dépend de l'ouverture des lentilles; l'autre, *ou pouvoir définissant*, est en raison inverse des aberrations chromatiques et de sphéricité. Il nous semble qu'on pourrait donner une idée assez exacte de ces deux propriétés en disant que le pouvoir pénétrant dévoile la structure intime des corps, tandis que la connaissance de leur forme, de leur apparence superficielle, dépend du pouvoir définissant. Le premier sera donc principalement applicable aux objets transparents et le second aux corps opaques. Un microscope peut posséder au plus haut degré l'une des puissances, la pénétration, par exemple, tandis que son pouvoir définissant sera faiblement prononcé, et *vice versa ;* l'instrument parfait réunit les deux propriétés.

Le docteur Goring établit deux grandes divisions parmi les *tests*.

1° *Test-objects* transparents pour éprouver le pouvoir pénétrant.

2° *Test-objects* opaques pour le pouvoir définissant.

Nous allons extraire du *Microscopic cabinet* un passage qu'il nous paraît important de citer avant de poursuivre notre travail.

« On trouve fréquemment des écailles et des plumules très-faciles parmi les objets les plus difficiles;..... j'observerai qu'on distingue bien plus facilement les échantillons dont la couleur est foncée et que les noirs ne prouvent rien, tandis que plus le tissu est transparent, plus il est difficile de distinguer sa structure. J'insisterai aussi sur les dimensions, la longueur et la largeur de l'objet, car dans certains cas les échantillons longs et étroits sont très-difficiles, et les gros et courts très-faciles..... »

Ainsi donc, on ne doit pas employer indistinctement toutes les plumules, et il importe de connaître les caractères de celles qu'il faut préférer. Nous allons donner la liste des *test-objects* proposés par le docteur Goring, puis nous décrirons leurs caractères distinctifs en nous conformant au travail du docteur, et enfin nous exposerons nos propres idées sur ce sujet délicat.

LISTE DES TEST-OBJECTS (Dr GORING).

PÉNÉTRATION.

PREMIÈRE SECTION. *Faciles.*

Écailles de........................ Petrobius maritimus.
— .... Lepisma saccharina.

2e SECTION. *Etalons.*

Plumules de..................... Morpho menelaus.
— .... Alucita pentadactyla.
— .... Id. hexadactyla.
— .... Lycenæ argus.
— .... Tenea vestianella.

3e SECTION. *Difficiles.*

Plumules de..................... Pieris brassica.
Écailles de..................... Podura plumbea.

DÉFINITION.

Poils de........................ Souris.
— .... Chauve-souris.
Feuille d'une espèce inconnue de mousse appartenant au genre *Hypnum*.
Écaille mouchetée du.............. Lycenæ argus.

CARACTÈRES.

1° *Lepisma saccharina.*

On emploiera les écailles fraîches; lorsque l'insecte est mort depuis longtemps, on risque de les altérer en les détachant.

Les stries longitudinales divergent légèrement en quittant leur point d'origine; elles paraissent plates ou carrées comme les dentelures de quelques coquilles bivalves. Il existe d'autres stries qui suivent plusieurs directions. On doit surtout s'en rapporter à la netteté des espaces qui les séparent.

2° *Petrobius maritimus.* Se trouve sous les pierres au bord de la mer. La forme des écailles est à peu près semblable à celle des précédentes, mais elles sont plus longues et les stries transversales très-prononcées.

3° *Morpho menelaus* (Amérique).

Les plumules imbriquées placées au centre de la face supérieure de l'aile sont d'un bleu pâle et quelques-unes presque noires. Les premières sont plus larges et doivent seules être employées comme *test.* Elles présentent des tries longitudinales et transversales qui simulent les lignes d'une muraille en briques.

Ces stries et leurs intervalles doivent paraître bien distincts; il est rare qu'on puisse voir toutes les stries transverses en même temps. Il faut détacher ces plumules avec beaucoup de soin, car elles s'altèrent facilement, et les stries transverses disparaissent aussitôt.

4° et 5° *Alucita pentadactyla et hexadactyla.* On emploie les plumules prises sur le corps et non sur les ailes. Elles sont transparentes, ordinairement plus larges que longues et non symétriques. Souvent elles sont couvertes d'une trame délicate, inégale et membraneuse qui cache les lignes. Les stries longitudinales ne sont pas difficiles à distinguer, mais elles sont tellement rapprochées qu'il faut un grossissement considérable et un éclairage convenable pour les isoler. (Rares.)

6° *Lycenæ argus*. Plumules de la face inférieure de l'aile d'un jaune brillant, intervalles très-transparents. Nous reviendrons sur les plumules ponctuées.

7° *Tenea vestianella*. Petites plumules de la face inférieure de l'aile. Ce *test* n'est pas très-difficile; mais il faut un excellent microscope pour montrer les stries avec netteté.

8° *Pieris brassica*. Il faut préférer les plumules pâles, minces, cordiformes, dont la racine est terminée par une houppe chevelue, et qui se rencontrent sur quelques parties de l'aile. Elles sont très-transparentes, jaunâtres et leur surface est rarement lisse. On distingue fort bien les stries longitudinales en employant l'éclairage oblique.

Indépendamment des stries longitudinales et transversales il existe encore deux ordres de lignes obliques toujours plus pâles que les autres, et qui ne sont jamais réunies. Il est difficile de bien les voir; il faut encore que la lumière arrive obliquement et que l'éclairage ne soit pas trop vif.

9° *Podura plumbea*. On les trouve dans le bois humide, la sciure de bois et les caves. Il n'est pas facile de prendre ces insectes; nous allons indiquer le procédé à suivre. Saupoudrez de farine un morceau de papier noir, que vous placerez près de l'endroit où se trouvent les podures; quelques heures après mettez le papier dans un grand vase verni que vous transporterez dans un lieu éclairé; aussitôt les podures sauteront de la farine dans le vase où l'on peut les conserver. Le corps et les pattes de ces insectes sont recouverts d'écailles très-délicates, qu'il faut recueillir avec précaution. L'insecte est très-mou et s'écrase facilement; le liquide qui s'écoule adhère aux écailles et fait disparaître les stries.

Je n'ai jamais pu distinguer ces lignes avec un grossissement au-dessous de 350 fois. On peut aussi les voir avec un bon doublet et l'éclairage de Wollaston. Leur transparence est en raison inverse de leurs dimensions. Leurs formes sont variées, mais elles ne présentent jamais d'angles aigus. Avec un bon microscope et un éclairage convenable on aperçoit une série de lignes ou saillies disposées de différentes manières. Tantôt elles sont droites et traversées par deux ordres de lignes obliques, les autres sont ondulées. Il en est même dont on n'a pu jusqu'à ce jour reconnaître la disposition.

Règle générale : plus les écailles sont petites, plus le *test* est difficile.

Quant aux *tests* opaques ou destinés à prouver le pouvoir définissant du microscope, on ne trouve dans le *Microscopic cabinet* aucun détail sur leurs caractères; l'auteur renvoie aux planches de cet ouvrage; nous citerons seulement les plumules du *lycenæ argus*, dont nous avons déjà parlé.

Ces plumules, prises sur la face inférieure de l'aile, ressemblent par leur forme à une raquette couverte de taches. Elles paraissent composées de deux couches délicates dont la supérieure présente des rangées régulières d'épines coniques qui doivent se montrer très-distinctement. Lorsque la lumière arrive obliquement elles se mêlent et ressemblent à une ligne tremblée.

On peut encore augmenter le nombre déjà considérable des *test-objects;* ainsi les globules de sang des différents animaux, les prolongements flagelliformes des animalcules spermatiques et des infusoires, les cils vibratoires de ces derniers, etc., sont également de fort bons objets d'épreuve. Mais pourquoi multiplier les exemples? Ne vaut-il pas mieux faire un choix rigoureux parmi les plus difficiles et s'en tenir aux résultats qu'ils fournissent. Un bon microscope sortira vainqueur de toutes les épreuves; lorsqu'une fois il aura fait voir bien nettement un ou deux objets très-difficiles, il ne sera pas nécessaire de répéter l'expérience sur un autre *test*, à moins toutefois qu'on n'ait du temps à perdre, et le contraire arrive ordinairement à qui sait bien l'employer. Nous avons cependant choisi plusieurs *tests-objects*, parce que tous les microscopes n'ont pas une puissance suffisante pour faire voir les plus difficiles, et que d'ailleurs il en est qu'on se procure plus facilement que d'autres.

Voici notre division et les caractères des différents corps.

1re DIVISION. *Faciles.*

Stries longitudinales et apparence de lignes obliques sur les écailles de la *forbicine*.

Stries des plumules du *petit papillon du chou*.

2e DIVISION. *Difficiles.*

La granulation des stries des mêmes plumules.

3e DIVISION. *Plus difficiles.*

Stries longitudinales des plumules du *grand papillon du chou*.

4e DIVISION. *Très-difficiles.*

Lignes interrompues des petites et moyennes écailles de la *podure*.

Granulation des stries des plumules du *grand papillon du chou*.

1° FORBICINE (*Lepisma saccharina*); vulgairement connu sous le nom de poisson argenté, demoiselle d'argent, cet insecte doit sa couleur argentée à un grand nombre d'écailles luisantes qui le couvrent entièrement. Lorsqu'on veut employer les écailles il faut prendre l'insecte avec une plume et le poser délicatement sur une lame de verre, que l'on recouvre aussitôt d'une seconde; soumis à une pression modérée, l'animal s'agite et laisse une partie de ses écailles attachées aux bandes de verre.

Ces écailles présentent des stries longitudinales qui se courbent vers le point d'insertion et forment à l'extrémité opposée des dentelures prononcées. Ces stries se distinguent facilement, même avec un microscope de moyenne force; elles doivent paraître nettes et bien tranchées.

Avec une amplification de 100 à 150 fois on reconnaît deux sortes de lignes obliques qui sont probablement formées par la coïncidence des stries longitudinales.

2° PETIT PAPILLON DU CHOU (*pieris rapæ*, piéride de la rave). Les ailes de ce papillon fort commun sont revêtues de trois ou quatre espèces d'écailles différentes. C'est à M. Le Baillif que nous devons la découverte des petites écailles qu'il nomma *plumules* et qu'il faut employer de préférence à toutes les autres. On les recueille sur les ailes du papillon mâle. Une de leurs extrémités est cordiforme et les deux lobes sont arrondis ou carrés, l'autre est terminée par des filaments chevelus. Entre les deux lobes du cœur et à l'extrémité d'un pédicule délié, on observe une petite boule, qui, d'après les observations intéressantes de M. Bernard Deschamps, est la partie qui s'implante sur la membrane de l'aile.

Avec un bon microscope et une puissance ordinaire

on aperçoit des stries qui s'épanouissent en quittant la partie étroite de la plumule. Rapprochées vers le centre, elles s'écartent en avançant vers les bords et s'infléchissent en suivant à peu près les contours de la plumule. Avec une amplification de 300 fois, on distingue la disposition granulée qui leur donne l'apparence d'un chapelet dont les grains laisseraient entre eux un certain intervalle. *On reconnait la bonté de l'instrument à la netteté des granulations, qui parfois permet d'en compter un certain nombre.*

3° Grand papillon du chou (*pieris brassicæ*, piéride du chou). Il faut employer exclusivement les plumules du mâle, dont les deux extrémités ont quelque ressemblance avec celles dont nous venons de parler; mais les contours des lobes sont parfaitement arrondis, les plumules sont très-allongées et leur coloration est d'un jaune pâle. Les stries sont longitudinales, très-rapprochées dans la partie aiguë de la plumule, et s'avancent en divergeant vers l'extrémité cordiforme, dont elles suivent faiblement les contours.

L'excellence de l'instrument pourra se mesurer sur la netteté plus ou moins grande de ces stries; mais *les granulations qui les composent doivent être considérées comme un test-object très-difficile*. Un excellent microscope a seul le pouvoir de faire distinguer ces granulations fines et rapprochées.

M. Goring décrit deux espèces de lignes, les unes longitudinales et les autres obliques; à son avis, ces dernières l'emportent en difficulté sur les autres *tests*.

Nous différons d'opinion avec le docteur anglais. Pour nous, il n'existe qu'une seule espèce de stries longitudinales dont l'apparence est granulée. M. Goring luimême revient sur ses premières idées et dit, en parlant des stries : « Elles cachent un mystère inexplicable, car si elles sont produites d'après le même principe que les lignes des micromètres, pourquoi ne les voit-on pas aussi facilement? » Le docteur Brewster étudia ces stries avec le plus grand soin et reconnut enfin que les lignes mystérieuses des *tests-objects* n'existent qu'en apparence et qu'elles sont formées par une série de dentelures qui, avec les fibres auxquelles elles s'attachent, constituent la trame délicate des plumules. Relativement aux lignes obliques, le docteur Brewster les considère comme résultant d'une illusion d'optique produite par l'alignement accidentel des différentes séries de dentelures également éclairées par une lumière oblique, etc.

4° Podure (*podura plumbea*, podure plombée. Nous avons indiqué plus haut la manière de se procurer cet insecte). Les écailles de la podure ont généralement une forme oblongue, mais leur grandeur varie. Avec un microscope médiocre, leur surface paraît unie, mais avec un instrument parfait on découvre une multitude infinie de points oblongs qui simulent des lignes droites, croisées, obliques ou onduleuses, suivant les variations que l'on fait subir à l'éclairage.

Il n'est pas très-difficile de découvrir ces points sur les plus grandes écailles; aussi faut-il choisir les plus petites, et nous les considérons comme l'un des meilleurs objets d'épreuve pour démontrer le pouvoir pénétrant du microscope.

Nous n'abuserons pas plus longtemps de la patience du lecteur, déjà fatigué sans doute de la longueur et de l'aridité de ces détails. Cet aperçu suffira pour lui donner une idée exacte des *tests-objects*; néanmoins, nous ajouterons quelques mots sur les difficultés qu'on éprouve à distinguer les caractères que nous venons de décrire, même avec le meilleur microscope.

Dans aucune circonstance, la disposition convenable de l'éclairage n'est plus importante. Citons un seul exemple.

Les stries des plumules sont tellement délicates qu'elles seraient complétement noyées dans une lumière trop vive; la délicatesse des saillies qu'elles forment à la surface de la plumule exige *une lumière oblique, et ces lignes ne deviennent apparentes qu'au moyen des ombres que l'on parvient à leur faire projeter.* Il est évident qu'il faudra suivre une marche analogue pour les autres *tests,* en les plaçant toujours dans les conditions les plus favorables.

Au surplus, il serait trop long et fastidieux de décrire minutieusement toutes les précautions nécessaires; aussitôt que l'on aura acquis une certaine habitude du microscope, on devinera sans peine la meilleure méthode à suivre. Avec l'expérience et les renseignements que nous avons donnés dans le cours de cet ouvrage, les observateurs auront bientôt découvert tous les secrets de la science microscopique. Nous nous empresserons toujours de guider leurs premiers pas et de leur signaler les qualités de leurs instruments. Espérons que, devenus maîtres à leur tour, ils voudront bien nous indiquer les défauts qu'ils auront pu rencontrer dans les nôtres; ce sera notre meilleure récompense.

Nos différents *tests* (voir l'atlas) ont été dessinés avec le plus grand soin à la chambre claire adaptée au microscope par un excellent artiste, M. Vaillant, dont le talent est bien connu de nos professeurs. Malheureusement, nous craignons que la gravure n'ait pu reproduire toute la délicatesse du dessin. Le lecteur pourra toutefois se régler sur les figures pour apprécier la netteté avec laquelle il distinguera les objets d'épreuve;

c'est ainsi que nous les avons vus avec nos meilleurs microscopes, c'est ainsi qu'il faudra les voir avec un bon instrument.

Nous ne saurions mieux terminer cet article qu'en traduisant le code promulgué par le docteur Goring dans sa *Micrographia*.

CODE.

Article premier. Le meilleur instrument est celui qui fait voir avec le plus de pureté et bien nettement les différents détails des objets; peu importe qu'il soit construit de telle ou telle manière, chromatique ou achromatique, *planatic* ou *aplanatic*, bien ou mal ajusté, que les lentilles soient bien ou mal travaillées, polies ou centrées. Si je pouvais voir dans un microscope fait avec le cristallin d'un merlan pourri *quelque objet qui ne fût pas visible dans un autre instrument*, je dirais que le premier est le meilleur et reste maître du champ de bataille [1].

Art. 2. Lorsqu'on veut comparer un microscope à un engiscope, il faut employer le même objet; s'agit-il d'écailles d'insectes, on doit les dessiner pour être toujours sûr de choisir le même spécimen.

Art. 3. *Cæteris paribus*, je dois dire que *le meilleur instrument est celui qui fait parfaitement voir un objet avec le pouvoir le moins fort.* Soit un instrument A, qui permet de bien voir un objet avec un pouvoir de 200, tandis qu'un autre, B, dévoile également bien tous ses détails *sur une petite échelle*, avec un pouvoir

[1] Nous traduisons littéralement; à part les embellissements tant soit peu britanniques dont l'auteur a orné sa pensée, nous sommes convaincu qu'elle ne rencontrera pas d'opposition.

de 100, je dirai que B est le meilleur; dans ce cas, je suppose que lorsque la puissance des deux appareils est fixée à 100, leur effet n'est pas égal, et que B a tout l'avantage. Mais si leur puissance était portée à 200 et qu'alors A eût l'avantage, je dirais encore que B est le meilleur. Dans mes écrits, j'ai souvent insisté sur ce point et signalé ce que je considère comme des raisons suffisantes de mes assertions.

Art. 4. Si deux instruments, C et D, font voir également bien les stries et les taches d'un objet, mais qu'avec C on aperçoive le bord de l'écaille ou de la plumule (l'appareil demeurant fixé au point nécessaire pour voir les stries), de telle sorte que les stries et le périmètre soient visibles en même temps; si D ne donne pas le même résultat, C sera le meilleur.

Art. 5. Si avec un instrument les lignes d'un *test* paraissent formées par une agrégation de points ou globules, ou brisées, interrompues, déchirées, tandis qu'un autre microscope les montre distinctement, comme de véritables lignes tracées à la plume, ce dernier l'emportera, etc. [1].

Art. 6. Si avec deux instruments on voit également bien certains corps striés étudiés comme objets transparents, mais que l'un des deux les montre plus ou moins nettement comme objets opaques, ce dernier aura l'avantage.

Art. 7. Si deux instruments sont également bons sous tous les rapports, mais que l'un d'eux soit achro-

[1] Nous n'admettons pas cette proposition. Les stries doivent, au contraire, paraître granulées; comment admettre que les dentelures découvertes par le docteur Brewster puissent avoir l'apparence d'une ligne non interrompue et parfaitement droite?

matique, il devra être préféré, car les images seront exemptes de coloration, etc.

Ainsi que nous l'avons dit au commencement de ce chapitre, on a ajouté aux *tests* que je viens de décrire différents objets difficiles pris parmi les infusoires fossiles, bien que le grand papillon du chou constitue un *test* fort difficile. Ainsi, on se sert de la ***navicula attenuata***, moins difficile que la ***navicula angulata***, qui présente trois rangées de stries se croisant sous l'angle de 60°. L'une des rangées est perpendiculaire à l'axe de la navicule, les deux autres sont placées à 30°. La disposition de l'ensemble des stries présente des figures hexagonales fort curieuses. Les stries perpendiculaires sont difficiles à voir; déjà avec notre n° 5 on les voit bien, mais c'est seulement avec les n°s 6, 7 et 8 que l'on peut les étudier parfaitement. Il existe aussi la ***grammatophora subtilissima***, excellent ***test*** fort difficile qui nécessite l'emploi des lentilles à correction et à immersion. D'autres navicules, telles que la ***navicula spencerii***, la ***navicula finiis***, sont aussi fort délicates et bonnes pour l'épreuve microscopique.

La ***navicula viridis*** est facile et appartiendrait à la première division du docteur Goring, la ***navicula attenuata*** à la troisième division, la ***navicula angulata*** à la quatrième. Il faudrait créer une cinquième division, extrêmement difficile, pour y placer la ***grammatophora subtilissima*** et autres navicules plus difficiles.

IX

DISSECTION DES OBJETS MICROSCOPIQUES.

La dissection des objets microscopiques peut s'effectuer de différentes manières, suivant le volume du corps sur lequel on opère. Les cas qui peuvent se présenter à cet égard peuvent se rapporter à deux principaux que nous allons examiner séparément.

Dans le premier, nous indiquerons la marche à suivre pour disséquer un objet d'un volume un peu considérable, et dans le second, celle nécessaire pour un objet petit ou plus ou moins microscopique.

Les procédés que l'on doit employer dans le premier cas se rapportent en général à ceux dont on fait usage ordinairement dans la dissection des corps volumineux; cependant il y a quelques restrictions à faire, car, dans le langage des micrographistes, on entend par corps volumineux ceux dont l'aspect général peut être connu sans l'emploi du microscope, et dont l'inspection détaillée réclame l'emploi de cet instrument.

Il me sera facile, en citant un fait, de rendre palpable ce que je viens d'énoncer. Je suppose que l'on veuille connaître l'organisation d'un insecte un peu gros, telle, par exemple, celle du carabe doré (*carabus aura-*

tus). L'aspect général en est facilement saisi à la première vue ; mais si l'on veut arriver à isoler les organes intérieurs, tels que ceux qui servent à la digestion, à la respiration, etc., ou même que l'on veuille étudier les parties de la bouche, isoler les tarses, etc, on sera forcé de recourir à l'emploi du microscope, lequel, dans ce cas, doit être disposé de la manière la plus simple possible. On emploiera donc pour cet usage une simple loupe grossissant quatre ou six fois, que l'on fixera sur notre porte-loupe.

Au chapitre *Microscope simple,* j'ai déjà traité de cet instrument, et j'ai conseillé l'emploi de la loupe achromatique, comme devant être d'un usage exclusif. Je n'insisterai donc pas sur sa bonté, les détails que j'ai donnés suffisent pour faire pressentir tout l'avantage que l'on peut en retirer, car cette disposition fait voir les objets avec une grande netteté et absence complète de couleurs, en permettant de continuer les dissections pendant des heures entières, sans éprouver de fatigue.

La loupe achromatique à faible grossissement sert donc toutes les fois que l'on veut isoler d'un objet un peu gros des parties plus ou moins ténues que l'on désire soumettre à de nouvelles dissections ; souvent ces parties n'ont plus besoin d'une nouvelle dissection, et il suffit de les observer après leur avoir fait subir une préparation préalable.

Citons encore quelques faits qui serviront à bien faire comprendre ce que je me propose d'expliquer.

Ayant, à l'aide de la loupe simple et par les procédés ordinaires de dissection, mis à nu et isolé chez un insecte l'appareil digestif, les trachées ou autres organes du même genre, si on désire connaître l'organisation intime de ces appareils, il faudra nécessairement pratiquer les dissections à l'aide d'un instrument d'un pouvoir amplificatif plus grand, en suivant quelques précautions que j'indiquerai plus loin. Il en est de même d'un tissu végétal, si, après avoir isolé les vaisseaux, trachées et fibres, on veut les examiner séparément, etc., etc. Dans ce cas, on se servira du microscope simple proprement dit, ou loupe montée, ainsi que nous allons l'indiquer dans un instant.

Si je désire isoler les parties de la bouche, les ailes, les tarses d'un insecte, les organes de reproduction d'une plante de moyenne grosseur, afin de les soumettre à la préparation conservatrice, je me servirai encore de la loupe simple à faible grossissement. Mais si ces mêmes objets sont trop petits pour que je puisse opérer ces manipulations, nécessairement je les amplifierai davantage et me servirai donc de la loupe montée ou du microscope composé redresseur, avec des amplifications moyennes, ou encore avec l'objectif variable.

Voyons maintenant comment on opère la dissection des corps volumineux, avec la loupe achromatique, et la dissection des corps microscopiques avec la loupe montée ou avec le microscope composé.

La dissection des corps microscopiques s'opère plus facilement, lorsque les objets sont plongés dans l'eau, suivant la méthode de l'immortel Cuvier. A cet effet, l'objet, suivant sa nature, sera maintenu à l'aide d'épingles sur de petites plaques de liége, recouvertes de feuilles d'étain, ou de petites plaques de liége fixées sur une lame de plomb; afin d'empêcher le liége de s'imbiber d'eau, l'étain pourra être collé avec de la colle de poisson, ou même encore on vernira le liége avec du vernis copal qui le rendra complétement imperméable. De petites plaques de cire ou autres substances molles et imperméables pourront aussi servir au même usage. On peut aussi, si l'objet est très-mou, employer le moyen indiqué par M. Strauss, et qui consiste à engager les corps à disséquer dans du plâtre de mouleur gâché à l'instant, lequel, en durcissant, maintient l'objet dans la position que l'on désire.

L'objet étant fixé, on place la plaque dans une petite cuve en porcelaine ou en verre, ou encore en bois verni au copal et avec fond de verre ; on maintient la petite plaque au fond de la cuve avec de la cire à modeler, et on ajoute de l'eau en quantité suffisante. Ayant ajusté le porte-loupe, muni de sa loupe, au-dessus de l'objet, il ne reste plus qu'à disséquer.

Si l'objet est très-opaque, on peut l'éclairer avec une loupe plano-convexe, que l'on place sur un petit support, à côté de l'objet. Mais, dans la majorité des cas, il est bien plus commode de disposer la petite cuve comme l'a indiqué M. Quekett, dans son excellent *Traité du microscope*. On dépose la petite cuve sur un support en bois, et on s'appuie les bras sur deux plans inclinés que l'on approche près de la petite cuve, fig. 44.

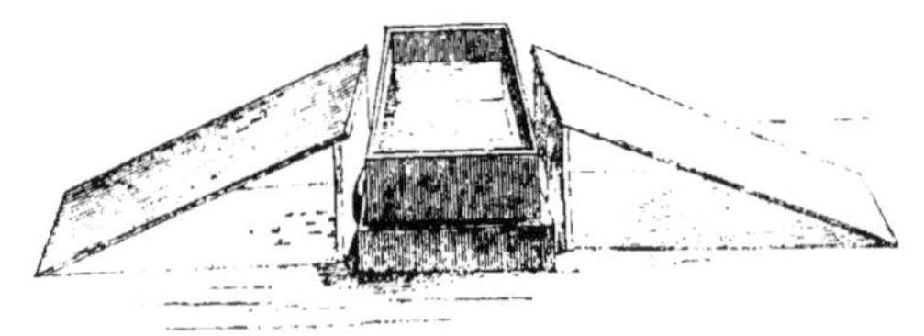

Fig. 44.

Cette disposition est très-commode et peut rendre d'immenses services.

Si l'on n'a que quelques parties résistantes à séparer, on place simplement l'objet sur une plaque de marbre dépoli, et, en le maintenant à l'aide de presselles, on sépare, à l'aide des ciseaux ou du scalpel, les parties que l'on veut isoler.

Mais avant d'indiquer la marche à suivre dans les dissections microscopiques, arrêtons-nous un moment pour examiner les instruments dont on fait usage ; je veux parler des instruments tranchants et accessoires.

Commençons d'abord par le scalpel. On doit en avoir de quatre formes différentes, comme ceux représentés par la figure 45. Ceux fabriqués par M. Charrière

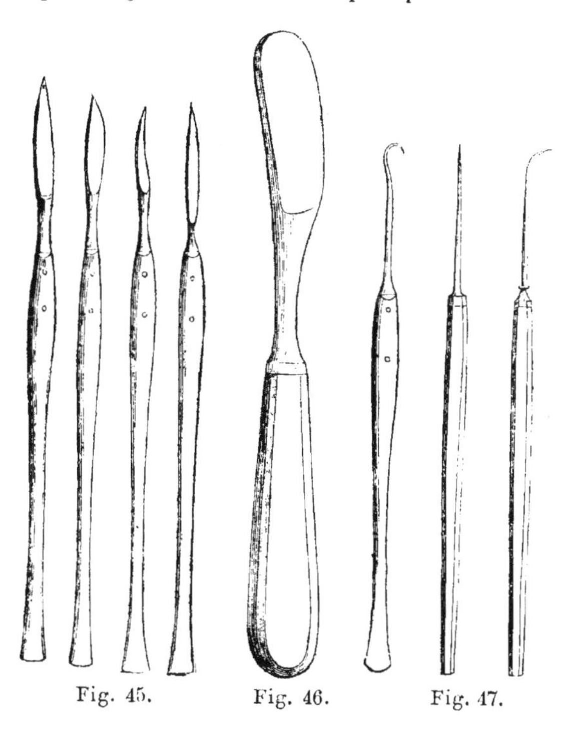

Fig. 45. Fig. 46. Fig. 47.

sont parfaits, ainsi que les autres instruments que je vais décrire.

Le rasoir emmanché (fig. 46, tranchoir de Strauss)

est un des outils les plus utiles; pour faire des coupes, rien ne saurait l'égaler.

On doit aussi avoir à sa disposition une aiguille droite emmanchée et une aiguille courbe, une érigne à manche (fig. 47), et surtout des porte-aiguilles, tels que ceux imaginés par mon père (fig. 48). Ces porte-aiguilles, en forme de porte-crayons, permettent de placer des aiguilles de toutes dimensions.

Des ciseaux droits et courbes (fig. 49 et 50) sont indispensables, ainsi que de petits ciseaux à ressorts (fig. 51).

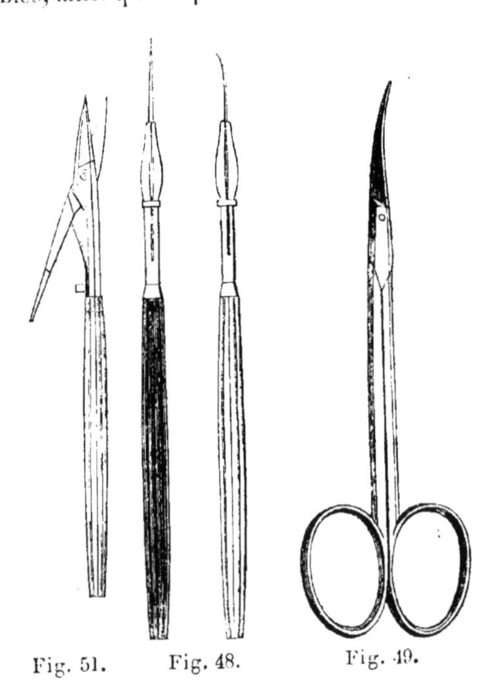

Fig. 51. Fig. 48. Fig. 49.

Les aiguilles à cataracte (fig. 52) sont de la plus haute

utilité. Joignons à cela des presselles fines et bien ajustées, droites et courbes (fig. 53 et 54), des presselles plus fortes, et nous aurons la série des instruments nécessaires pour les dissections microscopiques.

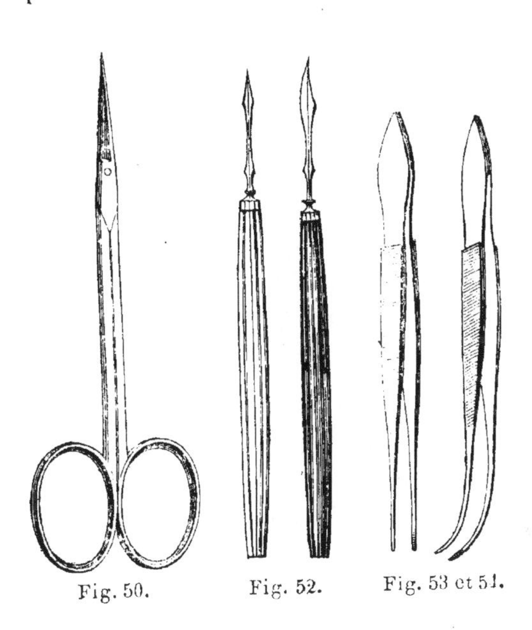

Fig. 50. Fig. 52. Fig. 53 et 54.

Pour couper des tranches de bois ou autres matières analogues, on se servira du rasoir, ou encore de la machine de M. Topping. Cet instrument, représenté fig. 55, est fort commode : on introduit la branche dans une place *ad hoc;* on règle la hauteur à l'aide d'une vis, puis à l'aide du rasoir on obtient des tranches égales et aussi minces qu'on le désire. Une vis de pression maintient les objets en place.

Mon père a imaginé pour cet usage une machine

très-précieuse, permettant de faire des sections à toutes les inclinaisons et d'en mesurer l'épaisseur.

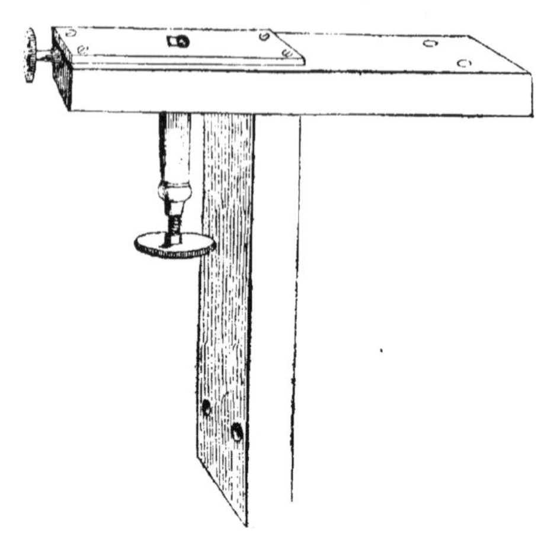

Fig. 55.

M. Follin, notre savant chirurgien, a, de son côté, fait construire par MM. Robert et Collin, habiles fabricants d'instruments de chirurgie, une excellente machine pour couper les tranches de bois à des épaisseurs déterminées. La fig. 56 représente cette ingénieuse machine.

Maintenant que nous connaissons les instruments que l'on emploie pour la dissection, donnons à ce sujet quelques directions générales, car il est impossible de préciser et de donner des règles exactes.

Si l'on a affaire à des objets un peu volumineux, desquels on veut mettre en évidence certaines parties, soit dans la dissection des tissus animaux ou des insectes, c'est par l'usage alternatif du scalpel et des ciseaux, ou du tranchoir de Strauss, en pratiquant des incisions ou des sections, que l'on commencera les dissections. On emploiera nécessairement des scalpels et des ciseaux d'une forme appropriée suivant l'objet que l'on dissèque. Il ne restera plus qu'à séparer les parties incisées, à les fixer à l'aide d'épingles ou autres moyens.

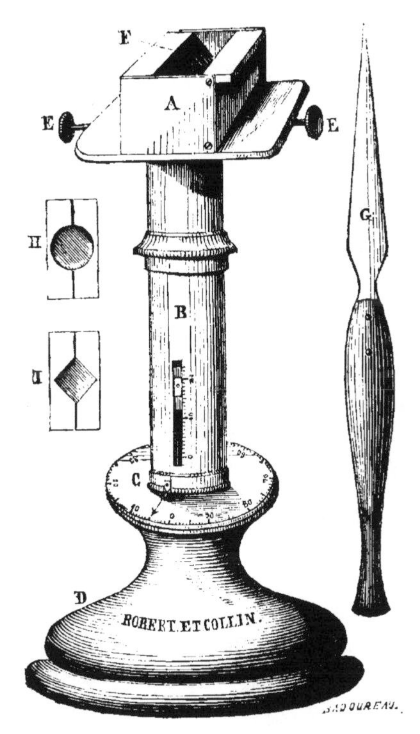

Fig. 56.

Si l'on veut ensuite extraire de petits objets pour les soumettre à d'autres dissections, à l'aide des aiguilles enmanchées on les mettra en évidence, puis les saisissant avec des presselles fines, on les séparera à l'aide des ciseaux à ressorts ou de petits scalpels. Si l'objet est mou, s'il s'agit d'une larve d'insecte, ou autre corps de même nature, c'est par déchirements et à l'aide des aiguilles droites et courbes que l'on opérera les dissections, car la nature du corps permet, par sa consistance, d'isoler tous les organes que l'on veut étudier. Certains corps, compactes, tels que la graisse, le cerveau; d'autres encore, tels que les glandes, seront examinés en pratiquant des coupes, à l'aide d'un bon rasoir imbibé d'eau, ainsi que l'objet sur lequel on opère. Les tissus et corps végétaux sont généralement plus faciles à disséquer que les autres. Dans ces opérations, on retire de grands avantages en laissant macérer quelque temps les objets que l'on veut disséquer. C'est, en grande partie, par déchirements que l'on obtient les meilleurs effets, et que l'on met en évidence dans les tissus végétaux les objets qui présentent de l'intérêt. Les coupes en tranches minces des différents bois devront être aussi nécessairement consultées. Comme nous l'avons déjà dit, on obtient ces coupes à l'aide d'un bon rasoir ou d'un scalpel, ou encore à l'aide des machines dont nous avons parlé. Pour les coupes d'os, de dents, il faut les scier, les user et les polir; on fait mieux pour cela d'acheter des préparations faites.

Pour examiner les poils des animaux, il faut suivre le procédé indiqué par M. Dujardin, qui consiste à fixer sur une baguette de bois, sur laquelle on a pratiqué une rainure longitudinale, un faisceau de poils à observer, et à couper le tout en tranches minces, à l'aide du rasoir; on délaye ensuite les tranches dans l'eau, et l'on obtient des coupes parmi lesquelles on cherche celles qui paraissent les plus parfaites.

Si l'on veut étudier des bois fossiles, des coquilles, des

pétrifications, il faudra en extraire des lames minces, qui, une fois polies, seront fixées sur des lames de glace à l'aide du baume du Canada, et seront alors prêtes à observer.

Ces lames ne peuvent être extraites que par un ouvrier habile, et les amateurs feront bien de ne pas se livrer à ces manipulations, qui rentrent dans les attributions du lapidaire et de l'opticien.

Examinons maintenant les précautions à prendre pour la dissection des petits objets; il nous suffira de peu de mots pour les indiquer, car elles se pratiquent sur la platine du microscope simple, sur un disque de glace que l'on y adapte à cet effet. On se sert des doublets de Charles Chevalier, avec des grossissements variables depuis dix fois jusqu'à soixante et plus; mais, dans ce cas, il faut une certaine habileté, qu'on n'acquiert qu'après de nombreuses manipulations. On peut aussi, sur la platine du microscope simple, avec de faibles pouvoirs, disséquer d'assez gros objets; mais lorsqu'ils sont trop volumineux, l'emploi du porte-loupe et de la loupe achromatique est bien préférable.

Les instruments qui servent à disséquer les petits objets sur la platine du microscope se résument en général par l'emploi des aiguilles droites et courbes, soit emmanchées dans du bois, ou mieux dans les petits manches à coulisse dont j'ai parlé. Les petits scalpels et les presselles fines seront aussi employés. C'est par leurs belles dissections et observations à l'aide du microscope simple, que les Swammerdam, les Lyonnet, les Leeuwenhoeck ont immortalisé leur nom. C'est dans leurs ouvrages que l'on trouvera les conseils les plus précieux, dictés par le savoir et la persévérance.

La table anatomique de Le Baillif sera employée

comme le microscope simple, car c'est le même instrument supporté d'une manière différente.

On pourra aussi se servir, pour les fines dissections, du microscope composé redresseur, fort utile pour les dissections d'une extrême finesse, telles que celles relatives à la rétine, et autres objets délicats, mais dans le plus grand nombre de cas, la loupe montée suffit.

X

PRÉPARATION ET CONSERVATION.

DIRECTIONS GÉNÉRALES.

Les objets que l'on désire soumettre à l'examen microscopique ont tous besoin, suivant leur nature, d'une préparation plus ou moins compliquée, de laquelle dépend en grande partie le succès des observations microscopiques. Les micrographistes même les plus célèbres n'ont pas assez insisté sur ce point, et les détails sur la préparation des objets leur ont paru si puérils qu'un grand nombre se sont bornés à écrire à ce sujet quelques lignes, qui ne font qu'embarrasser la personne qui pour la première fois veut se livrer aux études microscopiques.

Dans le chapitre précédent, nous avons indiqué la manière d'obtenir et de disposer les objets, voyons maintenant comment nous devons les préparer au moment de les observer.

En général, les objets microscopiques, soit qu'ils se présentent tout disposés pour l'observation, ou qu'ils aient été isolés d'un corps par la dissection ou par tout autre moyen, n'ont besoin pour être bien vus que d'une préparation simple qui se fait au moment même d'observer, et quelques directions générales données dans le cours de ce chapitre mettront l'amateur à même d'opérer ces petites manipulations. Mais il arrive aussi qu'un grand nombre de ces objets seront beaucoup mieux vus si on les prépare d'une manière particulière et suivant les règles que j'indiquerai plus loin. Cette dernière manière de préparer les objets a aussi pour but d'assurer leur conservation, car il serait souvent malheureux de ne pouvoir garder un objet rare et souvent unique, et qui, faute des moyens que j'indiquerai, se trouverait perdu.

Le micrographiste doit donc employer isolément ou alternativement ces deux modes de préparation, soit qu'il prépare l'*objet pour l'observation*, soit qu'il le *prépare complétement*, ou soit qu'il ne se serve de ce dernier moyen qu'après avoir fait intervenir le premier.

Développons ce que nous venons d'énoncer en indiquant les cas où l'on emploie le plus généralement ces différents genres de préparations.

Parmi les corps que l'on veut observer au microscope, il s'en trouve un certain nombre dont la nature exclut tout agent conservateur, et qui ne réclament pour leur parfaite perception qu'une simple préparation immédiate : c'est ce qui arrive le plus souvent dans l'étude des tissus végétaux ou animaux, ainsi que pour les liquides qui les accompagnent. Dans ce cas, l'agent conservateur est la reproduction par le dessin ou par la photographie.

Aussi il arrive, dans le cours des études que l'on entreprend, comme la préparation conservatrice réclame toujours un peu plus de temps que celle immédiate, et si l'on fait des recherches suivies sur un même objet, les préparations successives que l'on est souvent obligé de faire se succédant souvent assez rapidement, le micrographiste n'a pas le temps de préparer complétement l'objet, ou ordinairement il ne le prend pas; car, dans le cours de ses recherches, il trouve des objets intéressants dont la nature serait mieux appréciée s'il faisait intervenir dans un double but la préparation conservatrice; mais l'ambition humaine n'ayant pas de limites, ce qui peut s'appliquer aux recherches microscopiques comme à toute autre chose, il poursuit ses travaux, en laissant de côté un objet qu'il regrette souvent de n'avoir pas conservé. Mais il faut dire aussi qu'il le dessine assez souvent; mais à côté de l'œuvre humaine, il pourrait toujours placer celle de la nature, et éviter par là toutes contradictions. Aussi, si, dans les recherches microscopiques, on trouve un objet intéressant et qui puisse être conservé, il faut le préparer complétement, car souvent on le doit au hasard, et le hasard est trompeur.

La préparation complète n'a pas l'unique avantage de conserver les objets; pour certains, elle est indispensable, car elle les fait mieux connaître. J'insiste particulièrement sur ce point, sur lequel on a toujours passé légèrement.

D'après ce que je viens de dire, il est facile de déduire que la préparation pour l'observation est d'un emploi général, soit que l'objet ne puisse s'examiner que de cette manière, ou que l'on n'ait pas le temps de préparer complétement un objet qui réclame ce soin, ou enfin, si l'on juge que l'objet à examiner n'offre pas un intérêt assez grand pour employer la préparation conservatrice.

Quand les recherches que l'on fait sont générales et s'appliquent à un plus ou moins grand nombre d'objets divers, comme cela arrive lorsque le microscope est employé comme instrument récréatif, on choisit alors parmi ces objets ceux qui offrent le plus d'intérêt, et là alors on emploie la préparation conservatrice.

La nature, si prodigue en merveilles, nous fournit des richesses sans nombre dont nous pouvons former d'innombrables collections, et dont chaque spécimen est un tableau qui nous montre la puissance infinie du Créateur de toutes choses.

Souvent, ayant disposé un objet, et avant de le préparer complétement, il arrive que l'on est obligé de le préparer pour l'observation, afin de se rendre compte de l'effet qu'il produira étant entièrement préparé; mais il arrive que pour beaucoup d'objets on juge facilement d'après leur nature de l'effet qu'ils produiront, et étant disposés on peut les soumettre à la préparation complète sans autre préparation préalable.

En traitant successivement des différents modes de préparation, j'examinerai nécessairement d'une manière générale les objets qui conviennent pour les différents genres. On aura donc déjà un guide que quelques études perfectionneront. Ainsi, pour fournir un exemple, si je veux examiner une aile de mouche, en traitant des préparations avec le baume du Canada et les vernis, j'indiquerai que les objets de ce genre peuvent être parfaitement vus et conservés avec ces substances; on pourra donc de prime-abord préparer l'objet après l'avoir disposé. Cette préparation nous fera donc connaître que la préparation au baume du Canada convient, en général, pour toutes les ailes des insectes, ainsi que pour tous les corps d'une nature semblable, et une seule préparation nous apprendra à préparer des milliers d'objets.

Quand, par la connaissance de la nature de l'objet,

on sait lui appliquer immédiatement la préparation qui lui convient, on a un double avantage, car on gagne du temps, et de plus on obtient une plus belle préparation, car l'extrême délicatesse de presque tous les corps microscopiques réclame le moins d'opérations possibles.

Lorsqu'un objet est préparé et conservé, il reçoit le nom spécial de *préparation microscopique*.

En résumant ce que nous venons de dire, nous avons maintenant à nous occuper de la *préparation des objets pour l'observation* et de la *préparation et conservation proprement dite des objets*, laquelle peut s'effectuer de plusieurs manières différentes, soit qu'on les conserve à *l'état sec* ou en les *entourant d'une substance résineuse* telle que la térébenthine de Venise, ou mieux encore, le baume du Canada, ou enfin en les plaçant *dans un liquide conservateur*. Ces différentes méthodes formeront donc l'objet des chapitres qui vont suivre.

PRÉPARATION DES OBJETS MICROSCOPIQUES POUR L'OBSERVATION.

Emploi des réactifs chimiques.

Avant d'indiquer les méthodes de préparation que l'on doit mettre en usage pour l'examen des objets microscopiques, disons d'abord que les objets que l'on veut regarder doivent être aussi divisés que possible; cette recommandation s'applique particulièrement aux personnes qui pour la première fois veulent regarder des objets microscopiques, qui, ne réfléchissant pas qu'elles regardent par un instrument qui est destiné à amplifier des objets d'une manière plus ou moins considérable, et qui conséquemment réclame pour cela de petites parties des objets ou des corps d'une nature telle, n'ont pas crainte de vouloir placer sous l'instrument des objets d'un volume énorme. Chaque jour, on nous adresse les mêmes questions. Avec un microscope d'un pouvoir de cent fois et plus, on voudrait placer sur le porte-objet une mouche, un hanneton, et apercevoir l'insecte grossi dans des proportions en rapport avec le grossissement de l'instrument, choses théoriquement et pratiquement impossibles. Aussi il faut bien se rappeler que plus le grossissement de l'instrument est considérable, plus les objets à observer doivent être petits, car c'est là le but du microscope, d'analyser les petits objets.

Du reste, si avec le microscope ordinaire on pouvait ainsi amplifier de gros objets, qu'est-ce que cela apprendrait? Aurait-on l'idée de la structure de l'organisation? On ne peut craindre d'avancer que non. C'est ce qui arrive avec le microscope solaire; on nous reproduira sur un tableau une mouche de 10 pieds de hauteur. Pour cela connaîtrez-vous l'organisation de cet insecte? Pour saisir les détails d'un objet, il faut le diviser, soumettre chaque partie à l'examen microscopique, les regarder, les réunir par la pensée, et de cette manière se former l'idée exacte de l'objet que l'on étudie.

J'avais tout à l'heure parlé de la mouche. Prenons cet insecte pour exemple. Si on veut l'étudier, il faut isoler toutes les parties : les ailes, la trompe, les yeux, les balanciers, les stigmates, les antennes, puis, outre les organes extérieurs, les viscères, etc., etc. Alors, cela fait, on peut connaître l'organisation de la mouche.

Il en est de cet insecte comme de tous les autres objets. C'est par la dissection, l'isolement des parties que l'on peut étudier l'organisation.

Parmi les corps que l'on veut examiner, il s'en trouve de transparents et d'opaques. Nous avons indiqué les moyens d'éclairer séparément ces deux sortes d'objets.

Les objets que l'on regarde par transparence doivent toujours être rendus aussi diaphanes que possible, et cela en les préparant.

Revenons maintenant au sujet qui doit faire l'objet de ce chapitre.

Parmi les objets que l'on veut examiner, il s'en trouve un assez grand nombre qui n'ont besoin d'autre préparation que d'être déposés sur une lame de glace, bien nettoyée à l'avance de la manière que j'ai indiquée. Telles sont, par exemple, les écailles qui recouvrent les ailes des papillons, les pollens, les petites graines, etc. En posant légèrement l'aile d'un papillon sur une lame de glace, un grand nombre d'écailles y adhèrent à l'instant; en y posant l'anthère d'un végétal, les grains de pollen s'y déposent de même. D'autres objets une fois placés, obtenus par la dissection ou de quelque manière que ce soit, et ceux-ci sont en grande quantité, réclament l'intervention d'un liquide dans lequel on les tient plongés. Nécessairement ce liquide doit être en rapport avec la nature de l'objet. Quel que soit ce liquide, voilà la manière d'opérer en ce cas la préparation de l'objet.

Sur une lame de glace bien nettoyée, à l'aide d'une petite baguette de verre on dépose une goutte du liquide que l'on désire employer; on place alors l'objet sur cette goutte, puis on recouvre le tout d'une lamelle de glace mince, qui doit d'autant plus l'être que le grossissement du microscope est plus fort.

Cette lamelle a le double but d'empêcher l'évaporation du liquide et de faire présenter à l'objet une surface plane, conditions indispensables pour un parfait examen.

Le liquide employé a l'immense avantage de rendre

les corps plus transparents en les pénétrant intérieurement, et de détruire les phénomènes de diffraction qui se produisent autour de ces corps, lorsqu'ils ne sont pas plongés dans un liquide.

On emploie généralement l'eau pure ou distillée pour un grand nombre d'objets, par exemple, pour beaucoup de tissus végétaux et animaux, pour des tranches d'os, pour l'examen de la soie, de la laine, du coton, et pour une foule d'autres objets; mais il en est aussi un grand nombre que l'eau attaque, soit en les dissolvant ou en les dénaturant d'une manière plus ou moins marquée. Ainsi l'eau altère les grains de pollen, dissout les globules du sang, gonfle les globules blancs, ceux du pus, et respecte, au contraire, ceux du mucus, que l'on peut observer dans ce liquide.

Dans le cas contraire, on emploie, soit l'albumine ou blanc d'œuf, dont on recueille la partie la plus fluide, ou bien le sérum des liquides que l'on veut examiner, ou encore le liquide que l'on obtient du corps vitré de l'œil, ainsi que l'a indiqué M. le docteur Ch. Robin dans son *Traité du microscope et des injections.*

Si l'objet est un peu épais, on interposera entre la lame de glace et le carré mince de petits morceaux de papier, de façon à ce que le liquide puisse s'étendre d'une manière uniforme. Parmi les liquides que l'on emploie, on évitera de faire usage de la salive, qui, étant acide, attaquerait et dénaturerait les objets.

Si l'on a affaire à des tissus végétaux, on prendra de préférence, comme l'a dit M. Dujardin, l'un de nos plus célèbres micrographistes, de l'eau sucrée ou une dissolution de gomme ou de dextrine; mais un sirop incristallisable est préférable, et j'emploie de préférence à tout le sirop de blé. L'essence de citron est aussi très-bonne pour les végétaux et les pollens en particulier.

Pour les poils des animaux, les ailes, les parties extérieures du corps des insectes, ainsi que pour un grand nombre de corps que l'eau ne peut rendre assez transparents, on se servira avec grand avantage d'huile de naphte rectifiée, que j'emploie de préférence. On peut aussi se servir d'huile de houille, de pétrole, de schiste, d'essence de térébenthine, etc.; l'huile de naphte rectifiée rend de grands services pour ce genre d'observations : son extrême limpidité permet de pénétrer intimement les corps et de les rendre d'une transparence parfaite.

Dans certains cas, l'alcool peut aussi être employé; mais, en résumé, quelques expériences apprendront bientôt à distinguer les liquides qui conviennent à chaque sorte d'objet, et l'attrait de ces expériences fera bien vite progresser l'amateur zélé des recherches microscopiques.

Un grand nombre de corps ne peuvent être parfaitement connus que par l'aspect qu'ils présentent sous l'influence de réactifs chimiques. Nous allons donc donner à ce sujet quelques directions générales.

L'eau froide ou chaude sera fréquemment employée pour augmenter la transparence et pour désagréger certains corps; la macération dans le même liquide produit souvent aussi de très-bons effets. Nous avons déjà signalé l'action de l'eau sur le sang, dont elle dissout les globules rouges, gonfle les globules blancs, etc.

Les essences seront employées pour dissoudre la graisse; l'éther servira aussi au même usage; l'huile de naphte rectifiée, les huiles de schiste, de pétrole, seront aussi employées pour désagréger certains corps des parties bitumineuses; l'alcool rectifié, employé à chaud ou à froid, servira pour détruire les substances résineuses et augmenter la transparence des corps. Les acides purs ou étendus nous donnent aussi de précieux réactifs. L'action de l'acide acétique, ainsi que nous l'apprend M. le docteur Ch. Robin, est très-importante à connaître. En effet, cet acide dissout les globules du sang, ceux du pus, moins leurs noyaux, les fibres des tissus musculaires, et laisse intactes les fibres dartoïques.

Comme tout le monde le sait, l'acide chlorhydrique détruit les substances calcaires; son action peut donc être très-utile dans un grand nombre de cas. M. le docteur Robin a trouvé qu'il avait une action particulière sur les globules du sang, dont il rend les bords foncés et nets, ainsi que sur la fibrine, qu'il gonfle d'abord et qu'il dissout ensuite.

L'acide nitrique a la propriété de jaunir d'une manière spéciale les matières animales. M. Dujardin l'indique comme rendant plus consistante la substance nerveuse.

L'acide sulfurique agit fortement sur les tissus végétaux. M. le docteur Ch. Robin indique qu'il modifie la cellulose de manière à la faire venir bleue au contact de l'iode.

M. le docteur Hannover, de Copenhague, nous indique, dans son savant *Traité du microscope,* que l'on peut employer, pour durcir certaines parties molles, la créosote, l'acide chromique très-étendu, ou encore une solution de carbonate de potasse.

La potasse, la soude, l'ammoniaque, dissolvent les corps gras, et peuvent aussi servir à dissoudre certains épithéliums.

L'iode en teinture est un réactif précieux, qui peut être employé pour les substances végétales et animales. L'iode, en contact avec l'amidon, lui donne de suite une teinte bleue caractéristique. Son action sur les matières animales est très-marquée : elle les rend jaunâtres, et sert à les distinguer d'une manière spéciale. M. le docteur Ch. Robin nous indique aussi qu'il jaunit les cils vibratiles des spermatozoïdes des algues et des animaux, les cellules d'épithéliums vibratiles, etc.

M. Dujardin nous apprend aussi que les sels d'or, d'argent, de mercure, peuvent servir dans certains cas à rendre l'étude des tissus animaux et végétaux plus facile, en les colorant d'une manière particulière.

L'indigo, le carmin en suspension dans l'eau peuvent aussi être employés pour déterminer le mouvement de certains corps. En plaçant certains infusoires dans de l'eau chargée de ces produits, on ne tarde pas à apercevoir distinctement leurs appareils digestifs colorés par les substances employées.

Une foule d'autres réactifs peuvent être employés; ils seront choisis par l'observateur suivant le genre de recherches auxquelles il se livre.

Dans les fraudes de certains produits commerciaux, l'action des réactifs peut rendre de très-grands services. Le Baillif nous a appris à reconnaître la falsification du chocolat par la fécule. Une parcelle de chocolat douteux délayée dans de l'eau sur une lame de glace, et portée sous le microscope, vous montre de suite les grains de fécule, que vous rendez tout à fait apparents par l'addition d'une gouttelette de teinture d'iode, qui les colore en bleu.

M. Payen, dans sa *Chimie industrielle,* nous apprend à reconnaître certaines fraudes.

Ainsi les substances d'origine animale se dissolvant dans une lessive alcaline bouillante, et celles végétales étant peu attaquées, on peut apprécier la nature de certains tissus : car une étoffe de laine contenant du coton, traitée comme ci-dessus, serait bientôt dénaturée, la laine étant détruite. Il en serait de même pour un tissu contenant laine, soie, coton et chanvre. Les filaments de laine et soie seront dissous, tandis que le coton et le chanvre resteront intacts.

On s'assurera ensuite de la qualité, soit en pesant avant ou après ou en se servant du compte-fils. La différence entre la soie et la laine est facile à établir : la laine prend une coloration brune dans le plombate de soude, en raison du soufre qu'elle contient, tandis que la soie reste intacte.

A l'égard des tissus, voici encore un autre procédé. Supposons que l'on ait à distinguer quatre tissus, l'un de laine, de soie, de coton, de lin du chanvre. En employant un mélange d'oxyde de cuivre ammoniacal, nous verrons qu'il dissout la cellulose du lin, coton, chanvre et n'attaque point les autres tissus. Le chlorure de zinc à 60°, avec excès d'oxyde de zinc à chaud, dissout la soie et respecte les autres substances. La soude caustique, la potasse, à 5 et 10 0/0, dissolvent la laine et point les autres tissus. J'ai, du reste, composé un nécessaire d'un prix minime, dont je parlerai plus loin, et qui renferme tous les objets utiles aux expériences et à la préparation des objets; on peut donc avoir facilement sous la main tous les réactifs que je viens de décrire.

L'observation des cristallisations salines nous offre un spectacle vraiment merveilleux. Pour les obtenir, il suffit de faire une solution saturée du sel que l'on veut observer; cette solution se fait suivant la nature du composé, soit dans l'alcool, l'éther ou l'eau; si l'on se sert d'une solution aqueuse, à l'aide d'une baguette de verre, on en déposera une goutte sur une lame de glace, on étalera le liquide avec la baguette, puis on attendra que l'évaporation se produise, ou bien on facilitera cette production en présentant la lame de glace au-dessus de la flamme d'une lampe à alcool. Avec le microscope solaire, ces expériences sont merveilleuses : l'eau, s'évaporant sous l'influence de la chaleur solaire, on voit les cristaux se former sous les yeux même du spectateur, et avec une rapidité qui tient du prodige.

Lorsque nous décrirons quelques-unes des expériences que l'on peut faire au microscope, nous indiquerons les sels qui fournissent les cristallisations les plus remarquables.

Rien n'est plus facile que de se procurer des infusoires microscopiques : il suffit pour cela de laisser séjourner dans l'eau des matières végétales ou animales, du pain, du foin, des graines, etc., etc. Au bout de quelque temps, il se forme à la surface du liquide une pellicule qui, étant examinée, nous montre un assemblage de corps organisés qui s'agitent en tous sens.

La production des infusoires est bien plus rapide l'été par les grandes chaleurs que dans tout autre moment; c'est dans ce temps surtout qu'il faut examiner l'eau des mares, des marais, des fossés; on y trouve alors, parmi les petites plantes qui y existent, des milliers d'espèces différentes d'infusoires de formes variées, et leur examen est, sans contredit, un des spectacles les plus attrayants, et qui nous montre encore la puissance infinie du Créateur.

La circulation du sang, de la séve, offre le plus merveilleux spectacle. Nous nous réservons de décrire ces expériences d'une manière complète au chapitre *Applications du microscope*, où nous indiquerons aussi la manière d'examiner un grand nombre de corps dont la description n'entre pas dans l'objet de ce chapitre.

XI

PRÉPARATION DES OBJETS A L'ÉTAT SEC.

Dans le chapitre précédent, nous nous sommes borné à décrire d'une manière générale les procédés qu'il fallait employer pour observer les corps microscopiques. Il nous reste maintenant à nous occuper de leur préparation et de leur conservation proprement dite, en suivant l'ordre que nous avons indiqué.

Les procédés qui vont suivre réclament plutôt du soin et de la patience qu'une grande habileté, et toute personne qui voudra s'en occuper avec un peu d'assiduité parviendra aisément à de bons résultats. On sera amplement récompensé des petits soins que l'on aura pu prendre, lorsque l'on aura produit de belles préparations microscopiques; le spectacle qu'elles offriront à l'observateur le rempliront de satisfaction et d'admiration pour la puissance suprême.

Les objets qui peuvent se trouver altérés par la présence des liquides devront être conservés à l'état sec, et les micrographistes ont proposé à cet effet différentes méthodes. La première méthode employée consistait à maintenir l'objet dans une fiche en ivoire ou autre substance entre deux petites rondelles de mica; mais, ce procédé, ne mettant pas les objets complétement à l'abri de l'air, a dû être rejeté; du reste, l'emploi du mica présentait de grands inconvénients, car non-seulement cette substance est très-fragile, mais encore plus ou moins couverte de raies qui s'augmentent au moindre contact.

Pour les objets d'une certaine épaisseur, il suffit de coller sur la lame de glace, à l'aide de la colle dont j'ai parlé au chapitre *Accessoires*[1], une bande de papier ou d'étain plus ou moins épaisse, au centre de laquelle on a ménagé une ouverture appropriée. Cette ouverture se pratique aisément à l'aide d'un emporte-pièce; on doit donc en avoir de différents diamètres. En général, deux ou trois suffisent.

La petite cavité formée par l'épaisseur du papier en contact avec la lame de glace est destinée à recevoir l'objet. Pour clore le petit réservoir, il suffit d'y placer une lamelle de glace, que l'on maintient, soit en la collant avec la substance dont j'ai parlé, ou encore à l'aide de petites bandes de papier, ou en en appliquant sur les bords de la lamelle, à l'aide d'un petit pinceau, une ou deux couches de vernis préparé en dissolvant de la cire à cacheter dans de l'alcool. Ce vernis se prépare plus ou moins épais, et est très-utile pour clore hermétiquement

[1] Pour le même usage, M. le docteur Goring emploie une colle faite avec de la colle de poisson et de la gomme arabique. Une solution de gomme arabique avec un peu d'alcool camphré pourrait aussi être employée, ainsi que la solution de M. Jackson, indiquée par M. Quekett, et qui est composée de :

Gomme adragante en poudre........	1	once.
— arabique..................	2	—
Sucre blanc.....................	2	—

Le tout dissous dans quantité suffisante d'eau.

et fixer les lamelles de glace, même lorsque les lamelles ont déjà été fixées par d'autres moyens[1].

La mixtion des doreurs, le bitume ou asphalte en dissolution dans l'huile de naphte, le vernis copal à l'essence de spic, peuvent aussi être employés pour remplacer le vernis de cire à cacheter[2]. Mais un moyen préférable, et qui peut être pratiqué avec facilité, consiste à coller la petite lamelle de glace sur la lame même où se trouve l'objet.

Ainsi, après avoir déposé l'objet sur la lame, on dépose autour, dans un petit espace en rapport avec la lamelle à recouvrir, quelques petits fragments de baume du Canada, préalablement épaissi ou presque desséché au bain-marie; on recouvre le tout de la petite lamelle et l'on chauffe légèrement avec la lampe à alcool; le baume se liquéfie, et, en appuyant légèrement, on fait adhérer les lames ensemble; il se forme de la sorte un petit cadre résineux qui sèche promptement et qui préserve pour toujours l'objet du contact de l'air.

Pour les écailles des lépidoptères, des podures, des lépismes, des poissons et pour un grand nombre d'infusoires fossiles, etc., etc., ce moyen est le meilleur.

On peut encore, pour préparer les objets à l'état sec, placer l'objet au centre d'une petite cellule faite au pinceau, et dont l'épaisseur varie suivant l'objet à conserver. Ces cellules, qui peuvent se faire avec différentes substances, seront décrites au chapitre *Préparation dans les fluides*. La cellule étant faite, il suffit de pla-

[1] On pourrait aussi remplacer le papier par une bande de gutta-percha ou de caoutchouc, que l'on pourrait coller sur la glace au moyen de la chaleur ou d'essence de térébenthine.

[2] Bien d'autres vernis et substances peuvent aussi être employés. Il nous suffisait d'indiquer les meilleurs.

cer l'objet dans la cavité et de coller ensuite sur les bords de ladite la lamelle destinée à clore le petit réservoir.

Les cellules au pinceau peuvent rendre de grands services, et, ainsi que je l'ai dit, je les décrirai avec détails.

Pour conserver les cristalisations, on peut se servir des moyens indiqués ci-dessus ; mais celui de M. Darker est préférable pour cet usage.

Son procédé consiste à prendre deux lames de glace taillées en biseau, de manière à produire par leur rapprochement une gouttière que l'on peut combler pour maintenir les lames (fig. 57). Ayant mis une goutte de

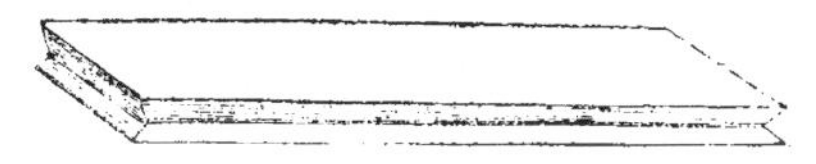

Fig. 57.

solution saline entre les deux lames, on laisse cristalliser ou l'on active la cristallisation ; cela fait, il ne reste plus qu'à couler de la cire à cacheter dans la gouttière ou encore un vernis très-épais de la même substance ; on pourrait aussi employer pour cet usage différents mastics, composés de poix, de gomme laque, de cire.

La méthode de M. Darker est très-bonne aussi pour conserver à l'état sec des tranches minces de bois, d'os, etc., et les collections que l'on peut former par ce procédé sont parfaites de régularité et de fini.

Un grand nombre d'objets opaques se conservent à sec ; tels sont les élytres de certains coléoptères, les écorces, certaines parties cornées, de petits échantillons du règne minéral, etc. Si l'on veut conserver à sec des parties animales, il faudra préalablement les faire séjourner dans une solution de chlorure de zinc.

La préparation la meilleure consiste donc à les mettre

à l'abri de la poussière et de l'humidité. Pour ceux qui présentent peu d'épaisseur, les cellules au pinceau et les moyens déjà indiqués devront être employés. Mais si les corps opaques offrent un certain volume, il faudra, tout en suivant la même direction, recourir à d'autres moyens.

A cet effet, on se servira de cellules d'une contenance plus considérable; par exemple, de celles formées de petites sections de tubes collés ensuite sur des lames de glace (fig. 57 *bis*). L'objet, maintenu au fond de la

Fig. 57 *bis*.

cavité, sera ensuite soustrait à l'action de l'air extérieur au moyen de la lamelle destinée à clore la cellule. Les moyens à employer pour faire ces cellules, les fixer, etc., seront décrits au chapitre ***Préparation dans les fluides***. Il me suffira donc ici d'indiquer la manière de les employer.

Suivant la couleur de l'objet, on enduira l'intérieur de la cellule d'une couche de vernis de cire à cacheter, d'une teinte faisant contraste avec celle de l'objet. Ce dernier sera ensuite maintenu au fond de la cellule à l'aide du même vernis ou d'un autre de semblable nature.

Tous les petits procédés que je viens d'indiquer sont faciles à mettre en pratique, seulement ils exigent des soins; ils sont en outre modifiables sous le rapport des agents employés, tels que vernis, gommes, etc., et laissent un large champ aux chercheurs, qui, en employant telle ou telle autre substance, pourront rendre de grands services à la science micrographique.

Lorsque l'on veut préparer à sec de très-petits objets, tels que des navicules, etc., la lame de glace est pour ainsi dire en contact avec la lamelle; afin d'assurer la clôture hermétique, on pourrait se servir du moyen suivant, que j'ai imaginé. Afin de régulariser la quantité de substance résineuse qui sert à maintenir les lames et de donner aussi peu d'épaisseur que possible, j'emploie des lames de glace, sur lesquelles je pratique une rainure de grandeur convenable (fig. 58). Je place alors

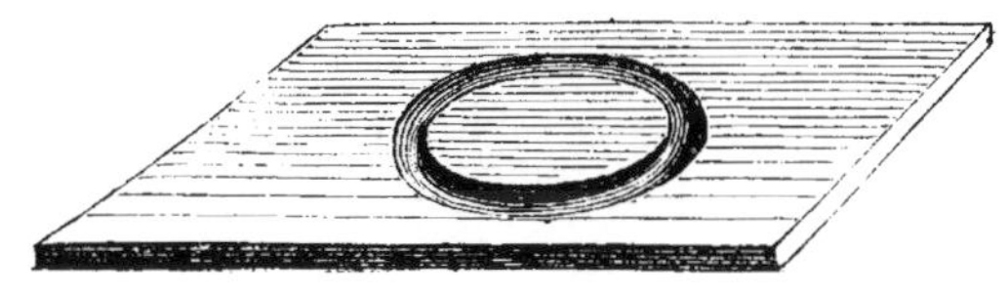

Fig. 58.

l'objet dans l'espace circonscrit par la rainure, puis j'introduis dans cette dernière, soit à l'aide d'un pinceau très-petit ou d'une petite pointe, la substance résineuse destinée à clore l'espace que j'ai limité. Ainsi que je l'ai indiqué, le baume du Canada épaissi, le vernis copal à l'essence de spic et surtout le vernis au bitume, peuvent donner de bons résultats. Cela fait, je place la petite lamelle, en appuyant légèrement, si cela est nécessaire, ou en la chauffant préalablement si j'ai affaire au baume du Canada.

Ce moyen peut, dans beaucoup de cas, rendre services et je n'ai pas cru devoir le passer sous silence.

XII

PRÉPARATION AVEC LE BAUME DU CANADA, DANS LES VERNIS, ETC.

La préparation des objets au moyen du baume du Canada réclame de la part de l'opérateur un peu plus d'attention que celle à l'état sec. Cependant on doit la considérer comme facile, et dès les premiers essais on verra le succès répondre aux efforts que l'on aura pu faire.

Disons d'abord que ce mode de préparation n'est pas applicable à tous les objets, et qu'en général il ne réussit bien que pour ceux qui ne sont pas imbibés de liquides.

C'est ainsi qu'il est impropre à la conservation de la plupart des tissus et organes végétaux ou animaux, tandis qu'il convient parfaitement pour les parties cornées écailleuses ou membraneuses des organes extérieurs des insectes, pour les poils des animaux, les tranches de bois sec, d'os, certaines injections, les enveloppes siliceuses des infusoires, etc., etc., et enfin pour tous les corps dont l'organisation n'est pas accompagnée de liquides ou de substances dont la nature ne pourrait être compatible avec la substance résineuse qui sert de corps protecteur.

L'objet à préparer, obtenu par la dissection ou par tout autre moyen, doit d'abord être rendu parfaitement net, exempt de corps étrangers, de parties grasses, etc. A cet effet, l'objet sera lavé dans de l'eau pure, soit en l'agitant dans le liquide ou en y passant légèrement des pinceaux doux d'un volume approprié à la grosseur de l'objet. Ce procédé doit être mis en pratique, si l'on a seulement à enlever des impuretés, des grains de poussière, etc., qui pourraient nuire à la beauté de l'objet; mais si l'on a affaire à des objets chargés de substances graisseuses ou résineuses, on emploiera alors, soit de l'alcool rectifié, de l'éther sulfurique ou de l'essence de térébenthine pure, et l'on agira comme pour l'eau.

L'objet, parfaitement propre, devra ensuite être rendu entièrement sec, en un mot, exempt des moindres traces d'humidité. (Ces considérations s'appliquent nécessairement à des objets d'un certain volume. Pour les objets infiniment petits, la plupart des manipulations seront retranchées, ainsi que nous l'indiquerons plus loin.) Je ne saurais trop insister sur ce point, duquel dépend en grande partie la beauté et la propreté de la préparation.

Voyons maintenant quels sont les meilleurs moyens à employer pour sécher les objets destinés à être préparés.

Pour rendre les objets parfaitement secs, différentes méthodes peuvent être employées. La plus simple et la meilleure de toutes consiste à placer l'objet bien nettoyé entre deux lames de glace bien propres, que l'on maintient réunies en les entourant d'un fil mince que l'on noue sur l'un des côtés des lames. De cette façon, l'objet prend une forme plate, et sèche d'une manière régulière. Suivant la nature de l'objet, on peut serrer plus ou moins les lames l'une contre l'autre, mais en général une moyenne pression suffit.

Cette méthode, que j'ai imaginée, est fort simple et me semble la plus parfaite. Pour les ailes des insectes, et en général pour toutes les parties extérieures du corps de ces animaux, les tranches de bois, etc., ce moyen est le meilleur.

J'avais à ce sujet imaginé de petites pinces en cuivre destinées à tenir les lames de glace réunies; mais le nouet me semble préférable.

Pour de grands objets, tels que les ailes de certains papillons, etc., on peut encore les tenir en presse entre des feuilles de papier sur lesquelles on place un corps lourd quelconque d'un poids en rapport avec la pression à produire.

Un petit appareil qui peut être employé avec avantages est ma petite presse représentée fig. 59. Elle se

Fig. 59.

compose de deux plaques de métal que l'on peut réunir au moyen d'une vis et obtenir la pression que l'on désire.

L'objet à comprimer et dessécher peut être placé en presse entre deux feuilles de papier ou entre deux lames de glace; dans ce cas on ajouterait sur les lames deux petites feuilles de drap ou autres substances moelleuses.

Ce moyen est bon, et nous ne saurions trop le recommander.

Quant au temps pendant lequel il faut soumettre les objets à sécher, il est variable, suivant leur volume et leur nature, mais ordinairement quelques jours suffisent pour rendre les objets parfaitement secs et en état d'être préparés.

Lorsque l'on séparera les lames de glace entre lesquelles on a mis l'objet, afin d'obtenir ce dernier pour le plonger dans le liquide préliminaire, pour ne pas endommager le corps à préparer, on aura soin, à l'aide d'une baguette de verre, de déposer sur l'objet même une ou deux gouttes du liquide que l'on emploie; de cette façon, il se détache de lui-même ou en le touchant à l'aide d'une aiguille dans les endroits les moins précieux; il pourrait arriver, en effet, que l'objet fût assez sec pour se briser, si l'on n'avait recours au moyen que je viens d'indiquer. On peut même attendre quelques instants, afin qu'il suffise de le toucher légèrement pour le détacher et le faire tomber dans le vase contenant le liquide où il devra séjourner. On peut aussi plonger les lames dans le liquide pour faciliter leur séparation. On a dû remarquer que la préparation du séchage et de l'aplatissement de l'objet est fort utile, car le liquide que nous allons employer va maintenant pénétrer d'une manière intime toutes les parties de l'objet, et de plus ce dernier présentera une épaisseur telle qu'il pourra être compris entre deux lames de glace dans la résine conservatrice.

Avant d'indiquer les moyens à employer pour fixer les objets dans le baume du Canada, il est indispensable de signaler l'opération suivante préliminaire à ladite préparation. Cette opération consiste à immerger l'objet pendant un certain temps dans une substance de nature à s'allier avec la substance résineuse qui sera mise en usage.

Avant d'indiquer les liquides que l'on devra employer, il faut indiquer les récipients qui servent à les contenir.

Les substances qui servent à contenir les objets avant de les préparer étant volatiles, et devant être tenues à l'abri de la poussière, sont placées dans de petits récipients en porcelaine ou en verre, tels que ceux représentés fig. 60. On doit en avoir de petits et de grands;

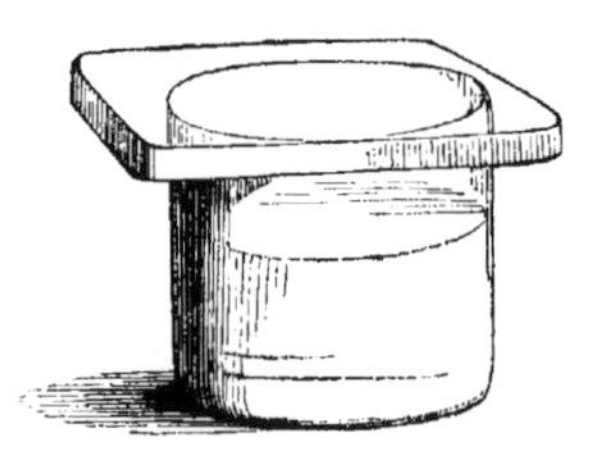

Fig. 60.

les petits ont ordinairement de 2 à 3 centimètres de diamètre sur 1 de hauteur. Quant aux grands, on peut les choisir de 6 à 8 centimètres sur 3 ou 4 de haut. J'emploie généralement ces dimensions; mais elles sont variables.

Le petit récipient est muni d'un petit couvercle en glace rodée, qui s'applique sur les bords du vase et le clôt hermétiquement. Afin de l'y faire adhérer parfaitement, on peut y projeter l'haleine et le poser en glissant légèrement sur les bords du petit récipient.

On doit toujours avoir un certain nombre, soit une douzaine, de ces petits vases; car il est préférable de ne mettre ensemble que des objets de même nature, ou tout au moins presque semblables.

On pourra aussi se servir de petits récipients hémisphériques et à fond plat. Je recommande aussi le moyen suivant, qui consiste à placer les petits récipients sous une petite cloche de verre (fig. 61), dont les

Fig. 61.

bords sont rodés sur une petite plaque de glace qui permet d'obtenir une clôture hermétique.

Une foule de petits vases en verre ou en porcelaine, que l'on a souvent sous la main, pourront être mis en usage, soit en y faisant appliquer un couvercle rodé, soit en les plaçant sous la petite cloche dont j'ai parlé.

Quant au temps que l'on doit laisser séjourner les objets dans la liqueur, il varie suivant la grandeur des objets et la plus ou moins grande facilité qu'ils ont de s'imbiber; c'est donc à l'observateur de le déterminer lui-même, en se rappelant que je laisse les objets facilement perméables au moins deux ou trois jours en contact avec la substance qui doit les pénétrer.

Il m'arrive quelquefois de laisser des objets séjourner dans la liqueur pendant un mois; mais rarement, car pour les objets très-compactes, huit à quinze jours suffisent ordinairement.

Nous connaissons maintenant la manière d'employer les liquides préliminaires, indiquons quelle doit être leur nature.

Les substances que l'on peut employer pour y laisser séjourner les objets sont les suivantes :

L'essence de térébenthine,
Le vernis à tableaux,
La benzine,
L'huile de houille,
— de schiste,
— de pétrole,
— de naphte.

Il ne faut se servir, bien entendu, que de substances parfaitement pures. Je n'insisterai pas davantage sur ce point, dont on doit comprendre l'importance.

Les substances que je viens d'indiquer sont toutes bonnes à employer; mais une infinité d'autres de même nature donneraient, sans nul doute, d'excellents résultats. Les essences, les huiles diverses, et en général tous les carbures d'hydrogène, peuvent être usités. Cependant telles ou telles substances doivent être préférées, et un vaste champ reste aux chercheurs, qui pourraient, en en indiquant de nouvelles, rendre de grands services et faire avancer la micrographie. Leurs découvertes faciliteraient les moyens de préparation des objets, une des conditions indispensables pour la parfaite perception.

Ces recherches procureront science et plaisir. Aussi je ne doute pas de leur succès près de ceux qui ont compris que l'étude de la nature est la plus sublime des récréations.

Outre les produits dont j'ai parlé, j'ai aussi employé les essences de betterave, de lavande, de citron, de mirbane, etc. Ces divers produits sont tous bons; mais, afin de ne pas s'embarrasser d'un trop grand nombre de substances, j'ai pensé qu'il était meilleur d'en avoir une à sa disposition dont l'usage soit général et en même temps parfait. J'ai donc essayé scrupuleusement les effets des différents liquides que je viens de citer, et, après de nombreux essais, je me suis arrêté à l'*huile de naphte* parfaitement pure; les résultats que j'ai obtenus ont toujours été très-satisfaisants. Cette huile, parfaitement fluide, pénètre intérieurement les corps à préparer, dissout les moindres parties grasses et dispose l'objet d'une manière parfaite à la préparation que nous décrirons dans un instant.

C'est donc dans l'huile de naphte que je laisse séjourner les objets que je veux préparer. Depuis environ une dizaine d'années, j'emploie cette substance, que je remplace quelquefois par une nouvelle essence que j'ai extraite dans ces derniers temps; les résultats qu'elle m'a fournis ont été en rapport avec l'expérience rationnelle à laquelle je dois ce nouveau produit.

En cherchant quelle pouvait être la substance la plus compatible avec le baume du Canada, il m'est venu à l'idée de le distiller et d'en extraire l'essence ou huile essentielle. L'expérience suivit l'idée, et j'obtins, à ma satisfaction, une essence incolore, assez fluide, et d'une odeur nécessairement identique à celle de la substance dont je venais de l'extraire.

Je n'ai vu nulle part que cette essence ait été extraite; je crois donc être le premier à l'avoir fait, et je l'ai nommée *essence balsique*.

Les objets plongés dans mon essence sont devenus parfaitement aptes à être préparés dans le baume du Canada: cela se comprend assurément, car ils ont été préalablement plongés dans la substance la plus en rapport avec la résine, qui n'est qu'une dissolution de cette dernière dans l'huile essentielle que j'ai employée.

En résumant ce que je viens de dire, il sera facile de voir que j'emploie, soit l'huile de naphte ou l'essence, dont les résultats sont toujours parfaits et constants.

Maintenant que nous connaissons les préparations que l'on doit faire subir à l'objet avant de l'immerger dans le baume du Canada, voyons comment se pratique cette opération.

Le baume du Canada est une substance résineuse extraite du l'*abies balsamea*. Sa couleur est légèrement jaunâtre et sa consistance demi-fluide, quand il est frais et tenu à l'abri du contact de l'air. M. Quekett nous apprend que c'est M. J. T. Cooper qui l'obtint le premier, et que c'est en 1832 que MM. New et Bond, préparateurs de mérite, l'employèrent pour les objets microscopiques.

A ce sujet, il faut dire que, longtemps avant, le savant Le Baillif, dès l'année 1825, se servait, pour le même usage, d'une substance analogue, la térébenthine de Venise.

La térébenthine est demi-fluide, comme le baume du Canada; mais elle possède une teinte verdâtre fort prononcée, qui doit faire préférer le baume du Canada, beaucoup plus limpide.

Ainsi donc, celui qui eut le premier l'idée de conserver les objets dans une substance résineuse est sans contredit Le Baillif, qui se servit de la térébenthine de Venise. Cette découverte fut annoncée par mon père à M. le docteur Goring en l'année 1826.

Il faut cependant spécifier que l'idée de l'emploi du baume est tout à fait heureuse, et je préfère de beaucoup cette substance à la térébenthine.

Pour les préparations microscopiques je n'emploie

pas le baume très-fluide; je préfère qu'il soit un peu épais, en un mot qu'il contienne moins d'huile essentielle que lorsqu'il est nouveau.

Si l'on avait à sa disposition du baume très-fluide, il serait facile de l'épaissir un peu en le faisant chauffer légèrement au bain-marie jusqu'à consistance désirable. Cette remarque est très-importante, et je ne saurais trop y insister.

C'est avec le baume du Canada que nous réunissons les *flint* et les *crown* de nos lentilles achromatiques, rejetant entièrement la térébenthine, dont se servent certains opticiens, en raison de son prix moins élevé.

Si parfois on manquait de baume du Canada, on pourrait employer la térébenthine de Venise, que l'on trouve pour ainsi dire partout.

Le baume du Canada et la térébenthine peuvent être tenus à l'abri de l'air dans un vase en verre ou en porcelaine, munis d'un couvercle en glace rodée. Ce moyen est assez bon; mais, en voyage, il est

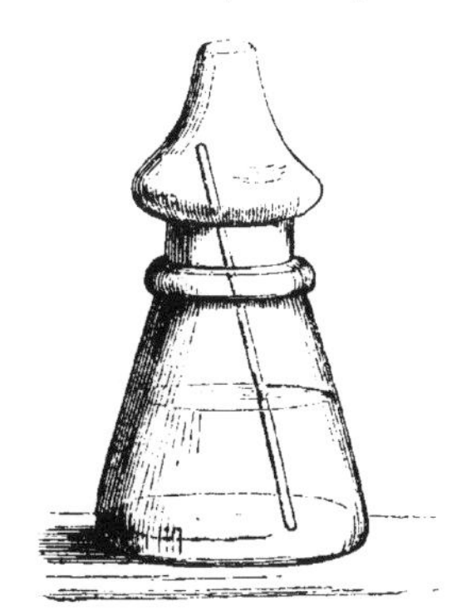

Fig. 62.

préférable d'avoir un récipient tel que celui représenté

fig. 62, et qui se compose d'une fiole en cristal fermée par un couvercle rodé.

On laisse à l'intérieur une petite baguette en verre destinée à prendre le baume. Ce flacon n'est autre chose qu'un flacon de lampe à alcool, mais de dimension en rapport avec l'usage auquel on le destine.

J'employais depuis longtemps un flacon de lampe à alcool; mais je me promettais d'en faire construire un dont le goulot fût plus large et de plus grandes dimensions. J'ai lu dans l'ouvrage de Quekett que cette idée était déjà mise en application, ce qui me prouve encore l'utilité du flacon rodé pour conserver le baume du Canada.

Abordons maintenant la manipulation, et pour cela prenons pour exemple un objet quelconque, soit une aile de mouche.

A l'aide de la petite baguette en verre dont j'ai parlé, on prend une petite quantité de baume du Canada, que l'on dépose sur une lame de glace parfaitement nettoyée à l'avance. (Le nettoyage se fait à l'aide d'un linge fin et d'un peu d'alcool.) Ayant allumé une lampe à alcool [1], on chauffe, à l'aide d'une flamme moyenne, la lame de glace, en la tenant [2] environ à 1 centimètre de

[1] Les lampes en cristal sont parfaites. On peut aussi employer la lampe régulateur, car elle permet de régler la flamme sans toucher à la mèche.

[2] Dans le plus grand nombre de cas, je tiens la lame de glace entre les doigts par l'une des extrémités; mais, comme il faut avoir une certaine habitude pour ne pas se brûler, on peut employer avec de grands avantages la petite pince de M. Jules Page, et que Quekett a décrite (fig. 63). Elle se compose de deux lames de bois séparées et maintenues à leur extrémité par une pièce de cuivre faisant ressort. Deux goupilles permettent l'écartement de la pince.

Le petit appareil est en outre muni d'un support qui permet

la flamme, et l'on a soin, au moment où le baume

Fig. 63.

commence à se liquéfier, d'incliner légèrement en tous sens, afin que la résine puisse s'étaler convenablement.

A ce moment, l'on voit ordinairement quelques bulles se former; lesdites se réunissent le plus souvent en un petit paquet, que l'on fait disparaître en enlevant le fragment de baume qui les contient. C'est à l'aide d'une forte aiguille emmanchée que l'on pratique l'opération que je viens d'indiquer. Au moment où les bulles se forment et se réunissent, il faut attendre un instant avant de les enlever; car, au moment où l'on vient de chauffer, le baume est encore trop fluide pour permettre l'enlèvement parfait des bulles.

Les bulles enlevées, on recommencera à chauffer, et au bout de quelques instants, si l'on regarde le baume du Canada en inclinant légèrement la lame, on voit qu'il s'y forme des marbrures; on retire alors la lampe à alcool, on pose la lame de glace sur la table, et on attend le refroidissement.

La lame de glace étant refroidie, le baume du Canada doit être sec, ce dont on s'assure en le touchant avec l'aiguille dont j'ai déjà parlé; dans ce moment l'aiguille

de le tenir horizontal, ce qui est très-utile pour laisser refroidir la résine. Je n'insisterai pas davantage sur ce petit appareil, qui, en réalité, est excellent.

doit s'y enfoncer avec résistance, sans pourtant enlever la résine par éclats, ce qui prouverait que le baume a été trop chauffé, ce qu'il faut éviter.

Le point où l'on doit cesser de chauffer le baume est fort important à saisir, et l'on ne saurait trop y prendre garde.

En s'arrêtant au moment que j'ai prescrit, on est sûr d'obtenir de bons résultats, car, un instant après que les marbrures se sont formées, le baume répand des vapeurs, et si l'on continue il passe à l'ébullition. Dans ces circonstances, l'huile essentielle étant totalement évaporée, il ne resterait en séchant que la résine proprement dite plus ou moins altérée, et qui ne pourrait servir à préparer les objets.

Il faut donc que le baume du Canada soit chauffé jusqu'au point où il conserve encore assez d'huile essentielle pour qu'il ne soit pas dénaturé et qu'il permette la préparation des objets.

Quelques essais apprendront de suite à discerner le moment que l'on doit saisir pour soustraire le baume à la chaleur, et, en suivant les instructions que j'ai données, il sera facile d'arriver à de bons résultats dès les premières expériences.

En chauffant le baume comme je l'ai indiqué, on a l'avantage d'expulser une partie de l'huile essentielle, et de plus de solidifier le baume de manière à permettre à la préparation le séchage immédiat, ce qui est très-important.

Si l'on n'a pas soin de tenir la lame à une distance convenable de la flamme, il arrive quelquefois que la substance résineuse s'enflamme; le baume a alors perdu ses qualités, et l'on doit recommencer l'opération avec d'autre baume.

On peut encore déposer la lame contenant le baume

sur une plaque de métal ou sur une brique chauffée; de la sorte, on évite les accidents qui pourraient résulter lorsque le baume s'enflamme.

Mais reprenons nos manipulations. Le baume étant convenablement sec, on procède de la manière suivante.

L'objet dont nous avons parlé, et que nous avons dit être une aile de mouche, étant retiré de la liqueur, est placé sur un morceau de papier buvard, afin d'éponger la superfluité du liquide; et dans ce cas, si cela est nécessaire, on renouvelle le papier dont je viens de parler. Cela fait, on dispose l'objet sur la surface du baume, et l'on recouvre le tout d'une lamelle mince, soit carrée, soit ronde. C'est avec des presselles fines que l'on place l'objet sur le baume, et pour l'ajuster et le disposer on peut se servir d'une aiguille emmanchée; ayant alors allumé la lampe, on place au-dessus de la flamme la lame de glace tenant le baume, l'objet et la lamelle. Au bout d'un moment, la résine se liquéfie; on retire alors la lampe et on pose la lame sur la table. On s'entoure alors le doigt indicateur d'un linge, et l'on appuie sur la lamelle de façon à expulser l'excès de résine.

Une autre méthode peut aussi être employée avec succès : l'objet étant placé sur le baume et la lamelle ajustée, on place le tout sur une brique modérément chaude, et on laisse ainsi la préparation pendant une heure ou deux; de cette façon, le baume pénétrera intimement toutes les parties de l'objet; le temps écoulé, on appuie sur la lamelle comme je l'ai indiqué.

On peut remplacer la brique chaude par une plaque métallique chauffée au bain-marie, à l'aide d'une lampe à alcool, ou encore chauffée directement. Dans les deux cas, l'appareil doit être placé sur un support, tel que celui représenté fig. 64.

Fig. 64.

A ce moment, la préparation est terminée; on la laisse refroidir et on l'examine. Cet essai décide du sort de la préparation, qui doit être parfaitement nette, sans bulles ni impuretés. Avec un peu d'habitude, on réussit aisément à faire de bonnes préparations.

Dans le cas où la préparation serait mauvaise, ou contiendrait quelques bulles d'air, il faudrait chauffer les lames, détacher soigneusement la lamelle, et, tandis que le baume est liquide, saisir l'objet avec la pointe d'une aiguille et le plonger dans la liqueur pour le préparer de nouveau.

Si l'objet était trop délicat, on se contenterait de plonger la préparation dans l'essence de térébenthine qui finirait par dissoudre la résine, séparer les lames et mettre l'objet à nu. On pourrait ensuite le placer dans la liqueur et faire une nouvelle préparation.

Mais il arrive quelquefois que l'on conserve une préparation imparfaite, soit que l'objet préparé soit rare, ou soit que les imperfections soient peu nombreuses ou presque nulles, car il peut se faire que l'objet soit parfaitement net, tandis que près de lui quelques bulles se soient formées. On comprend aisément que dans ce cas la préparation doit être conservée.

Ainsi que je l'ai dit, l'objet peut être recouvert d'une lame carrée, ronde, etc. Au chapitre *Accessoires*, j'ai donné les moyens d'obtenir ces différentes sortes de lames de glace; je n'insisterai donc pas sur ce point.

Les objets que l'on prépare pour le microscope solaire sont fixés entre deux petites rondelles en glace, que l'on maintient dans une fiche en bois à l'aide d'un petit anneau en cuivre. La préparation entre ces petits disques est la même que celle déjà indiquée.

On peut aussi préparer l'objet entre des disques en glace de grande dimension et entre des plaques de glace de diverses formes. A ce sujet, la préparation est toujours identique avec celle décrite.

Ma méthode pour préparer les objets peut servir pour des corps d'assez grande dimension, tels que des ailes de papillon de la grandeur de celles du vulcain, etc. Si les objets devaient être plus grands ou que l'on voulût en réunir plusieurs sur la même lame, il faudrait alors recourir à des moyens particuliers tendant à extraire les bulles d'air, et se servir de la machine pneumatique.

La préparation terminée, il est indispensable de la nettoyer, afin d'enlever l'excès du baume qui a été expulsé par la pression que l'on a fait subir aux glaces. Le nettoyage des préparations se fait à l'aide d'un linge imbibé d'alcool; on peut aussi, à l'aide d'un vieux canif, gratter légèrement les bords des lames, afin de faciliter le nettoyage, qui s'opère comme je viens de l'indiquer.

Cela fait, on peut entourer la préparation de bandelettes de papier, au centre desquelles on a ménagé une ouverture, laissant à jour la partie des glaces entre lesquelles se trouve l'objet. Cette ouverture se fait à l'aide des emporte-pièces dont j'ai déjà parlé.

On écrit ensuite les désignations relatives à l'objet, et il ne reste plus qu'à placer ce dernier dans la collection.

Un autre moyen, et qui me semble parfait, consiste à laisser la préparation telle quelle, et à écrire sur la lame même, à l'aide d'un diamant, les désignations que l'on juge convenables.

On aura soin d'ajouter au nom des objets les circonstances et l'endroit où ils auront été recueillis, car souvent bien des souvenirs agréables s'y rattachent, et un souvenir agréable procure souvent plus de jouissances que la réalité.

Quant aux boîtes carrées pour serrer les préparations, j'en ai donné la description au chapitre ***Accessoires***.

Les moyens que j'ai indiqués dans le courant de ce chapitre peuvent être facilement employés et donnent à coup sûr de bons résultats. Mais il existe aussi d'autres méthodes, dont je vais donner un aperçu.

M. Quekett nous apprend, dans son ***Traité du microscope***, que quelques personnes tiennent leur baume du Canada dans un vase qui peut être chauffé au moment de faire usage du baume.

L'objet étant placé sur sa lame de glace, une gouttelette de baume liquéfié y est alors appliquée, puis le couvercle, préalablement chauffé, posé sur l'objet; et, si cela devient nécessaire, on peut chauffer un peu les lames lorsqu'elles sont réunies par la substance résineuse.

Plusieurs autres méthodes d'employer le baume ont

été indiquées par plusieurs micrographistes ; j'ai cru devoir les passer sous silence. Du reste, on pourra soi-même imaginer d'autres procédés ; mais, ayant décrit une méthode dont les résultats sont très-satisfaisants, je n'ai pas cru devoir entrer dans la description d'autres procédés qui ne me semblent pas, du reste, parfaits, et qui auraient pu embarrasser l'observateur débutant dans la science microscopique.

Cependant une méthode a besoin d'être signalée, car elle est fort ingénieuse et donne de très-bons résultats ; elle est due à un de nos célèbres docteurs, M. Mandl. Voici sa méthode : On place l'objet que l'on recouvre d'une lamelle; près de cette dernière, on place une gouttelette de baume épaissi, on chauffe cette goutte, et le baume pénètre par capillarité entre la lame et la lamelle et imbibe l'objet.

J'ai dit, en commençant ce chapitre, que les moyens que j'indiquais s'appliquaient à des objets d'un certain volume, tels que celui des tarses des petits insectes, des tranches de bois d'un diamètre de 10 à 15 millim. et de divers autres objets de même dimension. J'ai dit aussi que pour les infiniment petits je me réservais la description du moyen particulier. A ce sujet, j'ajouterai quelques lignes qui me semblent fort utiles. Si l'on veut préparer des objets tels que des enveloppes siliceuses des infusoires, des farines ou autres corps aussi ténus, il faudra employer le procédé qui va suivre.

Le baume du Canada ayant été chauffé et refroidi, comme je l'ai indiqué, on prend la lamelle de glace et l'on y dépose l'objet du côté qui doit être placé sur le baume. Cela fait, on ajoute sur l'objet une petite quantité de la liqueur préliminaire, de façon à imbiber complétement l'objet; on attend ensuite un instant, de façon à permettre l'évaporation presque complète de la substance, puis on place la lame tenant l'objet en contact avec le baume, et l'on se comporte comme je l'ai déjà indiqué.

On voit que ce moyen revient au même que celui que j'emploie pour les gros objets, mais qu'il était important de modifier la manipulation, ne pouvant, pour les infiniment petits, les laisser séjourner et les saisir exactement, comme je le fais pour les autres corps.

VERNIS A TABLEAUX. — VERNIS COPAL A L'ESSENCE DE SPIC. — VERNIS A L'ESSENCE DE ROMARIN. — VERNIS AU CHLOROFORME. — GÉLATINE.

Le vernis à tableaux, dont j'ai parlé en commençant, pour laisser séjourner les objets, peut aussi être employé pour les maintenir entre les plaques de glace. Ce moyen, employé par mon père, il y a près de trente-cinq ans peut aussi fournir de belles préparations. Pour rendre le vernis à tableaux susceptible d'être employé pour l'usage que je viens d'indiquer, il faut en prendre une certaine quantité que l'on fait épaissir au bain-marie, jusqu'à consistance convenable; cela fait, un objet ayant séjourné quelque temps dans du vernis fluide, et étant ensuite épongé, comme je l'ai indiqué pour le baume du Canada, il ne reste plus qu'à le placer entre deux glaces, dans une gouttelette de vernis épaissi. Ce moyen peut donner de belles préparations, mais le vernis étant long à sécher, les préparations ont le désavantage de n'être maniables qu'après un certain temps. Pour des objets très-délicats, faciles à imbiber, ce moyen est très-bon, ainsi que le suivant, qui est encore plus simple, et que j'emploie de préférence pour les acares et autres objets aussi délicats.

Ce moyen consiste à se servir du vernis copal à l'essence de spic. Ce vernis a la propriété de s'épaissir promptement à l'air. Lorsque l'on veut s'en servir, on en dépose donc une petite quantité dans un vase, et l'on attend que le vernis soit arrivé à une consistance convenable; on en prend alors une gouttelette que l'on dépose sur une lame de glace, à l'aide d'un petit bâton de verre; on ajoute ensuite l'objet, puis la lamelle, sur laquelle on appuie légèrement, de façon à expulser l'excès de substance conservatrice.

Au bout de quelques jours les préparations sont sèches et peuvent être nettoyées avec le plus grand soin, à l'aide d'un linge imbibé d'alcool.

Ce moyen est fort simple et procure la facilité d'obtenir de belles préparations.

Suivant leur nature, on peut laisser les objets séjourner quelque temps dans l'essence de spic (essence de lavande); mais, en général, ce moyen n'étant employé que pour des infiniment petits, le séjour dont je viens de parler les altérerait, ce qu'il faut éviter.

Pour des objets assez gros et difficiles à imbiber, tels que les parties de la bouche des insectes coléoptères et autres analogues, ce moyen peut être employé; mais le baume du Canada est meilleur, sa nature et les moyens que l'on emploie pour préparer les objets facilitent la complète imbibition et augmentent la transparence des objets dont je viens de parler.

Lorsque par la pression on ne peut arriver à maintenir des objets entre deux plaques de glace, avec le baume du Canada, c'est qu'ils sont trop épais, et conséquemment trop opaques pour être conservés de cette sorte. On peut bien, à la rigueur, ajouter quelques petits morceaux de papier, de carte, sur les côtés de la lame, afin de faciliter l'opération; mais ce procédé, difficile à mettre en pratique, ne procure pas de bons résultats : je ne conseillerai donc pas son emploi.

Un autre vernis du même genre nous a été indiqué par M. le docteur Lequoy, savant observateur et habile micrographe. Voici la manière de composer cet excellent vernis : On prend des morceaux de copal tendre, on choisit les plus clairs, et ceux qui se laissent dissoudre à leur surface par une petite quantité d'essence de romarin; les morceaux choisis sont mis en poudre, mêlés avec moitié de verre pilé, puis le tout est mis dans un matras, avec quantité suffisante d'essence de romarin ou de spic; l'essence doit surnager d'un doigt ou deux la poudre. On fait fondre au bain-marie, dont la chaleur ne doit pas dépasser celle de l'alcool bouillant; la même température doit être continuée jusqu'à ce que la résine soit dissoute en totalité ou à peu près, sans la pousser trop loin, car alors il se dissout une partie de gomme végétale qui trouble le vernis.

On laisse reposer quelques jours et on décante; mais, comme tous les vernis faits avec les gommes-résines seules, il n'a pas assez de corps; il faut y ajouter une petite portion de térébenthine ou de baume du Canada. Ce vernis conserve parfaitement les objets de nature animale sans se fendiller ou se résinifier; il ne laisse pas de globules.

Un autre vernis excellent a été composé par M. le docteur H. Frémineau, savant micrographe. Pour faire ce vernis on fait digérer au bain-marie, dans un flacon à digestion :

Baume du Canada............	30 grammes.
Mastic en larmes pulvérisé......	10 —
Chloroforme................	Quantité suffisante.

Ce produit donne d'excellents résultats, et nous ne saurions trop le recommander.

Un excellent mélange a été indiqué par M. Deane pour la préparation des petits objets. Il consiste à mêler :

Glycérine.................. 120 grammes,

ajoutée à

Gélatine................... 30 grammes,
dissoute à chaud dans 120 grammes d'eau distillée.

Pour les végétaux, la gélatine acidulée donne d'excellents résultats. On la prépare ainsi : On prend de la gélatine claire, que l'on fait fondre au bain-marie, et l'on ajoute un quart d'acide pyroligneux, et quelquefois une petite quantité d'alcool. Relativement à la gélatine, on doit se rappeler que la colle de poisson fournit celle la plus pure.

Ici se termine ce que j'avais à dire relativement à la préparation des objets dans les substances résineuses, vernis, etc. Les préparations obtenues par les moyens que j'ai indiqués présentent le plus bel aspect, et sont, de plus, complétement inaltérables. Les collections que l'on peut faire sont innombrables, variées, et procurent un plaisir infini. J'espère que les conseils que j'ai donnés feront de nouveaux adeptes; car, en les suivant, ils possèderont un nombre infini de merveilles, dont la plus petite excite à jamais l'admiration la plus grande pour le Créateur du monde.

XIII

PRÉPARATION DES OBJETS DANS LES FLUIDES.

Dans ce chapitre, nous décrirons les différentes méthodes que l'on doit employer pour conserver les objets dans les fluides.

Ce mode de préparation s'emploie généralement pour les corps dont l'organisation est accompagnée de liquides, et aussi pour certains objets dont la nature réclame l'intervention d'un liquide, aussi bien pour leur parfaite perception que pour leur conservation.

La préparation des objets dans les liquides devra donc être employée pour conserver la plupart des tissus animaux et végétaux, pour les fibres musculaires, nerveuses, les glandes, les ganglions, etc., et aussi pour toutes les parties obtenues par la dissection des organes de la respiration, digestion, circulation, etc.; en un mot, pour tous les objets habituellement baignés de substances fluides liées à leur nature.

Les petites algues, ainsi que toutes les parties anatomiques des végétaux, telles que les fibres, les vaisseaux, les trachées, les stomates, les tissus, etc., etc., seront aussi conservés dans les liquides.

L'anatomie végétale et animale utilise généralement ce mode de préparation, dont les résultats fournissent souvent de précieux et rares spécimens.

Dans les opérations chirurgicales, dans la médecine, certaines organisations morbides, connues à l'aide du microscope, peuvent être parfaitement conservées et rendre d'immenses services.

La préparation dans les fluides est peu compliquée : elle peut être considérée comme plus simple que celle dans les milieux résineux. Quelques essais pourront convaincre de suite de la simplicité des procédés que nous allons décrire.

Pour préparer les objets dans les fluides, il est nécessairement indispensable d'avoir un petit récipient pour contenir l'objet et le liquide conservateur. Ce petit réservoir s'adapte sur une lame de glace d'une grandeur appropriée à celle de l'objet. En général, celles que nous avons décrites peuvent être employées, mais il arrive aussi que l'on est forcé de s'en procurer de plus grands.

Le petit réservoir dont nous venons de parler a reçu le nom de *cellule*. Les cellules que l'on emploie peuvent être de différentes épaisseurs, suivant les objets que l'on désire préparer.

L'objet et le liquide étant placés dans le réservoir, il ne reste plus qu'à clore ce dernier à l'aide d'un petit couvercle en glace mince, que l'on maintient à l'aide de différentes substances; l'objet est alors emprisonné dans un milieu liquide destiné à le conserver.

D'après ce résumé de la préparation dans les liquides, il nous reste à décrire minutieusement les moyens à employer pour faire les cellules destinées à contenir les objets de peu d'épaisseur; celles pour les objets plus épais, à décrire les différents liquides conservateurs et leurs propriétés, et enfin les précautions à prendre pour placer les objets et clore les cellules.

Nous examinerons ces différents procédés dans l'ordre où nous les avons énoncés.

Pour préparer dans les fluides des objets excessivement petits, il suffit, après les avoir placés sur une lame de glace dans le liquide conservateur, de fixer la lamelle mince sur l'objet. Ce dernier étant recouvert, il suffit de passer légèrement sur les bords de la lamelle mince, à l'aide d'un petit pinceau, une petite quantité de vernis composé de cire à cacheter dissoute dans l'alcool; on laisse ensuite sécher la préparation, et de la sorte l'objet ne peut s'altérer.

On doit avoir à sa disposition des pinceaux de diverses grosseurs, suivant la quantité de vernis que l'on veut appliquer; mais en général de très-petits pinceaux suffisent; ceux à monture métallique sont très-solides et commodes.

Le liquide conservateur doit être déposé sur la lame de glace à l'aide d'une petite baguette en verre à bout mince et arrondi ou effilé. On doit également en avoir de divers diamètres.

Le mode de préparation que je viens d'indiquer s'emploie pour des objets excessivement minces, et ceux-là ne sont pas rares. Aussi ce moyen est-il fréquemment employé.

Pour fixer les lamelles sur les lames de glace, on peut employer, outre le vernis de cire à cacheter, diverses autres substances. Ainsi la mixtion dont se servent les doreurs (*gold size* des Anglais) est très-bonne pour cet usage. Le vernis noir français (dit du Japon) peut être considéré comme le vernis le plus parfait que l'on puisse employer[1]. La mixtion des doreurs,

[1] Ce vernis est celui employé par les carrossiers.

additionnée d'une petite quantité de noir de fumée, de litharge, de minium; l'asphalte en dissolution dans l'essence de térébenthine, etc., donnent aussi de bons résultats.

Du reste, les cellules que l'on emploie pour les objets de peu d'épaisseur se font avec des substances analogues ou semblables, et qui, conséquemment, peuvent servir pour l'usage dont je viens de parler.

Les cellules destinées à contenir les objets de peu d'épaisseur se font avec un pinceau au moyen des différentes substances que je vais indiquer.

Suivant la forme des objets, la cellule sera faite carrée, carré long, ovale, circulaire, etc. Dans les trois premiers cas, il suffit d'inscrire légèrement à l'aide d'un pinceau, aussi correctement que possible, les bords de la cellule. Il faut avoir soin d'employer un pinceau assez chargé de substances, et d'appliquer plusieurs couches, pour obtenir l'épaisseur que l'on désire, autrement les cellules ne sont pas régulières et deviennent impropres à l'usage auquel on les destine.

La cellule formée, on la laisse sécher à l'abri de la poussière; avec les substances que l'on emploie, la dessiccation s'opère en quelques heures, et quelquefois moins, surtout si l'on agit en été.

Les cellules faites au pinceau doivent toujours avoir peu d'épaisseur, et servir pour des objets peu épais. Du reste, il serait difficile de faire à l'aide du pinceau des cellules d'une certaine épaisseur, qui, au reste, n'auraient aucun avantage.

Pour faire des cellules circulaires il faut nécessairement employer un moyen mécanique, afin d'avoir des cellules régulières. A cet effet, on se servira de la petite machine ingénieuse imaginée par M. Hett (fig. 65). La lame est fixée sur un disque en cuivre, qui se meut sur un pivot; on place le pinceau sur la lame, suivant le

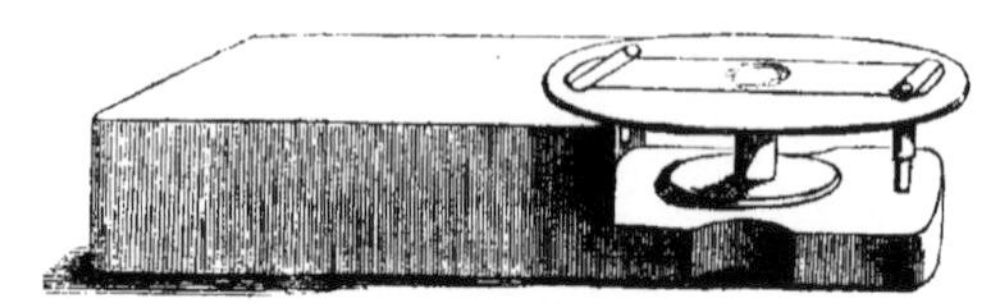

Fig. 65.

diamètre désiré pour la cellule; on fait mouvoir le disque et l'on obtient une cellule circulaire. Si elle doit être épaisse, on laisse un peu sécher et on donne une autre couche.

On pourrait aussi construire une petite machine destinée à des cellules ovales; mais comme la régularité complète n'est pas nécessaire, on arrivera, dans la plupart des cas, à de bons résultats, sans s'aider d'un appareil mécanique.

Voyons maintenant quelles sont les substances que l'on doit employer pour faire les cellules.

En premier lieu, nous placerons la mixtion des doreurs, unie à une dissolution d'asphalte dans l'essence de térébenthine. Cette dernière solution se fait de la manière suivante. Dans un flacon à large col et d'une contenance deux fois plus grande que la substance à préparer, on introduit du bitume de Judée réduit en poudre; on ajoute ensuite de l'essence de térébenthine. On remue le mélange, puis on laisse dissoudre, et au bout de quelques heures on doit obtenir un vernis sirupeux. On ajoutera donc, soit du bitume ou de l'essence pour arriver à ce résultat. Les proportions sont variables. Les mélanges suivants devront être employés pour faire les cellules :

Mixtion des doreurs...............	1	partie.
Asphalte en dissolution............	1	—

Ou bien :

Mixtion des doreurs	2	—
Asphalte.......................	1	—

Au moment de faire des cellules, on mêle les deux substances dans un petit vase à l'aide d'un bâton de verre. On peut conserver de la substance prête dans un flacon, mais il vaut mieux n'en faire le mélange qu'au moment de s'en servir.

Le vernis copal à l'essence de spic peut aussi être employé pour faire des cellules, après l'avoir laissé évaporer pendant quelque temps, afin de lui donner la consistance désirable pour l'usage auquel on le destine.

L'asphalte seul en dissolution dans l'essence de térébenthine peut aussi être employé, ainsi que différentes autres solutions de la même substance que j'ai faites, et qui m'ont donné des résultats très-satisfaisants.

Ainsi, outre la térébenthine, on peut employer, pour dissoudre le bitume :

L'essence de mirbane,
L'huile de naphte,
— de pétrole,
— de schiste,
— de houille,
— de lavande,
Le sulfure de carbone.

L'asphalte en dissolution donne de bons résultats, mais il a l'inconvénient d'être un peu trop sec et de faire des cellules quelquefois trop fragiles. En le mêlant à la mixtion des doreurs, il devient beaucoup plus facile à employer.

Les diverses solutions de bitume que je viens d'indiquer fournissent aussi de bons résultats en les mélangeant à parties égales avec la mixtion.

Parmi les meilleurs dissolvants de l'asphalte, je citerai l'huile de houille, de naphte, et l'essence de mirbane.

Quant à la térébenthine, j'ai déjà indiqué qu'elle donnait de parfaits résultats.

J'ai fait de nombreux essais, afin d'arriver à des résultats satisfaisants, et je puis affirmer que les formules que j'ai indiquées donnent de bons effets.

Différents autres mélanges et substances peuvent aussi servir pour faire les cellules. Ainsi le vernis gras, mélangé à parties égales avec une solution d'asphalte fournit de bonnes cellules.

Le vernis français (dit du Japon), dont j'ai déjà parlé, est parfait employé seul pour les cellules minces.

Mêlé avec la mixtion et le bitume, il donne aussi de bons effets dans la proportion suivante :

Vernis français..................	2	parties.
Asphalte.........................	1	—
Mixtion..........................	1	—

Bien d'autres vernis peuvent, sans nul doute, être employés. La recherche de ces produits appartient aux micrographistes, qui, en indiquant comme parfaite telle ou telle substance, rendront d'immenses services à la science de la micrographie.

Le blanc de plomb ou de zinc, préparé à l'huile, peut aussi servir à faire de bonnes cellules. La marche à suivre est la même que pour les autres substances. Seulement, ces cellules ont l'inconvénient d'être longues à sécher. En mêlant au blanc de plomb ou de zinc une petite quantité de litharge et de minium, on remédie à cet inconvénient; malgré cela, beaucoup de micrographistes emploient la substance seule.

Ordinairement on emploie la cellule aussitôt faite, et on la clôt à l'aide d'un petit couvercle en glace mince, en appuyant légèrement; on passe ensuite sur les bords de la lamelle et de la cellule une petite quantité d'huile d'amandes douces, afin de boucher les moindres interstices. Si on emploie des cellules sèches, on aura soin, avant de s'en servir, de passer sur ses bords une petite quantité de blanc de plomb frais, afin de permettre l'adhérence du couvercle. Les cellules doivent être assez grandes pour que l'objet ne vienne pas toucher les bords: il faut, au contraire, laisser une certaine marge entre les parois de la cellule et l'objet. Cette recommandation s'applique à tous les genres de cellules.

En terminant ces indications, je dirai que les solutions salines ou autres, ne contenant ni alcool ni essences, peuvent être contenues dans les cellules faites avec la mixtion des doreurs et ses mélanges.

Pour les solutions alcooliques, on peut employer le blanc de plomb ou de zinc, et même le bitume dans la térébenthine.

C'est à M. Thwaites, célèbre naturaliste, que l'on doit l'idée de l'emploi de la mixtion des doreurs. Il l'a d'abord indiquée comme devant être employée seule; mais plus tard, ayant reconnu que cette substance séchait trop difficilement, il a modifié ainsi, en prenant parties égales en volume de noir de fumée et de litharge, que l'on délaye ensuite dans mixtion et vernis dit du Japon, jusqu'à consistance convenable.

Les procédés que je viens d'indiquer s'emploient pour les cellules de peu d'épaisseur. Pour les cellules épaisses, on coule à chaud de la glu marine sur une lame de glace, puis, à l'aide d'un canif, on enlève la substance en excès et l'on pratique dans l'épaisseur de la substance des cavités destinées à recevoir l'objet et le liquide. Le couvercle se clôt en passant sur les bords de la cavité une petite quantité de mixtion.

C'est à M. Berkley, célèbre naturaliste, que l'on doit la communication de ce procédé.

Pour les objets plus épais, on emploie des cellules en verre de différentes formes, ainsi que nous allons l'indiquer. Nous décrirons ensuite les moyens à employer pour les fixer sur les lames de glace.

Les cellules (fig. 66 et 67) sont formées d'une lame

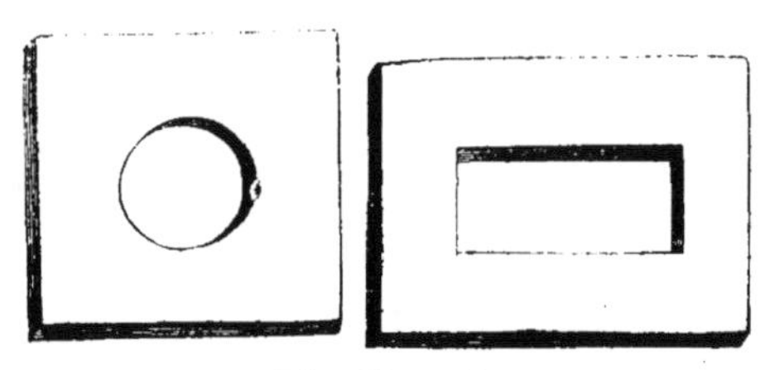

Fig. 66 et 67.

de glace percée au centre d'une ouverture circulaire destinée à recevoir l'objet et le liquide. Ces cellules se font de différentes épaisseurs, grandeurs et ouvertures; mais en général celles représentées sont les plus employées.

Souvent aussi on les fait très-minces, et dans ce cas elles sont très-avantageuses pour la préparation d'un grand nombre de tissus et autres objets de même nature qui réclament l'emploi de grossissements assez considérables.

Les fig. 68, 69 et 70 représentent d'autres ellule

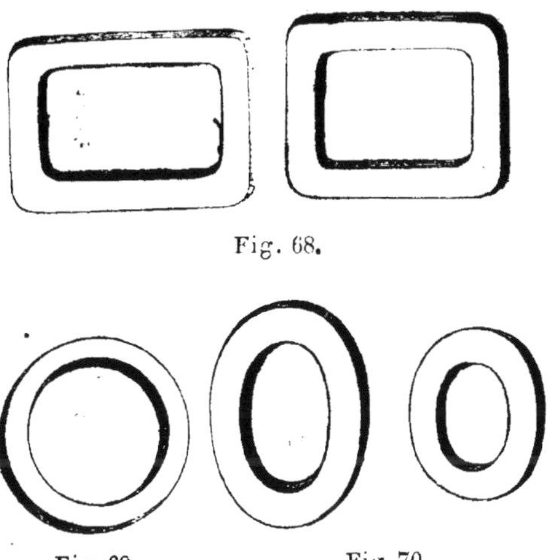

Fig. 68.

Fig. 69. Fig. 70.

obtenues au moyen de sections faites dans des tubes de différentes formes. Ces cellules se font ordinairement plus épaisses et s'emploient pour les objets opaques, les injections, etc.

Ces tubes-cellules sont représentés de grandeur naturelle par les figures; mais, suivant l'emploi, ces dimensions peuvent varier. Leur usage est très-répandu, et ils rendent de grands services.

Le savant Le Baillif construisit le premier et employa des tubes-cellules. Mon père en conserva de différentes formes qui lui furent donnés par cet habile et savant praticien.

On peut encore employer des cellules faites au moyen de lames de glace épaisses percées de trous de différentes ouvertures.

D'après M. Quekett, c'est à M. Goadby que l'on doit l'idée de ces cellules. Il les emploie en glace polie, de sorte que, lorsqu'elles sont collées sur une lame de glace avec le baume du Canada ou autres substances transparentes, on peut en faire usage avec le miroir de Lieberkhun.

Si l'on veut préparer des objets d'assez grandes dimensions, on se servira de cellules formées de plaques de glace collées et réunies ensemble sur une lame de la même substance et de grandeur appropriée. Cette construction permet d'obtenir des cellules de toutes les épaisseurs et dimensions.

Les lames de glace portant une ou plusieurs concavités faisant cellule sont impropres à la préparation des objets, la forme concave, ainsi que je l'ai déjà indiqué, nuisant à l'effet du microscope.

Maintenant que nous connaissons les différentes formes de cellules, voyons comment on les fixe sur les lames de glace.

Les cellules minces pourront être collées sur les lames par l'emploi des substances que j'ai indiquées pour faire les cellules au pinceau. Ainsi la mixtion des doreurs et ses mélanges, les dissolutions d'asphalte, le vernis français, celui de copal à l'essence de spic, la mixtion additionnée de litharge, le minium, le vernis à l'essence de spic et l'asphalte en parties égales, etc., peuvent parfaitement servir à cet usage. On peut aussi employer un excellent vernis à la glu marine qui se trouve dans le commerce.

Dans ce cas, une quantité convenable de substance étant appliquée au pinceau sur une des faces de la cellule, il ne reste plus qu'à fixer sur la lame de glace en pressant légèrement; on laisse ensuite sécher, puis on nettoie avec précaution la cellule avec de l'essence de térébenthine et l'on termine avec de l'alcool.

Les cellules épaisses, telles que les tubes-cellules, et même celles minces, peuvent aussi être fixées au moyen de la chaleur avec le baume du Canada ou la glu marine. Ce moyen de collage des cellules est le plus parfait, car il donne une entière solidité. J'indiquerai d'ailleurs comment on doit employer la glu marine.

Cette substance, composée de naphte, laque et caoutchouc, fond à une température peu élevée lorsqu'elle est bien préparée. Son usage est parfait, et je ne saurais trop insister sur son emploi.

On prend une plaque de cuivre peu épaisse, sur laquelle on pose la cellule et la lame de glace. Sur cette dernière on place un fragment de glu marine. Tenant alors la plaque de cuivre au moyen d'une pince plate, on chauffe à l'aide d'une lampe à alcool, et l'on ne tarde pas à voir la substance se liquéfier; on prend alors la cellule avec des pinces et on la place sur la lame de glace. Cela fait, ayant retiré cette dernière de la plaque en cuivre, on la pose sur une table et on appuie sur la cellule de façon à faire adhérer complétement; on peut se servir d'une petite plaque de bois ou autre moyen pour presser sur la cellule. La lame de glace étant refroidie, la glu marine est solidifiée et la cellule fixée, il ne reste plus qu'à la nettoyer; pour cela, on enlève d'abord avec un vieux canif ou avec un petit instrument *ad hoc* l'excès de glu marine, puis on termine le nettoyage à l'aide d'une solution de potasse, et aussi avec de l'alcool.

Pour coller les cellules au moyen du baume du Canada, on opère comme pour la glu marine, seulement on chauffe le baume comme si l'on devait faire une préparation. (Voir *Préparation au baume du Canada.*)

A ce moment, on y applique la cellule et on continue l'opération comme avec la glu marine.

Le nettoyage se fait à l'aide d'un canif, et se termine à l'aide d'alcool.

Les linges que l'on emploie pour terminer le nettoyage des lames et des cellules doivent être, autant que possible, de fine batiste de fil.

On peut remplacer avantageusement la plaque en cuivre qui sert à chauffer les lames de verre par le bain-marie que j'ai décrit en parlant des préparations au baume du Canada. Dans cet appareil, on peut supprimer le bain-marie et avoir alors une table en cuivre à trépied, fort utile pour l'emploi désigné précédemment.

Inutile de dire, en terminant, que *l'on doit toujours avoir un certain nombre de cellules de tous genres préparées d'avance,* afin de ne pas se trouver embarrassé lorsqu'on veut préparer un objet intéressant.

Les cellules collées au moyen de la glu marine peuvent contenir l'essence de térébenthine, l'huile de naphte, etc., substances précieuses pour la conservation de certains objets. Quant à celles collées au moyen du baume du Canada, elles servent à contenir les solutions salines. Pour celles fixées au moyen des vernis, j'ai déjà indiqué les substances qui peuvent s'employer suivant l'espèce de vernis dont on se sert.

D'après l'ordre énoncé au commencement de ce chapitre, il nous reste maintenant à indiquer les différents liquides conservateurs et leurs propriétés. Les liquides que nous allons indiquer sont généralement employés par les micrographistes.

Solution aqueuse de chlorure de sodium.

Cette solution peut s'employer dans les proportions suivantes :

1 gramme de chlorure de sodium.
10 grammes d'eau distillée.

Beaucoup de substances animales et végétales se conservent dans cette solution; on peut y ajouter une petite quantité de solution aqueuse de camphre. M. Quekett nous apprend que M. Cooper ajoute une petite quantité d'acide acétique à cette solution; de la sorte, elle peut, suivant lui, conserver la couleur des tissus.

Dans le but d'empêcher la formation des conferves, M. Quekett ajoute à la solution aqueuse de chlorure de sodium quelques gouttes de créosote. M. Strauss emploie la solution suivante :

Eau..................	5	grammes.
Chlorure de sodium........	1	—

M. Quekett :

Eau..........................	1	once.
Chlorure de sodium...........	5	grains.

La solution de chlorure de sodium peut donner de très-bons effets dans un grand nombre de cas.

Eau et alcool.

L'alcool est le préservatif par excellence, mais il a l'inconvénient de décolorer un grand nombre de corps et de contracter les parties molles; cependant, dans certains cas, il peut rendre de grands services. M.Strauss indique l'alcool à 22° comme pouvant être employé. M. Quekett emploie un mélange de 1 partie d'alcool dans 5 parties d'eau distillée.

Acétate d'alumine.

Ce sel, proposé par M. Gannal, pour prévenir la décomposition, peut être employé à la dose de 1 gramme sur 10 d'eau distillée. Il peut conserver les chairs et quelquefois la couleur; mais, ainsi que l'a remarqué M. Strauss, il détruit les substances calcaires.

Sulfate d'alumine et de potasse (alun du commerce).

M. Strauss a indiqué que ce liquide détruisait les substances calcaires, mais qu'il avait l'avantage de conserver la mollesse des chairs, ainsi que les couleurs, surtout celles des muscles, et aussi les tendons, les aponévroses, les membranes séreuses, la graisse, le tissu cellulaire. Ce sel peut donc être employé avec avantages.

Les proportions indiquées par M. Strauss sont les suivantes :

1 gramme alun.
16 grammes eau distillée.

Solution aqueuse de sulfate de peroxyde de fer.

Ce sel a la propriété de conserver les parties molles; il s'emploie à la dose de 1 gramme sur 100 d'eau distillée.

Solution aqueuse de deuto-chlorure de mercure (sublimé corrosif).

Le sublimé corrosif peut s'employer à la dose de 1 gramme sur 50 d'eau distillée; il peut conserver toutes les parties ne contenant pas d'albumine, cette dernière substance neutralisant le deuto-chlorure de mercure. En résumé, on peut retirer de grands avantages par l'emploi de ce sel.

Solution aqueuse de sulfate de zinc.

Les proportions indiquées par M. Strauss sont les suivantes :

14 Sulfate de zinc.
10 Eau distillée.

Suivant lui, il conserve très-bien la fibre musculaire, les téguments, la substance cérébrale, etc.

Dans les proportions de 1 dixième du poids de l'eau, il peut aussi très-bien conserver les mêmes objets.

Une propriété remarquable de cette solution a été indiquée par M. Strauss. Il a remarqué que tous les organes des larves d'insectes (chenilles), à l'exception des téguments, se détruisent en quelques jours dans cette substance, tandis que les organes des insectes parfaits se conservent très-bien. En effet, les muscles des insectes parfaits conservent leur souplesse naturelle, les trachées deviennent d'un blanc crayeux, ce qui les rend faciles à distinguer des autres organes; les viscères se conservent très-bien, etc., etc.

Solution aqueuse d'hydrochlorate d'ammoniaque.

Ce sel s'emploie dans les proportions de :

1 gramme hydrochlorate.
10 grammes eau distillée.

Il peut conserver très-bien la chair des mammifères, mais il détruit celle des insectes parfaits. On peut ajouter un peu de camphre à la solution de chlorhydrate d'ammoniaque.

Chlorure de calcium, sulfate de soude, chlorure de zinc, nitrate de chaux.

Le chlorure de calcium desséché, le sulfate de soude, le chlorure de zinc, le nitrate de chaux, dans les proportions de 1 gramme sur 10 d'eau distillée, peuvent aussi servir pour conserver la chair des mammifères.

Liquide de M. Goadby.

M. Goadby a indiqué, dans le ***Microscopic Journal,*** la solution suivante :

Sel marin..................	4 onces.
Alun.....................	2 —
Sublimé corrosif...........	4 grains.
Eau......................	2 pintes (quart).

Suivant M. Thwaites, cette solution est parfaite pour la conservation des algues marines. Cette solution peut aussi servir pour les préparations animales.

M. Quekett, dans son *Traité du Microscope*, indique aussi différentes solutions, qui peuvent être employées pour la conservation des préparations animales et végétales. Ces liqueurs sont les suivantes :

Eau..........................	6 quarts.
Sel marin........................	3 pounds.
Sublimé........................	7 grains.

Ou bien :

Acide arsénieux..................	2 drachmes.
Sel............................	3 pounds.
Eau............................	6 quarts.

Pour dissoudre l'arsenic, il doit être chauffé dans une partie de l'eau employée.

Créosote.

M. Thwaites a indiqué la composition d'un liquide qui peut conserver parfaitement les algues, en laissant intact l'endochrôme. Ce liquide peut aussi être employé pour les autres préparations végétales et pour une foule d'objets provenant des tissus animaux.

Je recommanderai d'une manière toute particulière le liquide de M. Thwaites, car il est parfait et peut rendre d'immenses services.

Sa composition est la suivante :

On prend 14 grammes d'eau distillée, à laquelle on ajoute 1 gramme d'alcool, et l'on sature ensuite ce liquide de créosote. On ajoute et on laisse reposer quelques jours.

La solution terminée, on filtre au papier, ou, comme l'indique M. Thwaites, à travers de la craie lévigée.

J'ai obtenu de bons effets en filtrant seulement au papier, ou en déposant sur le filtre une petite quantité de kaolin épuré.

La liqueur obtenue est incolore et doit être conservée dans des flacons parfaitement bouchés.

M. Quekett ajoute que l'on peut mélanger le liquide de M. Thwaites avec de l'eau saturée de camphre. Ce mélange se fait à parties égales.

Je n'ai pas essayé cette dernière solution, qui doit, du reste, donner de bons effets.

Glycérine.

C'est à M. Warington que l'on doit l'idée de l'emploi de cette substance. Suivant lui, elle conserve très-bien la couleur verte des infusoires, et aussi les tissus végétaux et animaux.

On l'emploie dans les proportions suivantes :

Glycérine........................	1 partie.
Eau distillée....................	2 —

Pour les coupes d'os, de dents, etc., on peut employer :

Glycérine........................	1 partie.
Solution aqueuse de chlorure ou nitrate de calcium à 10 pour 100...	2 parties.

La glycérine pure doit se dissoudre complétement dans l'alcool acidulé par l'acide sulfurique.

La meilleure glycérine est celle anglaise de Conor.

La glycérine est précieuse en raison de son peu de réfringence.

M. Warington a aussi indiqué que l'on pouvait employer pour les crustacés, les petits champignons, les insectes parasites, l'*huile de castor* rectifiée.

Naphte.

M. Quekett a remarqué que le naphte, employé dans les proportions de 1 gramme naphte sur 8 eau distillée, conservait parfaitement les substances animales. Cette remarque est fort juste, et ce liquide donne d'excellents résultats. J'ai toujours considéré le naphte comme une excellente substance, et je ne doute pas que, substitué à la créosote, dans le liquide de M. Thwaites, il ne produise des résultats égaux, sinon meilleurs.

Silicate de potasse.

Le vernis au silicate de potasse est un excellent milieu pour préparer les objets. On met la pièce humectée d'eau sur le porte-objet; on y laisse tomber une goutte de silicate, on applique la lamelle, et tout est fini.—Au bout d'une demi-heure, tout est solidifié. Le pouvoir réfringent du verre soluble est aussi faible que celui de l'eau; les objets préparés ont donc le plus bel aspect.— Les parties cornées, les nerfs, muscles, le tissu de la rétine, se conservent dans cette substance.

Hydrochlorate de soude, acide arsénieux, sublimé corrosif. —Protochlorure de mercure.

Je dois à l'obligeance de M. le docteur Lequoy les formules qui vont suivre. Celle du docteur Pacini surtout donne des résultats parfaits. Ce liquide doit donc être employé exclusivement.

Pour les parties molles en général :

Hydrochlorate de soude........	1 gramme.
Alun........................	40 centigr.
Sublimé corrosif....	2 centigr.
Eau distillée..................	20 grammes.

Pour les parties très-molles :

Alun.............	2 grammes.
Acide arsénieux..............	1 centigr.
Eau distillée............. ...	10 grammes

Pour les parties nerveuses :

Hydrochlorate de soude........	1 gramme.
Sublimé corrosif..............	1 centigr.
Acide arsénieux..............	1 centigr.
Eau......................	10 grammes.

Liqueur du docteur Pacini pour les globules sanguins, nerfs, ganglions, rétine, etc.

Protochlorure de mercure......	1 gramme.
Chlorure de sodium...........	2 grammes.
Glycérine blanche, 25°.........	13 grammes.
Eau distillée................	113 grammes.

Liquide de M. Arthur Eloffe pour les mollusques.

Sel de Bayonne......	10 grammes.
Alun ammoniacal............	5 grammes.
Eau filtrée.................	115 grammes.

Filtrez et ajoutez :

Iodure de potassium............	1 centigr.
Bichlorure de mercure..........	5 millièmes.
Eau........................	5 grammes.

Solution aqueuse d'acide chromique.

L'acide chromique, dissous dans l'eau jusqu'à la teinte jaune paille, peut être employé pour conserver les objets délicats, et peut aussi servir pour l'étude et la conservation des liquides vitreux de l'œil. C'est M. Warington qui a indiqué l'emploi de l'acide chromique pour l'usage que nous venons d'indiquer.

M. le docteur Ordoñez, savant histologiste, qui excelle dans l'art de préparer les objets, a bien voulu nous communiquer les formules suivantes. C'est une bonne fortune pour les micrographes :

Glycérine blanche	25 grammes.
Eau distillée	10 grammes.
Tannin	50 centigr.

Filtrez.

Ce liquide est très-utile pour les préparations de peau ou des glandes. Au bout d'un certain temps, les éléments anatomiques prennent une coloration marron plus ou moins foncée; mais cette circonstance, loin d'être un inconvénient, facilite l'étude des détails.

Glycérine pure	5 grammes.
Eau distillée	15 grammes.
Eau camphrée	5 grammes.
Acide acétique	5 gouttes.

Filtrez et conservez dans des flacons bien bouchés.

Ce liquide est très-bon pour les préparations de cartillages, de peau, de nerfs, d'entozoaires, etc.

Eau distillée	15 grammes.
Alcool rectifié créosoté	1 gramme.
Eau de chaux	1 gramme.

Glycérine pure............. 5 grammes.
Eau camphrée................ 15 grammes.

Filtrez.

Avec ce liquide, on peut préparer le tissu fibreux, les muscles, les capillaires.

Eau distillée................ 25 grammes.
Glycérine.................... 1 gramme.
Alcool rectifié.............. 1 gramme.
Solution de sublimé (bichlorure de mercure) au 10e......... 10 gouttes.

Filtrez.

Avec ce liquide, on peut préparer la plupart des tissus, des glandes, nerfs, etc. Il sert aussi pour les produits pathologiques.

Eau distillée................ 20 grammes.
Acétate d'alumine............ 1 gramme.

Filtrez.

Pour le montage des tissus, précédemment colorés par la solution de carmin et pour les algues colorées.

Eau distillée................ 25 grammes.
Acide arsénieux.............. 5 centigr.

Faites bouillir et filtrez.—Ajoutez :

Eau distillée légèrement camphrée.................... 50 grammes.

Pour la préparation de la plupart des tissus.

Eau distillée................ 25 grammes.
Alcool créosoté.............. 1 gramme.

Filtrez.

Pour les préparations du tissu musculaire, pour les tendons, les cartillages.

Eau distillée................	20 grammes.
Chlorure de sodium...........	5 centigr.
Eau camphrée.................	1 gramme.

Filtrez.

Pour la préparation des épithéliums, des cellules nerveuses.

Eau distillée..................	25 grammes.
Glycérine blanche.............	1 gramme.
Solution aqueuse d'acide chromique.....................	1 gramme.
Eau camphrée................	5 grammes.

Filtrez.

Ce liquide sert indifféremment pour la préparation de la plupart des tissus.

Toutes les solutions que nous venons d'indiquer seront soigneusement filtrées et conservées dans des flacons parfaitement bouchés. On comprend aisément l'importance de la parfaite pureté de ces solutions.

Il y a encore bien des recherches à faire, bien des essais pour trouver des liquides conservateurs parfaits; les micrographes peuvent donc se mettre à l'œuvre, et leurs succès seront applaudis, car les services rendus seront immenses.

Parmi les sels, les huiles, etc., il y a bien des substances qui n'ont pas encore été essayées et qui peuvent donner de bons résultats. Patience et labeur, et la science s'enrichira.

J'ai essayé, dans ces derniers temps, deux sirops incristallisables, qui conservent très-bien les substances végétales.

Ces sirops sont ceux de blé et de fécule; on les dissout dans l'eau distillée, et ils font deux bons liquides pouvant servir dans un grand nombre de cas.

Je terminerai ici la nomenclature des liquides conservateurs. Nous allons maintenant indiquer les moyens de les placer dans les cellules avec les objets.

Les moyens que l'on doit employer pour clore les cellules sont les suivants :

Après avoir parfaitement nettoyé la cellule, à l'aide d'un linge de toile fine et d'un peu d'alcool, on y dépose une quantité de liquide conservateur en rapport avec la capacité de la cellule. Le liquide est déposé à l'aide d'un petit bâton en verre, ou encore avec un petit tube semblable à ceux dont on se sert pour les infusoires.

L'objet, que l'on a laissé quelques instants séjourner dans le liquide conservateur analogue à celui qui est dans la cellule, est déposé dans cette dernière, puis étalé soigneusement, à l'aide d'aiguilles emmanchées ou autres instruments.

Cela fait, il ne reste plus qu'à clore la cellule.

Pour cette opération, on passe légèrement, à l'aide d'un petit pinceau, sur les bords de ladite, une petite quantité de mixtion des doreurs (pour les cellules au pinceau ou en verre, on agit de même), en ayant soin de ne pas déposer de cette substance dans le liquide conservateur qui se troublerait et rendrait la préparation impure.

On doit prendre les plus grandes précautions en faisant l'opération que je viens d'indiquer.

La mixtion des doreurs peut être remplacée avec avantage par le vernis français, ou par un mélange à parties égales de ces deux substances.

Le petit couvercle en glace mince, rond ou carré, suivant la préparation, est alors posé sur la cellule par un de ses côtés, puis abattu ensuite. On appuie alors très-légèrement, et si l'on a bien agi, on n'enferme pas de bulles d'air dans le liquide.

Si quelques gouttes de liquide sortent par les bords de la lamelle, on les enlève avec un peu de papier buvard, puis on laisse sécher la préparation pendant un jour ou deux.

La préparation sèche, on passe sur les bords de la lamelle, et avec précautions, une petite quantité des substances déjà indiquées, soit mixtion, vernis, etc., puis on laisse complétement sécher. On nettoie ensuite l'espace transparent du couvercle, et la préparation est terminée.

Ce mode de préparation est plutôt minutieux que difficile. Ainsi, il faut prendre garde de ne pas mettre trop de liquide dans la cellule, et, dans ce cas, l'enlever avec de petits morceaux de papier buvard; ensuite, prendre les plus grandes précautions lorsque l'on applique le couvercle. Le reste des manipulations est aussi simple que facile.

Les préparations dans les fluides offrent le plus bel aspect, et l'on est grandement récompensé de ses petites peines, quand on a fait une préparation d'un objet curieux, que l'on peut considérer à loisir, sans craindre qu'il ne s'altère. C'est un vif plaisir pour un micrographiste de pouvoir, à tous moments, lire un mot de la grande page de la nature!

ADDITION.

J'ai essayé, dans ces derniers temps, un nouveau composé qui donne d'assez bons résultats pour la préparation des navicules et autres objets très-délicats. Voici la formule de ce composé :

Dans 30 grammes de chloroforme on fait dissoudre 1 gramme de caoutchouc naturel. Lorsque la dissolution est opérée, on ajoute du mastic en larmes jusqu'à consistance sirupeuse ou demi-sirupeuse.

On peut avoir deux solutions dans les conditions que je viens d'énoncer, pour les employer suivant la nature des objets.

Pour faire usage de cette substance on en dépose une gouttelette sur une lame de glace, puis on place l'objet, que l'on recouvrira d'une lamelle mince, sur laquelle on appuiera légèrement. On laisse sécher un jour, puis on passe sur les bandes de la lame une petite couche des vernis que j'ai déjà indiqués pour cet usage.

Le mélange de chloroforme, mastic et caoutchouc avait été indiqué dans d'autres proportions par M. Lender, de Philadelphie.

Les préparations faites avec la solution que je viens d'indiquer sont inaltérables et d'une transparence parfaite.

La solution de caoutchouc dans le chloroforme pourrait très-bien, dans certains cas, remplacer le collodion. En faisant des essais, je crois que l'on arriverait à de bons résultats.

En terminant ce chapitre, je donnerai la description de mon nécessaire pour les préparations et expériences microscopiques, dont le prix minime peut en populariser l'usage [1]. Une boîte en bois, fermant à clef, contient : une cuve en porcelaine, douze lames, douze lamelles, douze pinceaux, un flacon rodé contenant du baume, une lampe à alcool, un bain-marie, quatre pots en porcelaine, une cloche en verre à support rodé, quatre baguettes, une pince en bois, deux entonnoirs, deux tubes en verre, une mesure graduée, deux verres de montre, dix-huit flacons contenant : huile de naphte,

[1] Prix : 60 fr.

alcool, copal, mixtion, bitume, créosote, sulfate de zinc, glycérine, acide chromique, acide acétique, soude caustique, éther, acides nitrique, chlorhydrique, sulfurique, teinture d'iode, potasse, ammoniaque.

Afin de rendre tout à fait complet ce nécessaire, on peut y ajouter une tournette, ma presse à dessécher, de la glu marine, des tubes cellules.

Ce Nécessaire est le complément indispensable du microscope, et le *Vade-mecum* du micrographe.

XIV

DES INJECTIONS.

Les moyens d'exploration dont se sert l'anatomie générale sont, les uns mécaniques et physiques, les autres chimiques.

Dans les premiers se rangent l'art de disséquer à l'œil nu, à la loupe, au microscope. Les injections appartiennent à ce premier groupe.

L'exploration des vaisseaux et des conduits ne peut se faire qu'à l'aide des injections de diverse nature et par divers procédés. Ce sont ces procédés, les produits et les instruments nécessaires dont nous allons donner la connaissance.

On a trop de tendances à croire au secret que possède tel ou tel anatomiste : tous emploient à peu près les mêmes procédés; le véritable secret consiste dans l'adresse, les précautions nécessaires, et les commençants ne devront pas se rebuter en faisant de nombreuses écoles : chacun a passé ou passera par là.

CONDITIONS RELATIVES AUX INSTRUMENTS ET AUX MATIÈRES A INJECTIONS.

§ 1er. Instruments.

Pour les injections à faire de suite, les seringues sont les meilleurs. Ce sont les seringues à main (Charrière) n° 1, 2 et 3, c'est-à-dire de 30 à 200 grammes d'eau. Elles se composent des pièces suivantes, fig: 71 :

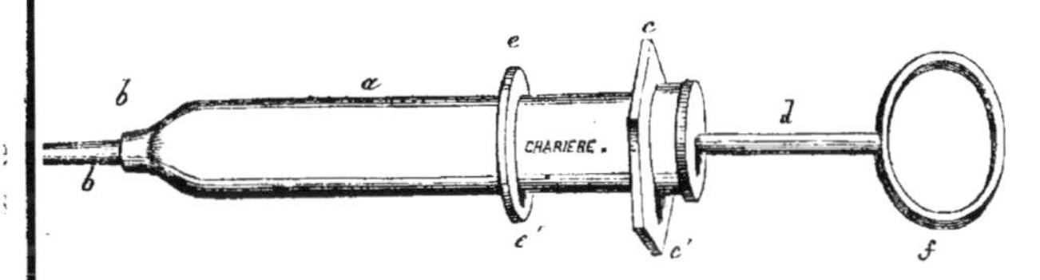

Fig. 71.

a, corps.
b, porte-canule lisse.
c, virole-oreille à huit pans.
d, piston.
ee, oreille circulaire pour retenir la seringue en sens inverse, quand on la remplit d'une main.
D, manchon du piston.
f, anneau du piston pour recevoir le pouce.

Fig. 72. Piston séparé pour montrer en *aa'* les deux pièces du parachute en cuir qu'on relève à volonté pour maintenir l'occlusion hermétique du corps de la seringue.

Fig. 73. *a* Canule fine sans oreille, forme conique, destinée à s'adapter au porte-canule *b* par frottement,

b, tube cylindrique destiné à être introduit dans les vaisseaux.

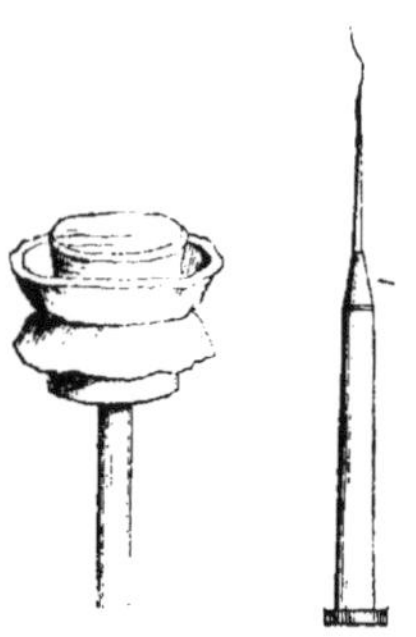

Fig. 72. Fig. 73.

Quand l'injection devra être lente, durer longtemps

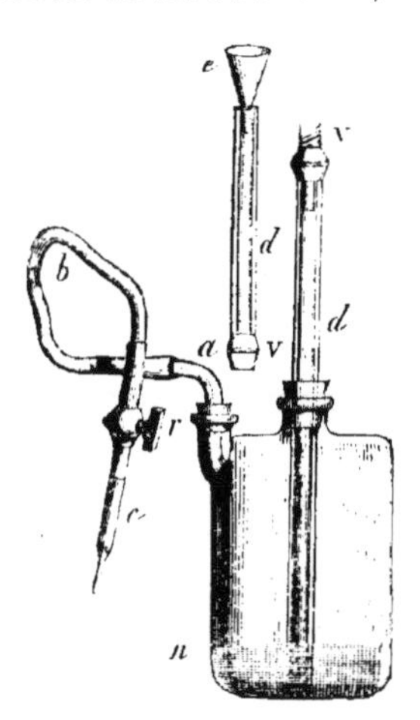

Fig. 74.

et se faire avec de l'essence colorée, on se servira d'un

flacon à deux tubulures (fig. 74), à l'une desquelles est luté avec soin un tube en verre coudé a, qui enfonce peu dans le flacon, et porte un robinet en cuivre fixé à l'aide d'un tube en caoutchouc b. Ce robinet reçoit la canule c par frottement.

L'autre tubulure reçoit un tube dd d'une longueur proportionnée à la pression sous laquelle on veut faire l'injection, et pouvant se dévisser en deux. Il descend au fond du vase, et, le flacon étant plein de matière à injection, on remplit le tube de mercure jusqu'à la hauteur voulue; le métal s'accumule en n, à mesure que l'injection sort, et la soulève en même temps qu'il la presse plus ou moins, suivant la hauteur de la colonne mercurielle du tube, qui rarement dépassera 76 centimètres.

Tel est le second des moyens indispensables pour pousser longtemps et lentement une injection sous une pression constante ou rendue constante par l'addition graduelle du mercure.

§ 2. Des instruments accessoires.

Les plus utiles sont des aiguilles d'acier destinées à déboucher les canules.

Des aiguilles à sutures courbes pour passer la ligature autour du vaisseau qu'on injecte.

S'il survient des fuites pendant l'injection, il faut avoir des pinces à pression continue, telles que la pince a (fig. 75), pour fermer l'ouverture, et de petits cautères à pois pour brûler l'ouverture des capillaires qui s'ouvrent.

Fig. 75.

Je passe rapidement sur ces détails secondaires, la vue du dessin indiquant suffisamment l'emploi et les usages de l'instrument représenté, pour arriver au paragraphe important.

§ 3. Des matières à injections.

Pour les grosses injections, le mélange de suif, deux tiers térébenthine, un tiers rouge ou bleu de Prusse bien mélangé, employé à chaud, voilà la meilleure injection.

Pour les injections fines, il n'en est plus de même : il faut employer des matières liquides à la température ordinaire, et le meilleur mélange consiste à employer des couleurs fines (celles des peintres) broyées à l'huile, délayées ensuite dans l'essence de térébenthine.

Le second mélange est la cire d'Espagne dissoute dans l'alcool jusqu'à saturation.

On conserve les substances dans des flacons bouchés à l'émeri et à large tubulure.

Ces matières, au moment de l'injection, doivent avoir la consistance de la crème.

Au bout de quelque temps, l'alcool et l'essence s'évaporent et la matière est retenue dans les capillaires.

Les couleurs que l'on doit avoir toutes prêtes sont :

1 Le vermillon ;

2° Le bleu de Prusse ;

3° Le jaune de chrome ;

4° Le blanc d'argent, qui sert à affaiblir les teintes trop prononcées en le mélangeant aux autres couleurs.

Le bleu sert pour les artères.

Le jaune pour les veines.

Le rouge pour les veines-portes hépatiques ou rénales et pour les conduits excréteurs.

Le blanc pour les conduits hépatiques et urinifères.

Ce changement dans les habitudes prises pour les grosses injections est nécessaire, car ce mélange de jaune et de bleu donne aux capillaires une belle teinte verte qui réfléchit bien la lumière et les fait distinguer des autres vaisseaux, ce que ne fait point le mélange inverse rouge et blanc, soit sous la loupe montée ou le microscope.

Enfin, si l'on injectait le bleu dans les veines, le réseau étant plus large, plus considérable et se laissant plus facilement dilater assombrit la pièce, tandis que la teinte plus claire du jaune donne de la lumière.

Pour injecter de petits animaux, tels que les insectes, les vers intestinaux, comme les canules très-fines s'engorgent facilement, il est préférable d'employer comme matière à injection les couleurs à l'aquarelle délayées dans l'eau en quantité suffisante.

Nous n'indiquerons que ces matières à injections, toutes les autres ayant des inconvénients plus ou moins grands.

§ 4. De l'injection.

Pour faire une bonne injection, il faut pousser l'injection, la pièce étant dans l'eau tiède, pour que la solidification se fasse lentement, le sujet étant quarante-huit heures après la mort, époque à laquelle les vaisseaux ont perdu la propriété de revenir trop sur eux-mêmes, et cependant ne sont pas altérés cadavériquement.

Pour les petits animaux, le temps variera en moins, suivant le volume, la facilité à se putréfier, la température.

Les précautions à prendre sont les suivantes :

Le vaisseau à injecter une fois mis à nu, on affleure bien le liquide pour ne pas injecter d'air, et le porte-canule est adapté dans la canule, également remplie à l'avance du liquide à injecter. Deux fils sont passés sous le vaisseau, l'un pour le fixer à la canule introduite, l'autre pour fermer l'artère une fois l'injection faite.

L'injection doit être poussée avec lenteur, d'une manière égale; l'injection d'un organe, quel qu'il soit, durera environ une heure et demie à deux heures, pour bien la réussir et ne pas avoir de rupture dans les injections où le liquide a passé des artères dans les veines, et réciproquement. Le microscope fait parfaitement distinguer les deux systèmes, malgré l'uniformité de couleur.

Une injection, même mal réussie, ne doit pas être rejetée : elle peut toujours être utilisée pour l'étude des capillaires de second et de troisième ordre.

Quand une injection est bien réussie, c'est sous l'eau qu'il faut étudier, à l'aide des doublets à dissection; on peut alors distinguer les différents plans vasculaires, la forme des mailles, leur disposition autour des organes, des glandes, des muqueuses.

Les instruments qui servent à ce genre de dissection sont les petits ciseaux à cataracte, les aiguilles et les porte-aiguilles et le microtome de Strauss.

Les injections une fois disséquées, pour être conservées, doivent être étalées sur des plaques de verre noir, couvertes de térébenthine de Venise, et le tout recouvert d'une autre plaque de verre transparent. Ce sont surtout celles relatives aux muscles, au placenta et aux glandes qui peuvent être ainsi conservées.

La peau, la plèvre, le péritoine, seront seulement desséchés et vernis. Pour les villosités des muqueuses, on les prépare au baume entre deux plaques de verre. On peut aussi les placer dans des cellules cimentées remplies, soit d'eau, soit de glycérine ou d'alcool; le tout fermé par une rondelle mince et cimentée. Du reste, nous avons déjà indiqué les procédés en usage.

XV

APPLICATIONS DU MICROSCOPE.

APPLICATION A LA BOTANIQUE.

La science[1] qui traite des végétaux, de leur structure et de leurs fonctions a fait d'immenses progrès depuis un demi-siècle. En effet, la botanique, passée à l'état de science complexe, ne le doit pas seulement aux esprits distingués qui s'en sont occupés, car les efforts de ces curieux de la nature eussent été, sinon infructueux, du moins fortement hypothétiques en ce qui touche l'organisation des plantes et le rôle de leurs éléments constitutifs, si un art, encore dans l'enfance il y a quarante ans, n'était venu jeter une lumière toute nouvelle sur cette branche de l'histoire naturelle, indispensable à son développement.

L'optique doit donc revendiquer une large part des découvertes, tant anatomiques que physiologiques,

[1] Je dois cet intéressant article à l'obligeance d'un de mes amis. A. C.

faites par les naturalistes de notre époque. Son application ne se borne pas seulement aux sciences d'observation, puisque le chimiste, le minéralogiste se servent également de la loupe et du microscope. Enfin il est inutile de mentionner son indispensabilité dans les sciences physiques, dont les progrès n'en sont que le corollaire.

Qui sait ce qu'Hedwig n'eût pas fait avec des instruments perfectionnés, lorsqu'on songe que vers la fin du siècle dernier il fit des observations à l'aide d'une simple lentille, et notamment sur les mousses, qui aujourd'hui encore sont de tous points exactes.

Voyons maintenant l'application du microscope aux sciences naturelles et les services qu'il a rendus à la botanique en particulier.—Si nous coupons une mince tranche de moelle de sureau prise dans une très-jeune branche, ou une feuille de joubarbe (fig. 76), et que nous la soumettions à l'observation microscopique, nous nous rendrons un compte exact de l'élément le plus simple qui constitue un végétal. Les corps sphériques ou oblongs que l'œil aperçoit, et qui sont isolables, soit par la pression, soit par un acide étendu qui désagrége ces corps, ont reçu le nom d'utricules. Leur paroi, très-mince alors, peut être complétement uniforme (fig. 77), ou quelquefois parsemée de petits points

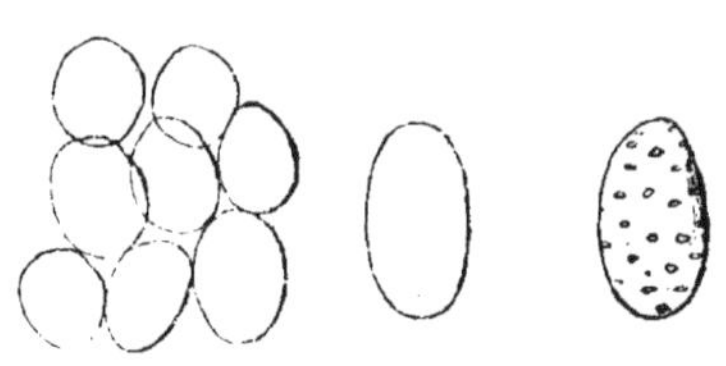

Fig. 76. Fig. 77. Fig 78.

plus transparents (fig. 78) : ce sont des ponctuations ou

des parties de la paroi plus mince que l'ensemble, ce dont on peut se rendre compte en faisant subir un quart ou une demi-révolution à la vis de rappel du microscope. Ils peuvent aussi être rayés (fig. 79), ou annelés (fig. 80). Enfin ces utricules peuvent contenir une spirale analogue à la membrane de ceux-ci, comme on l'observe dans le tissu de certaines Cactées (fig. 81).

Fig. 79. Fig. 80. Fig 81.

Ce tissu utriculaire vient-il à être gêné dans son développement par la multiplication d'autres utricules, alors une pression réciproque agit sur chacun de ces éléments, et de sphériques qu'ils étaient ils deviennent polyédriques (fig. 82), et c'est l'image qu'on aura en observant une coupe de moelle de sureau prise sur une branche de deux ou trois ans, ou une tranche mince de la chair d'une pomme (fig. 83), qui prend alors le nom

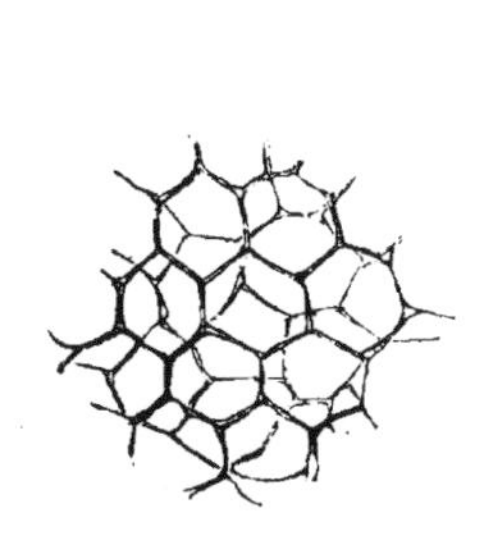
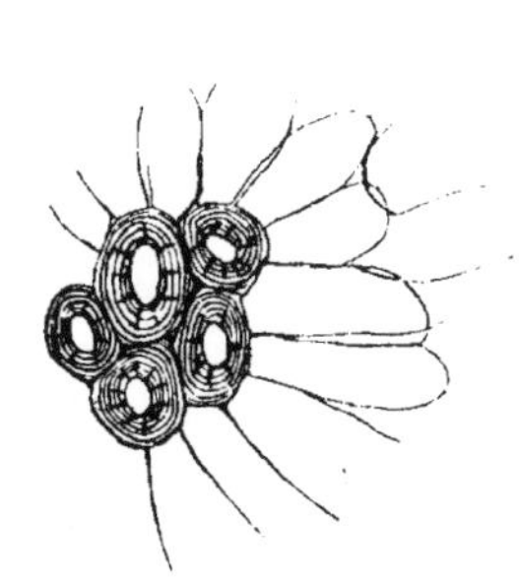
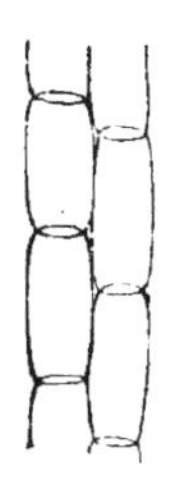
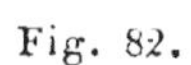

Fig. 82. Fig. 83. Fig. 84.

de tissu cellulaire.

Mais les tissus n'ont pas toujours cette forme cellu-

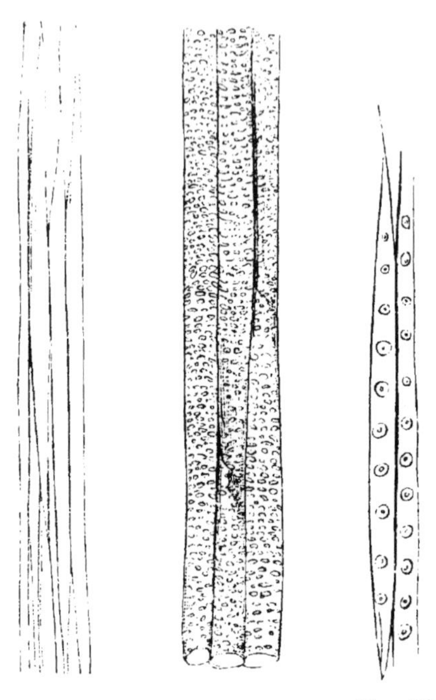

Fig. 85. Fig. 86. Fig. 87.

laire; ils peuvent être composés d'éléments allongés (fig. 84), et ce sont eux qui forment la partie solide des végétaux. C'est ce qui explique la résistance ou la flexibilité du bois dans la largeur, tandis que dans sa direction verticale il est facilement divisible. Or, ce tissu est appelé fibreux, c'est-à-dire composé de fibres, comme l'indique la figure 85. Ces fibres sont quelquefois ponctuées (fig. 86), comme on peut le voir dans une préparation de bois de magnolier ou d'illicium. Ces ponctuations en si grand nombre peuvent être localisées aux parties latérales des fibres et présenter de charmantes aréoles, comme le microscope seul peut le démontrer dans le bois des pins ou des sapins (fig. 87); un mouvement insensible d'abaissement ou d'élévation de la colonne du microscope montre que ces ponctuations permettent la communication d'une fibre à la fibre qui lui est contiguë. L'optique ici a donné raison à l'absence de conduits destinés à porter la séve dans le végétal, puisque dans tout le groupe des conifères l'intromission des liquides séveux se fait fibre à fibre. — Mais cette exception du règne végétal nous montre d'une façon plus simple ailleurs ce système fibreux. Aussi, en revanche, y retrouve-t-on une sorte d'éléments qui manquaient précédemment : c'est le système vasculaire. — Les vaisseaux, dont le rôle si important est de distribuer la séve dans la plante, s'offrent à l'œil armé du microscope sous trois formes générales : 1° dans les jeunes tissus, tels que la partie fibreuse avoisinant la moelle d'une branche ou les nervures d'un pétale d'une fleur, on remarque des *trachées* (fig. 88), qui n'ont point le rôle de celles des insectes, mais seulement la forme; ces vaisseaux sont déroulables comme le serait un ressort à boudin; aussi, si l'on brise légèrement dans son travers une feuille de jacinthe ou de bananier, on aperçoit une quantité de fils plus ténus qu'un fil d'araignée, mais de même apparence : ce sont des trachées ;—2° dans les tissus adultes d'une branche de clématite ou d'une tige de chêne, ou bien encore un jonc servant à faire des cannes, on distingue facilement,

Fig. 88.

même à l'œil nu, des ouvertures nombreuses assez larges pour y passer un crin, mieux encore, un cheveu : ce sont les vaisseaux vrais ou lymphatiques. Une

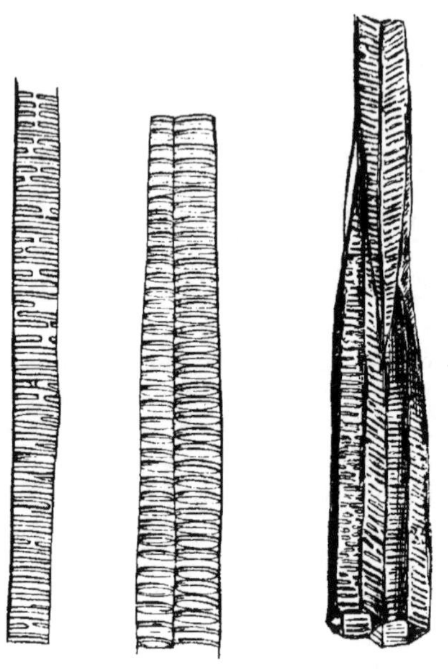

Fig. 89. Fig. 90. Fig. 91.

coupe mince longitudinale, placée sous le microscope, les fait voir tantôt parsémés de ponctuations (voir la fig. 86), de là le nom de ***vaisseaux ponctués***, ou de raies transversales plus ou moins régulières : ***vaisseaux rayés*** (fig. 89); d'autres fois simulant à leur pourtour une sorte de spire plus ou moins correcte, ou souvent dédoublée, et donnant au vaisseau une apparence grillagée : ce sont les ***vaisseaux réticulés***, puis les vaisseaux ***annelés*** (fig. 90).

La famille des fougères fournit à l'observation des vaisseaux rayés d'un aspect singulier, formant des colonnes hexagonales; on les nomme ***vaisseaux scalariformes*** (fig. 91).

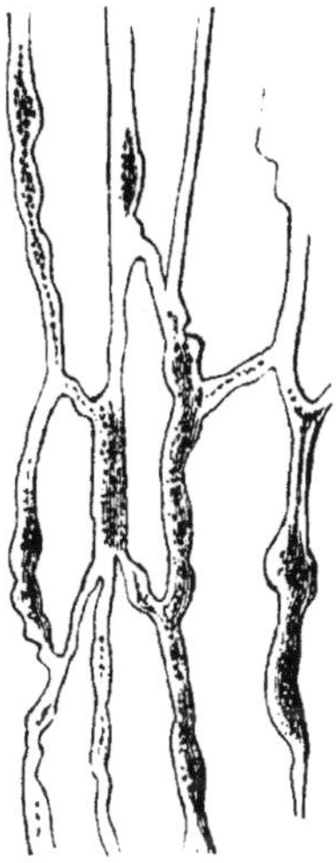

Enfin, sans le microscope, il aurait été impossible d'avoir une bonne idée d'un système particulier, analogue au système veineux des animaux comme apparence : ce sont les vaisseaux qu'on observe dans l'écorce de certaines plantes, chariant des liquides colorés en jaune, comme dans la chélidoine, ou blancs, comme on l'observe dans le pavot, les euphorbes : ce sont les *laticifères* ou *vaisseaux du latex* (fig. 92).

Fig. 92.

Le contenu de ces éléments avait surtout besoin du microscope pour être découverts. Comment, en effet, étudier le développement des matières formées dans les cellules? La *chlorophylle*, ou

Fig. 93.

matière verte dont sont pénétrés les tissus foliacés développés à la lumière; la *fécule* (fig. 93), si fréquente dans les racines et les graines, et dont la forme varie d'après les individus divers qui la contiennent, et bien d'autres matières insolubles; enfin le noyau qui accompagne ordinairement chaque cellule, et qui paraît être le siége de toutes ces formations, nommé par les savants *nucleus*.

Mais ces matières organiques ne sont pas les seules qui prennent naissance dans les tissus; on y rencontre fréquemment des matières inorganiques, telles que le carbonate de chaux, si nettement formé dans l'épiderme de la feuille de la vanille, ou d'oxalate de chaux, formant de petites masses cristallines dans les cellules de l'oseille, de la rhubarbe, de la betterave et d'autres plantes encore (fig. 94). Enfin le sulfate de chaux s'y

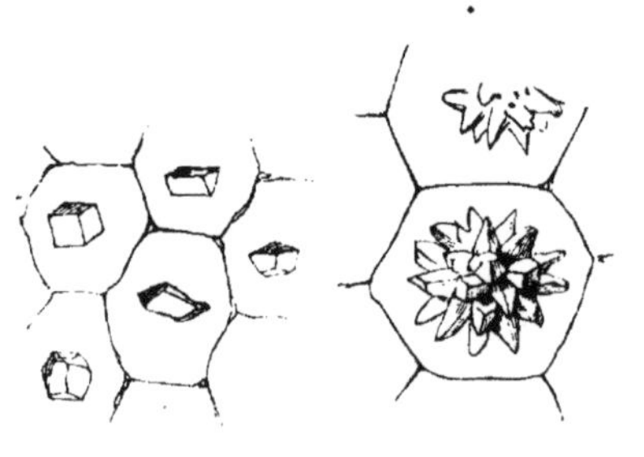

Fig. 94.

rencontre sous des apparences particulières d'aiguilles, remplissant quelquefois des cellules entièrement, comme on peut le voir dans le tissu cellulaire des Aroïdées et de mille autres plantes; ces formations ont pris le nom de *raphides* (fig. 95).

Le mode de multiplication des éléments anatomiques n'aurait été qu'imaginé sans les instruments grossissants, puisque encore aujourd'hui il existe beaucoup de points douteux. Mais la multiplication des cellules par dédoublement a été bien observée en Allemagne, surtout sur des algues d'eau douce; la formation peut ici être suivie sous le microscope même.

Il est impossible de passer sous silence l'importance du microscope dans la découverte de la fécondation des végétaux. Amici en Italie, Robert Brown en Angleterre, MM. Brongniart et Tulasne en France, Hoffmeister en Allemagne, etc., etc., ont apporté chacun leur tribut à la science par des recherches aussi laborieuses et délicates que piquantes pour l'esprit du naturaliste.

Fig. 95.

Le rôle physiologique des feuilles (dont la fig. 96 représente une coupe), si bien connu maintenant comme organes appendiculaires et respirateurs, se fait, comme tout le monde le sait, par de petits

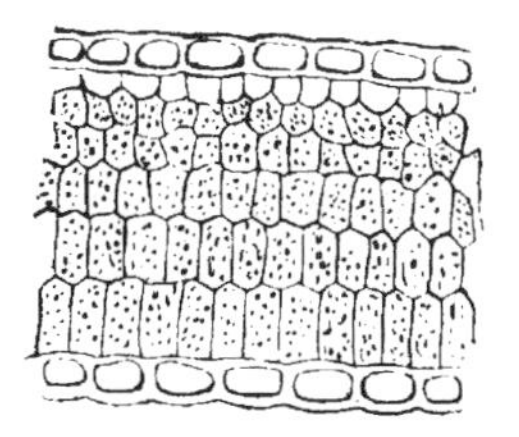

Fig. 96.

méats, des petites bouches dont les feuilles sont couvertes, tantôt sur leurs deux faces, tantôt sur une seule. La loupe est impuissante pour observer ces petits organes, nommés *stomates* (fig. 97, 98, 99) : il faut un moyen amplifiant plus considérable.

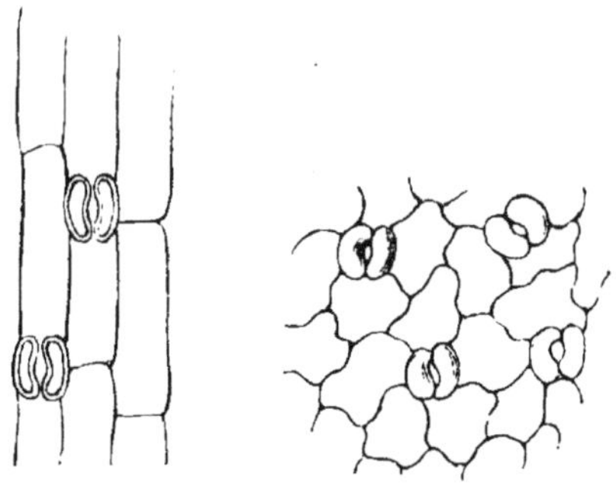

Fig. 97. Fig. 98.

Si l'on considère les diverses branches de la botani-

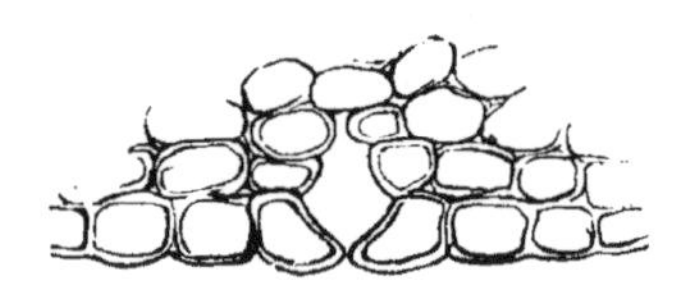

Fig. 99.

que, et que l'on suive depuis trente ans leur développement, on verra que presque exclusivement c'est la physiologie et la connaissance des cryptogames qui l'emportent; aussi cette dernière a-t-elle fait un pas immense depuis l'origine et le perfectionnement du microscope.

Les printemps et les automnes pluvieux favorisent le développement des plaques verdâtres ou rougeâtres le long des murs ou sur la terre, dans les allées des jardins peu fréquentés, etc., etc. Enfin la neige rouge qu'on observe quelquefois au sommet des hautes montagnes de la Suisse et ailleurs; les pluies de sang, qui ont servi d'argument à tant de prédictions fatales, ne sont autre chose que des algues développées spontanément dans une circonstance qui leur était favorable.

Une des plus simples que l'on rencontre est une algue unicellulaire, le ***Protococcus viridis*** (fig. 100),

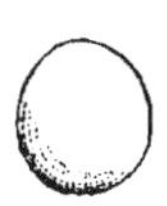

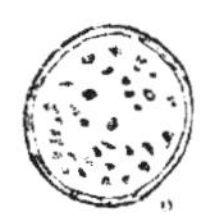

Fig. 100.

qui tapisse le sol des cours ou des jardins pendant

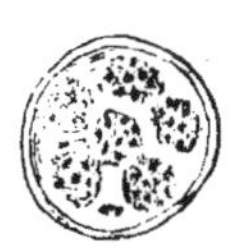
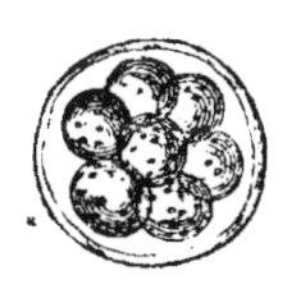
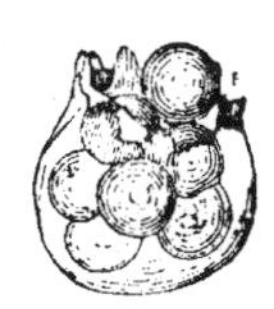

Fig. 100 *bis*.

les saisons humides. C'est par le fractionnement d'une cellule qui compose toute la plante, qu'une autre cellule, c'est-à-dire un nouvel individu est formé, et ainsi de suite. — Une autre algue très-voisine de la précédente, et qui colore souvent en rouge le sol pénétré de l'eau de pluie, ou la base des murs habituellement humides, présente deux cellules seulement, qui se divisent à leur tour en deux autres : c'est le ***Palmella cruenta*** (fig. 100 ***bis***).

Mais peu d'espèces ont cette forme si simple et surtout si limitée : la forme tubulaire ou cylindrique est plus fréquente.

Une cellule allongée naît d'un organe sur lequel nous reviendrons; cette cellule se cloisonne en son milieu et produit une deuxième cellule qui se conduit comme la précédente, et ainsi de suite, ainsi qu'on l'observe dans les conferves. Ou bien ces filaments cellulaires peuvent se ramifier, comme dans les *Cladophora* (ou les *Draparnaldia*).—Il n'est pas rare de voir même dans l'eau d'une carafe des fils qui peuvent à peine être vus à l'œil nu, et qui sous le microscope offrent une élégante organisation qu'on peut remarquer dans le *Bangia* ou le *Colatrix*. C'est même un indice que l'eau contient des infusoires qui accompagnent d'ordinaire les matières végétales. Enfin, certaines de ces algues d'eau douce offrent un spectacle vraiment original. A une époque de leur courte vie, qui correspond à leur état adulte, ces filaments, indépendants alors, se joignent deux à deux par une proéminence cellulaire née de chacun d'eux et formant un détroit par où la chromophylle (longs globules verts contenus dans une cellule) vient se mettre en contact avec celle du filament voisin, comme le montre le *Mongeotia*, le *Zygnema* — De ce contact, vraie fécondation apparente, se forme un organe de reproduction, c'est-à-dire un *spore*, nom donné à tout organe reproducteur des cryptogames, et différent des graines ordinaires.

Les algues d'un ordre plus élevé ont une organisation cellulaire d'abord plus compliquée et un système reproducteur porté sur des appendices spéciaux, ou au moins localisé, comme on le voit dans la Coralline officinale ou les fucus.—Rien n'égale l'élégance des algues souvent les plus ténues, les moins apparentes, au moyen des instruments grossissants; aussi conçoit-on la passion de certains micrographes, sans laquelle, du reste, bien des travaux n'auraient pas été faits. Quoi de plus parfait que le *Batrachospermum*, nom barbare sans doute, mais qui rend bien l'aspect de la plante, c'est-à-dire ressemblant à des œufs de grenouille; cette délicate plante, sur le papier même, et du reste comme beaucoup de ses sœurs, produit un charmant effet.

Notre intention n'est pas de faire un cours de botanique. Les plantes que nous signalons cependant ne peuvent pas être prises au hasard et sans ordre, c'est pourquoi nous procédons un peu méthodiquement.

Il n'est pas rare de rencontrer dans les maisons qui reçoivent, et ce fait est coutumier en Angleterre, un ou plusieurs microscopes associés à des stéréoscopes et des photographies, et les préparations qui servent dans un salon pour distraire les personnes conviées contiennent très-souvent des fragments d'algues. Ce petit exercice, très-instructif en soi, a fait naître des naturalistes chez des enfants et même chez des dames. Les algologues savent parfaitement que de l'autre côté du détroit quelques dames possèdent une habileté micrographique bien reconnue dans le monde savant.

Cette digression bien nécessaire, ce nous semble, nous autorisera à indiquer aux personnes peu versées dans l'usage du microscope les exemples à choisir pour s'exercer..

La classe des algues pourrait encore nous offrir bien des sujets, et si nous nous permettons d'y revenir un instant, c'est surtout pour signaler les curieux phénomènes de leurs organes de reproduction, qui, sans les instruments grossissants, seraient encore totalement ignorés de nos jours.

En partant du simple au composé, nous avons vu des végétaux réduits à une seule cellule, puis composés de plusieurs; enfin dans les Varechs, fréquents sur nos côtes, nous remarquons une apparence de tige, comme certains Fucus et Laminaires en ont pour la plupart.

Si nous prenons une algue d'eau douce, une confervacée à l'époque où la matière (chromophylle) que renferment les cellules qui la composent est à son maximum d'organisation, on peut, au moyen d'observations qui exigent quelque patience, voir d'une cellule qui se désorganise, qui se rompt, sortir un corps qui, en liberté, se meut à la façon d'un animal, d'un infusoire. (Le mouvement de cet organe s'observe souvent même dans la cellule avant son fractionnement.) Ce corps elliptique est muni d'un équateur de cils d'une extrême mobilité, qui lui servent de locomoteurs. Ce petit organe, composé d'une cellule unique pourvue de deux membranes, est ce que les botanistes nomment *zoospore*, c'est-à-dire spore animée, comme on peut le voir dans le *Vaucheria*. D'autres fois ces zoospores sont seulement accompagnés de deux cils à leur extrémité amincie dans les conferves, ou enfin de quatre chez les *Chaetophora*.

Des observateurs sagaces ont pu suivre ces zoospores dans leur évolution, et voir, au bout d'un laps de temps qui ne dépassait pas quelques heures, ces animalcules cesser de se mouvoir, se porter sur la paroi éclairée du vase qui les contenait, perdre leurs cils vibratiles, puis germer pour produire des individus semblables à ceux dont ils étaient issus.

C'est ici l'occasion de rappeler l'axiome d'un savant distingué, perdu malheureusement pour la science et la jeunesse studieuse, dont il était plus encore l'ami que le maître : « Tout être organisé l'est à un degré d'autant plus élevé, que sa vie résulte d'un plus grand nombre de fonctions, exécutées par un plus grand nombre d'organes. » En effet, si nous remontons l'échelle de l'organisation de ces plantes, en prenant le premier échelon pour point de départ, nous verrons dans les Fucacées, non plus des zoospores, mais des spores inertes, renfermées dans des conceptacles ou sporanges, qu'on peut voir dans le genre Fucus ou Varech, et réunis au sommet des rameaux (frondes). Puis d'autres conceptacle, contenant des organes particuliers d'une ténuité telle, que les plus fortes lentilles du microscope sont nécessaires à leur examen.

Fig. 101.

Ces Anthérozoïdes, car c'est leur nom, sont des agents purement fécondateurs, et dont le contact avec les spores est indispensable. Enfin la distinction des sexes est plus évidente encore dans les Charagnes.

Nous pouvons reposer un peu le lecteur de cette narration algologique, qui du reste a des corrélations avec les autres végétaux de la division des Cryptogames sous bien des rapports, en indiquant quelques faits d'animation dans des plantes d'un ordre plus élevé.

Les poils aériens ou radiculaires (fig. 101) de plusieurs plantes présentent un phénomène frappant de circulation intercellulaire ; il est même probable que presque

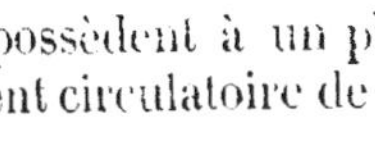

Fig. 102.

toutes les plantes possèdent à un plus ou moins haut degré ce mouvement circulatoire de leurs sucs propres.

Les poils des filets des étamines des Éphémères (*Tradescantia*); les cellules des rameaux des Chara, sont très-favorables à cette observation. Les poils celluleux de plusieurs corolles (fig. 102), les poils radiculaires de la Valisnère, les pétales de la Chélidoine, etc., etc., jouissent de ce curieux phénomène pour l'œil armé du microscope. Des globules en suspension dans le liquide de ces cellules montrent la direction des courants, insaisissables sans la présence de ces petits flotteurs.

C'est à regret que nous quittons cette intéressante classe des algues, dont certaines familles ou tribus contiennent des espèces aussi élégantes par leurs formes que riches par le coloris, et qui fournit aux visiteurs des bords de la mer l'occasion de faire des albums aussi intéressants pour le naturaliste, que récréatifs pour l'esprit le moins scientifique.

La famille des champignons est encore aujourd'hui l'objet d'une foule de recherches, tant sur leurs organes reproducteurs propres, que sur la multiplicité des formes que certaines espèces revêtent. Aucune famille, évidemment, n'est aussi polymorphe, aussi protéique; combien d'espèces, sous une telle forme, ont-elles été distinguées sous une ou plusieurs autres comme autant d'espèces différentes, et qui, au moyen d'observations judicieuses, dans lesquelles le microscope a toujours joué un rôle important, ont été reconnues comme semblables.

Le blanc de champignon, bien connu des jardiniers, se développe spontanément, au moins apparemment, dans les couches de fumier. Il est formé de filaments blanchâtres ici, brunâtres là, jaunâtres ailleurs, d'après l'espèce qui l'a formé. C'est à cet état, nommé ***Mycelium*** que se présentent la plupart des champignons, et alors cette production devient transportable, car le champignon ou agaric comestible n'a pas d'autre manière de se propager. Mais tous n'ont pas une organisation aussi bien définie, et le champignon servi sur nos tables est un des plus complets.

Les champignons les plus simples sont ceux connus sous le nom de moisissures. Le *mycelium*, produit par une spore, s'étend promptement sur les corps organiques en décomposition, qui favorisent son développement. (Il est inutile de rappeler que la putridité est l'aire des champignons en général.) Si la condition est favorable, alors du sein de ces filaments naît une cellule d'une nature spéciale, qui s'élève bientôt et porte à sonsommet une quantité considérable d'autres petites cellules diversement agencées : ce sont des spores; les *Penicilium*, *Aspergillus*, *Briarea* en sont de bons exemples. La moisissure du pain, des confitures, des tonneaux en cave fournit d'élégantes espèces à observer au microscope, même à un faible grossissement (40 à 50 diamètres pour l'ensemble, 150 à 200 pour les spores). Les formes sont très-variées dans cette section, et souvent des plus singulières; les genres *Gyrocerus*, *Speira*, sont vraiment curieux. Les *Dendryphium*, *Stysanus*, rappellent davantage les précédentes, mais sont déjà plus compliqués de forme. Mais certaines espèces d'autres groupes choisissent des plantes vivantes pour station, et sont complétement parasites. Les taches qu'offrent les feuilles d'une multitude de végétaux, observées au microscope, décèlent la présence d'un champignon développé souvent à la faveur du tissu altéré par une cause quelconque; mais il est aussi très-fréquent que le champignon soit la cause de cette altération. Le charbon de blé, la rouille également, celle des feuilles de rosiers et de mille autres plantes encore sont des champignons d'une organisation élémentaire et quelquefois de forme étrange, souvent confondus avec des analogues ou distingués à tort quand ils se trouvent sur des plantes différentes. Le microscope seul ici peut décider la question.

Enfin certains tissus de feuilles, de fruits, etc., etc., sont envahis par un *mycelium* qui cause souvent leur atrophie partielle ou complète, et donne aux organes attaqués une forme insolite. Qu'il suffise de rappeler l'ergot du seigle, du blé, formé du *mycelium* d'un champignon qui a pris la place du grain, et qui constitue un produit totalement différent organiquement et chimiquement au grain envahi. Ce champignon se trouve très-rarement à l'état complet dans la nature; M. Léveillé est le premier qui l'ait obtenu en semant ce même ergot dans des conditions favorables, qui du reste appartient à une tribu élevée de cette famille.

Le parasitisme de ces champignons ne s'étend pas seulement aux végétaux, puisqu'un grand nombre d'espèces prennent naissance sur des animaux. La muscardine (*Botrytis Bassiana*), trop connue dans le midi de la France par les ravages qu'elle cause dans les magnaneries, malgré les soins et la surveillance qu'on lui opposent, n'est qu'une infection fongine. Des spores amenées par une cause quelconque, et qui échappent par leur ténuité extrême, sont absorbées probablement en même temps que la nourriture. Bientôt, par une attitude particulière, le Bombyx (ver à soie) indique que le fléau l'a atteint, et le seul remède est de le soustraire, car alors la contagion est imminente. Le *mycelium* pénètre bientôt le tissu graisseux de l'animal, qui meurt couvert d'une efflorescence blanchâtre : le champignon fructifié. — On a montré le curieux développement d'un champignon qui a quelque analogie avec le précédent, développé sur une larve de la Nouvelle-Zélande. Son corps est d'abord envahi par les premiers éléments d'une sphérie, qui produit à la partie antérieure de l'animal un rostre portant les organes reproducteurs. Enfin des coléoptères, des diptères, sont souvent le siége de formations analogues; l'*isaria* qui se développe sur la guêpe en donne un exemple manifeste.

Les autres animaux, l'homme lui-même, sont souvent atteints d'affections qui ne trahissent leurs symptômes vrais que par la présence d'un champignon; la teigne, le muguet, qui frappent les enfants, n'ont pas d'autre origine; c'est ce qui explique leur nature contagieuse.

Nous sortirions du cadre que nous nous sommes imposé, et nous n'atteindrions pas notre but, si nous pensions que le lecteur croie trouver dans ce livre des éléments scientifiques et didactiques: c'est à l'usage des personnes qui se servent du microscope que notre recueil se recommande, désireux que nous sommes de faciliter l'emploi de cet instrument par des exemples faciles ou curieux; aussi ne s'est-on pas appliqué à suivre la nomenclature scientifique pas à pas; ses points les plus saillants seuls sont mis en évidence pour montrer son application, c'est pourquoi nous appelons de préférence l'attention sur des végétaux faciles à se procurer, ou dont l'organisation peut offrir un spectacle aussi curieux qu'intéressant.

En indiquant les champignons d'une structure élémentaire, nous n'avons en aucune façon indiqué les éléments constitutifs de ceux qui sont les plus connus, c'est-à-dire les Agarics, les Bolets, les Pezizes, etc. Les spores, à l'état libre dans les champignons que nous avons signalés, sont ailleurs renfermées dans une enveıoppe spéciale nommée *thèque*. Ces champignons thécasporés sont formés d'un tissu cellulaire allongé; leur enveloppe s'appelle *peridium;* il est tantôt creux, comme dans les Pézizes, ou sinueux, comme chez les Morilles. Enfin, les champignons dont la forme en parasol nous est si connue sont appelés Basidiosporés, c'est-à-dire à spores libres, disposés quatre par quatre sur une cellule renflée nommée *baside;* dans notre champignon des marchés, le Bolet, etc., etc., on remarque dans ces espèces un pédicule ou stipe supportant un chapeau. Mais ici c'est à la face inférieure que la membrane fructifère, ou *hymenium*, est située, formant des lames s'irradiant du centre à la circonférence, ou des tubes capillaires dans les Bolets; chez les Pézizes, les Morilles, c'est la face supérieure qui porte l'*hymenium*. Il est curieux de remarquer que dans ces plantes le nombre des spores est de 8 par chaque thèque, ou de 4 portées sur des pédicelles (champignons basidiosporés). Le multiple de 2 paraît être le nombre normal des organes reproducteurs dans les cryptogames.

Pour les champignons thécasporés, la sortie des spores se fait par le sommet; elle est favorisée par un mucilage secrété par les paraphyses qui entourent les thèques. Pour les basidiosporés, la dissémination est des plus faciles, puisque les spores pendent à peu près comme les fruits d'un arbre. Cependant parmi ceux-ci il en est qui ont le *peridium* enveloppant (Bovista, Lycopordon); alors c'est sa destruction qui favorise la sortie des spores.

Enfin un groupe particulier contenant des champignons dits hypogés, c'est-à-dire souterrains, appartient aux thécasporés; la Truffe en fournit un bel exemple.

Un groupe de Crytogames, que l'on a placé parmi

les champignons, en est maintenant séparé avec raison.

Les Lichens, si bien étudiés dans ces derniers temps par M. Tulasne, historiquement et physiologiquement, et par M. W. Nylander monographiquement, réclament plus qu'aucunes plantes l'emploi du microscope pour être distingués.

On peut dire que les cryptogamistes les plus compétents se tairont, lorsqu'il s'agira de déterminer les espèces de beaucoup de genres, et des genres même sans un moyen amplifiant d'au moins 250 à 300 diamètres. On comprendra cela quand on saura que la forme des spores est un caractère des plus importants chez les lichens. Ce qui distingue à première vue un lichen, c'est la présence d'un tissu cellulaire étendu nommé *thalle :* exemple, les genres *Parmelia* et *Lecanora*; ou rameaux, comme dans les *Cladonia, Usnea, Sphaerophoron*, etc., etc. Moins friables ou spongieux que les champignons, ils sont susceptibles de reprendre la vie, de continuer leur développement, qui n'était que provisoirement suspendu, même après un séjour prolongé dans un lieu sec, un herbier, etc., s'ils sont replacés dans des conditions favorables; car les lichens ne recherchent pas, comme les précédents, les matières en décomposition : l'air humide leur suffit, et s'ils sont fixés au sol, aux arbres ou sur les roches, c'est plutôt un support qu'un siége de nutrition. Leur tissu, moins homogène que celui des champignons, contient, dans les espèces de grande dimension, des globules verdâtres (cellules gonidiales), mais toujours à la couche moyenne ou inférieure du thalle.

Du sein de ce thalle s'élèvent de petits mamelons qui bientôt prennent la forme de coupe dans les *Parmelia* et bien d'autres encore : ce sont les Scutelles ou Apothécies, analogues des Sporanges; d'autres fois, formant de petits capitules au sommet des rameaux (*Stereocaulon*), *Cladonia*. Si une coupe mince de ces scutelles, préalablement humectés, est placée sur le porte-objet du microscope, l'image qu'on aura rappellera l'organisation de l'*hymenium* de certains champignons. En effet, des thèques, entremêlées de paraphyses comme dans ces derniers, mais contenant des spores d'une apparence plus compliquée, c'est-à-dire cloisonnées et souvent comme réticulées (spores murales). Certains genres sont composés d'espèces dont le thalle est réduit presque uniquement aux apothécies, ou du moins est d'une minceur extrême et ne persiste qu'autour de ces dernières, exemple les ***Lecidea*, *Thelotrema*, *Calicium***, etc., etc. D'autres enfin qui soulèvent l'épiderme des écorces et font des sortes de dessins comme le feraient des xylophages dans les genres ***Graphis*** et ***Opegrapha***. Ces dernières sont d'une petitesse que l'œil peut à peine apercevoir, et ne sont déterminables qu'au microscope.

Les cryptogamistes modernes, en observant de très-près le thalle des Lichens, y ont aperçu de petits points saillants, qui, soumis à l'examen microscopique, ont fait découvrir des corpuscules d'une ténuité extrême, la plupart, d'une conformation similaire, et portés sur des cellules, à l'instar des champignons basidiosporés, quoique un peu différemment. Ces observateurs ont été portés à considérer ces granules atomiques comme les organes mâles des Lichens, et leur ont donné le nom de *spermaties*, et aux cellules qui les portent celui de *stérigmates*. Ces spermaties ne sont point douées de mouvement propre.

Toutes les plantes dont nous nous sommes occupé jusqu'à présent ne contenaient point de matière verte ou chlorophylle, si ce n'est quelques algues; mais cette matière, ici nommée chromophylle, n'est point de même nature, paraît-il, car là elle ne se forme, dit-on, qu'au contact de l'air, et surtout à la faveur de la lumière.

Les Hépatiques, les Mousses et les Fougères, voici les cryptogames dits supérieurs ou chlorophyllés. En effet, toutes ces plantes, à peu d'exceptions près, sont douées de stomates, qui sont aux plantes ce que les narines ou la bouche sont aux poumons.

Le magnifique travail de M. B. de Mirbel sur le genre *Marchantia* nous a fait connaître à fond l'organisation d'un des principaux types de famille des Hépatiques. Cette plante (*Marchantia polymorpha*) est composée d'un thalle rampant à la surface du sol, et composé d'un tissu cellulaire presque homogène, au sein duquel se forment de petits amas cellulaires. Dans les endroits humides et ombragés, ce sont de petites corbeilles qui en naissent, contenant de petites sporules vertes en forme de cœur. C'est l'analogue des conidies des champignons et des lichens, ce qui correspondrait aux propagules des plantes phanérogames. Mais si la plante est dans de bonnes conditions, bien exposée, de petits parasols s'élèvent du bord de ces expansions vertes, et produisent à leur face supérieure des organes de reproduction femelles ou archégones. Si le chapeau est sinueux, au lieu d'être lobé, ce sont des organes mâles (anthéridies). Ce nom d'anthéridie indique que ce sont les analogues des anthères. Une coupe soumise au microscope fait voir des Zoothèques contenant des Anthérozoïdes doués de mouvements des plus vifs.—Un autre groupe des hépatiques nous montre ces plantes portant des sortes de feuilles placées de chaque côté d'une tige; c'est un thalle comme celui des *marchantia,* mais dont les

15.

parties latérales se sont divisées et amincies, tandis que le tissu central, plus fortement organisé, forme une sorte de tige.—L'organisation des archégones de ces plantes diffère peu de ce que l'on retrouve chez les mousses dans le jeune âge; mais, à l'état adulte, elle présente un fait singulier : des cellules d'une nature spéciale prennent une forme spirale qui, à la maturité, sont douées d'une élasticité qui fait projeter au loin les spores; on les nomme élatères.

Des hépatiques aux Mousses la transition est insensible, si surtout on prend les organes de végétation pour point comparatif. Il n'est pas de botaniste, si surtout il a mis pour devise sur son blason cette phrase de Linné : *Natura maxime miranda in minimis*, qui n'ait été un peu passionné pour cette immense famille des mousses. Elle est, on peut le dire, cosmopolite : partout des mousses, du pôle à l'équateur le pied les foule, la main les touche; aussi celles qui nous entourent peuvent suffire à nos loisirs. Leur nombre, en France, dépasse six cents espèces.

Le tissu foliacé, depuis longtemps, sert aux opticiens comme exemple à montrer aux personnes peu habituées au microscope: c'est dire qu'il est d'une organisation des plus élégantes. — L'inspection seule des feuilles peut amener à reconnaître le genre dans beaucoup de cas; mais c'est surtout l'agencement du tissu cellulaire bizarrement déchiqueté du bord des sporanges qui présentera toujours la même figure pour une même espèce, qui sert de base à la classification. Mais disons quelques mots de l'histoire des mousses, pour faire comprendre pourquoi ces caractères immuables dans un tissu qui n'a qu'un rôle physiologique très-borné, et comment il se forme.

Une spore germe, et, de quelques filaments cellulaires

qu'elle produit, surgira une petite rosette de feuilles portée sur une tige qui s'allongera plus ou moins. A son centre, si c'est une mousse dite *acrocarpée*, c'est-à-dire fructifiant au sommet; ou latéralement à l'aisselle d'une feuille si elle est *pleurocarpée*, c'est-à-dire portant ses fruits sur les côtés de la tige; on pourra, au moyen d'un faible grossissement, voir un petit corps en forme de bouteille, ayant à peu près le même aspect que chez les hépatiques : c'est un archégone ou sporange, au sein duquel se formeront les spores. Bientôt la base de cet organe s'allonge et brise, en s'élevant, la membrane la plus externe qui l'entourait (épigone); une partie reste à la base et l'autre est entraînée et couvre le sporange, qui prendra désormais le nom d'urne, comme d'un petit bonnet, ou la coiffe, comme on dit dans le langage botanique. — Mais l'organe qu'elle recouvre est bien plus important. Une coupe longitudinale nous montre deux cavités latérales et une cloison centrale, c'est-à-dire un axe, la columelle; c'est à son pourtour que se sont formées les spores quatre par quatre dans chaque cellule sporidique, et les lanières de tissu qu'on aperçoit ne sont que l'analogue des élatères des hépatiques, moins leur fonction, puisqu'ici ces parties ne sont point douées d'élasticité comme ces dernières; ce sont d'autres appendices qui jouissent de cette propriété, comme nous allons le voir. Le sommet de l'urne subit une modification qui rappelle celle dont certains fruits secs offrent l'exemple : la Jusquiame et d'autres encore, c'est-à-dire que sa partie supérieure présente une solution de continuité; le rostre qui terminait l'urne (opercule) se sépare de sa partie inférieure comme un couvercle de sucrier.

C'est alors que le caractère si important chez les mousses peut être observé. Le tissu interne de l'archégone, au niveau de l'opercule, se déchiquette et forme des dents composées d'un ou plusieurs rangs de cellules souvent d'un aspect très-élégant. On a donné à cet ensemble de tissu le nom de Péristome. Mais, fait singulier, c'est que le nombre de ces dents représente toujours un multiple de quatre, huit, seize, trente-deux et soixante-quatre; tels sont les nombres des dents du péristome dans les différents genres de mousses. Elles peuvent être sétiformes, comme dans les ***Barbula***, ou plus larges chez les ***Dicranum***, enfin composées réticulées dans les genres ***Grimmia*** et ***Coscinodon***.

Ce même péristome peut être double, c'est-à-dire qu'une partie du tissu de l'archégone sera dédoublé pour former une série de dents, le péristome externe, qui sera presque toujours différente d'une autre série, le péristome interne: de là mousses à péristome double.

Le rôle physiologique de ce péristome n'est pas sans importance: il est d'abord très-hygrométrique en soi, et son incurvation en temps humide et son érection à la sécheresse, favorisent la dissémination des spores de l'urne, dont il entoure l'orifice.

Si nous avons autant insisté sur ce caractère des mousses, c'est à cause de son importance, comme nous l'avons dit, et surtout de l'urgence du microscope pour déterminer les espèces et les genres, ce qui, avec un peu de dextérité, ne devient plus qu'un jeu, aidé d'un bon ouvrage.

Ces plantes si bien organisées, miniature de la création herbacée, sont d'un système sexuel complet; de petites rosettes de feuilles (périchèze) abritent discrètement des organes spéciaux fécondateurs nommés zoothèques ou anthéridies, renfermant des animalcules que nous retrouvons dans les algues, doués de mouvements vibratiles, et appelés Phytozoaires.

Pour être complet, il nous faudrait citer certaines mousses qui n'ont point de dents du péristome, et enfin un groupe, les Andréacées, dont l'urne, au lieu de s'ouvrir par circumscission, se fend dans sa longueur pour répandre les spores qu'elle renferme.

La grande et majestueuse famille des Fougères occupe le sommet des Cryptogames; leur nombre immense, cinq mille espèces environ, ne paraît pas superflu en raison de la beauté et du verdoyant aspect de leur feuillage. Mais nous sommes privés des plus jolis individus de ce groupe de plantes; ses représentants en Europe sont bien limités; c'est sous les tropiques, et surtout dans les petites îles, qu'elles ornent de préférence, qu'on les retrouve en abondance; leur taille atteint quelquefois 25 mètres dans ces parages, tandis que nos espèces n'ont jamais plus de 20 à 30 centimètres de tige; ce qui n'exclut nullement les petites espèces, très-abondantes également dans les pays chauds.

Les fougères sont au nombre des plantes vasculaires, mais ces vaisseaux ont une forme spéciale : ce sont des cylindres à six pas, et chaque face présente l'aspect d'une échelle, de là le nom de vaisseaux *scalariforme*. Le tissu fibreux, très-solide dans les fougères en arbre, constitue un anneau interrompu de faisceaux noirs, si caractéristiques dans les fougères. Le reste de la tige n'est qu'un amas de tissu cellulaire spongieux qui se détruit lorsque la tige est adulte.

L'arrangement régulier des feuilles sur la tige donne à celle-ci un tatouage fort curieux.

Les caractères de ces plantes ont besoin du microscope et très-souvent de la loupe pour être distingués; l'immutabilité de ces caractères est un don de la nature bien précieux pour une aussi vaste famille. La nervation des feuilles nommées frondes, la disposition des sporanges, tels sont les caractères les plus importants. Cette nervation est tantôt digitée ou divergente, rameuse et confluente ou anatomosée, etc. C'est toujours à la face inférieure des frondes que naissent les organes de reproduction, sauf quelques espèces, dans lesquelles c'est un rameau spécial et distinct qui les porte, comme dans l'osmonde, qu'on rencontre dans nos bois, ou certains *Acrostichum,* qui ont des frondes stériles et d'autres fertiles.

La disposition des sporanges forme des amas au sommet ou sur le parcours des nervures, auxquelles on a donné le nom de sores; leur réunion à la face inférieure de la feuille est très-régulière et variable pour chaque genre en général. Dans les Acrostichées, c'est toute la face de la fronde qui présentera une poussière pulvérulente à la maturité. Dans les Polypodiacées, ce sera de petits paquets granuleux bien délimités; pour d'autres tribus, des lignes dans le sens de la feuille, ou bien au sommet des nervures, que sont situées les spores.

Un caractère de second ordre, quoique important, est la présence ou l'absence d'un tégument, partie de l'épiderme, recouvrant les spores d'une certaine façon; ce tégument, nommé *indusium* par les botanistes, est attaché par son centre à la feuille comme un petit bouclier; on dit alors que l'*indusium* est pelté; ou bien il est contracté vers le point qui lui sert d'attache, alors il est dit réniforme (Aspidium); puis encore il peut être en séries linéaires et s'ouvrir d'un côté ou dans son milieu, comme pour les Aspléniées. Enfin ce tégument peut manquer complétement, comme pour les Polypodiacées, les Acrostichées et d'autres sections encore.

Les sporanges ou conceptacles renfermant les spores sont construits ou agencés d'une façon bien caractéristique dans cette famille; et, chose admirable, c'est que là où le port seulement fournirait un point de repaire, la nature prévoyante a marqué les sporanges ou les spores d'une signe indélébile. En effet, les groupes dont nous avons parlé jusqu'à présent ne se distinguaient entre eux que par l'absence ou la présence de l'*indusium*, la forme de celui-ci; mais quand il faisait défaut, la nervation devenait un bon caractère. Or on remarque que dans les Acrostichées, les Polypodiacées, les Aspidiées et les Aspléniées, les sporanges sont assez semblables, tandis que les Cyathéacées, les Gleicheniées, les Schizéacées sont la plupart du temps dépourvues d'*indusium*, et les conceptacles alors fournissent des caractères distinctifs.

Ces sporanges ou conceptacles sont munis d'une série de cellules particulières formant l'anneau élastique; cet anneau est susceptible de contraction à la maturité du sporange, et l'oblige à se rompre pour répandre ses spores. Dans le plus grand nombre des fougères, il part du pédicelle de cet organe pour l'entourer presque complétement. D'autres fois c'est une sorte d'équateur qui oblige le conceptacle à se fendre verticalement, exemple les *Gleichenia;* ou bien encore ce sporange globuleux, ayant un pôle unique représenté par cet anneau élastique, se fendra dans sa longueur par le retrait de ce même anneau.

Les spores, comme le pollen des Phanérogames, se présentent sous différents aspects, comme l'indiquent les figures ci-jointes, représentant des spores avec un grossissement de 50 à 60 diamètres.

Nous ne quitterons pas cette belle famille sans parler un peu des belles observations microscopiques faites dans ces dernières années sur la fécondation des fougères.

On sait généralement que les spores des cryptogames sont bien différentes des graines des Phanérogames; que ces dernières sont analogues aux œufs des animaux ovipares, et qu'elles protégent chacune une plante rudimentaire, toute prête à reproduire un individu semblable à celui dont elles sont sorties.

Les spores ne sont qu'une sorte de bourgeon susceptible de germer comme une graine, mais qui ne perpétueront pas leur semblable, si un phénomène indispensable ne s'opérait postérieurement à cette germination. Une spore qui germe donne une expansion cellulaire d'un beau vert qui ne rappelle en rien la forme des feuilles de fougères, mais plutôt le thalle d'un *marchantia*. C'est au sein de ce tissu que d'un côté des Archégones et plus loin des anthéridies se développent. Alors, si les archégones reçoivent l'influence des antérozoïdes, ils produiront des frondes semblables à la fougère dont sont issus les spores qui les ont produits.

En passant sous silence quelques groupes peu nombreux, quoique intéressants, de fougères, nous avons pensé que les exemples que nous avons mentionnés, suffiraient à faire germer le goût de la botanique chez quelques intelligences.

La cryptogamie en particulier, si peu dispendieuse, puisque, sauf quelques groupes, ces études peuvent se faire sur des plantes sèches conservées en herbier, à l'aide d'une loupe et d'un microscope. Les Lycopodiacées, par exemple, qui se rattachent intimement aux fougères, ont une organisation plus complète; leur tige un peu différente, leurs sporanges de deux natures, les placent à un degré au-dessus des vraies Fougères. Les Prêles ou Equisétacées, si bien étudiées par

MM. Vaucher et Agardh, fourniraient encore d'intéressants exemples. Mais notre rôle nous fait un devoir de signaler seulement à l'attention du lecteur les principaux caractères des végétaux découverts à l'aide des instruments d'optique, en donnant une valeur et une direction toute nouvelle à la science, en la rendant plus riche aux facultés du savant et attrayante aux loisirs de l'amateur.

CIRCULATION DE LA SÉVE.

Circulation dans les végétaux. Chara.—Aucun végétal ne laisse voir aussi distinctement ce curieux phénomène découvert par l'abbé Corti en 1774. Plusieurs savants, parmi lesquels nous pouvons citer MM. Amici, Robert Brown, Schultz, etc., ont observé la circulation dans d'autres végétaux; mais il n'est pas très-facile de réussir dans ces expériences, tandis qu'un tube de chara bien préparé donne toujours des résultats satisfaisants. Lors de son passage à Paris, M. Amici fit voir le chara à plusieurs savants, et pendant quelque temps on pensa que le microscope catadioptrique de ce physicien était indispensable pour faire cette belle expérience; mais bientôt on reconnut qu'il ne fallait qu'un pouvoir de 50 à 100 fois.

Le Baillif écrivit sur le chara une notice, dont nous possédons le manuscrit, et qui fut insérée en partie dans le bulletin de M. de Férussac. C'est dans le travail original que nous puiserons les détails suivants.

Le chara se trouve abondamment dans divers étangs des environs de Paris. Cette plante est toujours submergée; on se la procure en plaçant un crochet à l'extrémité d'un roseau de dix pieds, ou bien au bout d'une ficelle qu'on lance avec force sur l'endroit où se trouve le chara. Pour emporter la plante, on la plonge dans une fiole pleine d'eau. On choisit ensuite les tiges les plus fortes, qu'on met à l'aise dans une grande terrine remplie de l'eau de l'étang où le chara a été recueilli. Il faut éviter de ployer les tiges, car les entre-nœuds froissés ne peuvent servir. Il serait convenable de couper quelques entre-nœuds et de les suspendre par un fil dans l'eau où ils continueraient à végéter. Dans la saison chaude, ce végétal se décompose facilement; au bout d'une quinzaine de jours, il passe du vert au jaune sale et sa préparation devient quelquefois très-difficile.

Il existe plusieurs espèces de chara : le *flexilis* ou *translucens*, l'*hispida* ou *tomentosa*.

Dans le premier, on aperçoit un peu de circulation à travers l'écorce, mais le second est préférable. Les entre-nœuds ont de trois à quatre pouces et plus, et contiennent souvent les globules curieux dont nous parlerons plus loin.

Le chara ne peut être soumis au microscope qu'après avoir subi certaines préparations. Il faut choisir un entre-nœud bien vert et ferme, et couper les verticilles en leur laissant environ 6 à 8 lignes de longueur. On élague tous les petits jets et on place la tige principale dans une petite cuve en verre pleine d'eau, placée au foyer d'une loupe montée sur son pied.

On enlève l'écorce superficielle par lanières, avec la plus grande précaution, car la moindre blessure faite au tube intérieur, arrêterait la circulation à l'instant même. Lorsqu'on est parvenu à décortiquer ce tube, il faut le râcler légèrement en lui imprimant un mouvement de rotation sur lui-même. Cette opération est indispensable pour débarrasser le tube d'une couche de carbonate de chaux qui le recouvre; on doit la pratiquer avec un canif à fil couché, qu'on dirige de gauche à droite, sans jamais râcler dans le sens contraire.

Le *mérithal* sera parfaitement dénudé quand on n'apercevra plus aucun corps étranger, avec une loupe de 6 lignes de foyer. Le microscope fait alors distinguer, sous une amplification de 75 à 100 fois, des lignes parallèles formées par des ovules verts régulièrement espacés, ainsi qu'une ligne où ces ovules manquent constamment et que Le Baillif nommait la *voie lactée*.

On peut conserver cette préparation sous l'eau, mais au bout de cinq à six jours la surface du tube se recouvrira de cristaux de carbonate calcaire, qu'on pourra enlever de nouveau, mais avec beaucoup plus de soin que la première fois. Le Baillif conservait les tubes décortiqués dans une petite boîte aquatique d'une construction facile.

Il coupait des bouts de gros tubes de verre et les fendait en deux, suivant leur longueur, avec un diamant. Deux carrés de plomb cimentés aux extrémités, maintenaient le demi-tube dans la position horizontale.

Il plaçait le mérithal décortiqué dans cette petite cuve pleine d'eau et la recouvrait avec une lame de verre qui retardait l'évaporation du liquide et le mélange des corpuscules voltigeant dans l'atmosphère. Nos petites auges à parois planes sont d'une grande utilité pour cette expérience.

Les variations de la température, la décortication déjà ancienne, et même des ligatures pratiquées sur le tube, n'ont aucune influence sur la circulation.

Si l'on examine l'un des courants, à droite ou à gauche de la ligne médiane, on verra qu'il suit toujours la même direction; mais si l'on place cette ligne de manière à ce qu'elle occupe exactement le milieu du champ du microscope, on verra les molécules vertes entraînées dans un double courant de droite à gauche et de gauche à droite. Au moyen d'une montre à secondes ou d'un pendule, on peut calculer le temps qu'un globule met à traverser le champ.

En prolongeant l'observation, il sera facile de s'assurer que les molécules flottantes peuvent passer d'un courant dans l'autre, et ce fait est important, car il prouve d'une manière évidente qu'il n'existe pas de diaphragme sur la ligne médiane. Si l'on trempe pendant un instant l'une des extrémités du tube dans de l'eau légèrement acidulée avec du vinaigre ou de l'acide hydrochlorique, la circulation cesse au bout de quelques minutes.

Le 21 octobre 1827, Le Baillif vit sur un chara conservé depuis dix jours, de longues séries de molécules vertes se disjoindre, se soulever et marcher dans le torrent de la circulation; bientôt une grande partie de l'intérieur du tube fut si bien dénudée, qu'on voyait les molécules vertes se mouvoir à peu près comme un train de bois brisé; on continuait néanmoins à distinguer les molécules de la circulation habituelle qui flottaient pêle-mêle. Dans plusieurs endroits, il se forma des obstructions considérables.

La circulation ordinaire persiste pendant plusieurs jours et ne se ralentit pas pendant la nuit. Si l'on veut suivre la marche des molécules, il faut, suivant la méthode de l'abbé Corti, choisir un petit rejeton tenant encore à un des verticilles et dont la surface est peu chargée de carbonate calcaire, qui probablement ne s'amasse que sur la plante adulte. En observant ce petit rejeton vers son extrémité transparente, on reconnaîtra le mouvement circulatoire, et si l'on suit deux ou trois molécules dans leur course, on les verra se contourner à l'extrémité du rejeton et revenir dans le sens opposé.

On rencontre quelquefois dans un mérithal des sphères ou globes en assez grand nombre, qui se meuvent les uns par-dessus les autres, se dépriment, prennent une forme ovale, suivant les pressions qu'ils éprouvent, et crèvent quelquefois en mêlant leur contenu au fluide circulatoire; plus tard, on voit de petits globes se reformer et voyager dans le liquide. Avec un bon éclairage, on distingue nettement l'épaisseur de la tunique sphéroïdale, ainsi que les molécules qu'elle renferme.

Ces dernières sont diaphanes, de formes très-variées, et sujettes à des transpositions produites par la compression et le mouvement imprimés aux sphères.

Si l'on suspend un tube de chara dans l'eau par une de ses extrémités, les sphères tombent à la partie inférieure, et elles suivent encore la même direction lorsqu'on retourne le tube. On peut examiner le phénomène avec une loupe ordinaire. Quand on veut observer isolément les sphères, il faut couper l'entre-nœud qui les contient et exprimer le fluide sur une lame de verre, alors les sphères se montrent comme autant de gouttes de suif parfaitement distinctes.

M. J. Holland a décrit un moyen fort ingénieux pour étudier la circulation sur de jeunes pousses de chara. On renferme une jeune pousse de ce végétal dans un des petits porte-objets faits avec le blanc de plomb et remplis d'eau. La lamelle supérieure est percée sur le côté, d'une petite ouverture. Le chara continue à végéter jusqu'à ce qu'il remplisse toute la cavité, et peut-être, ajoute M. Holland, parviendra-t-on à découvrir les causes de la circulation, en examinant le végétal aux diverses époques de son développement.

L'ouverture de la plaque supérieure permet de renouveler le liquide à mesure qu'il s'évapore. On pose sur ce petit trou un fragment de verre mince qui le ferme exactement et retarde l'évaporation.

M. Schultz observa la circulation de la séve dans plusieurs végétaux, entre autres, dans les stipules du *ficus elastica*. On rend ces stipules transparentes en enlevant la couche superficielle qui laisse à nu une partie blanche, fibreuse, transparente, dans laquelle on voit très-bien la circulation de la séve. La feuille de la *Chélidoine* présente le même phénomène sans exiger autant de préparation; il suffit de la placer sur le porte-objet et de l'observer au soleil, mais on ne réussit pas toujours.

Le Baillif observa également cette circulation dans le figuier commun. On comprend que, pour ces expériences, il faut toujours employer des végétaux non fanés.

M. Schultz donna à Le Baillif une liste des plantes dans lesquelles il avait observé le plus facilement la marche de la séve; nous la transcrivons ici, telle qu'elle nous a été laissée par M. Le Baillif :

Chélidoine (foliole du calice).
Salsifis (feuille).
Pissenlit (*id.*).
Alisma plantago (plantain d'eau).
Ficus elastica (stipules).
Figuier ordinaire.
Platane.
Stipules d'érable.
Mûrier blanc.
Aloès (tige et étamines).
Angélique.
Impératoire et presque toutes les ombellifères qui ont des sucs colorés.
Bryone blanche.
Euphorbe (moelle).

Asclépiade.
Arroche.
Laitue ordinaire.
Chiendent.
Tragopogon des prés et presque toutes les chicoracées.

Le 49e volume des *Transactions de la Société des Arts* (*Transactions of the Society of Arts*, etc.), contient un mémoire de M. H. Slack, sur la circulation observée dans la *Nitella flexilis*, l'*Hydrocharis morsus ranæ*, *la Tradescantia virginica*, observée d'abord par le docteur Brown et décrite dans son mémoire sur les *Orchidées*. — M. Slack signale encore les poils de la corolle d'une espèce de *Penstemon*, les stipules du *Ficus elastica* décrites par M. Schultz, et enfin la *Chélidoine* observée par le même auteur. Relativement à cette dernière, M. Slack nous apprend que le phénomène ne se manifeste pas lorsque la feuille est encore attachée à la branche, mais qu'il devient évident aussitôt qu'on l'a détachée. Nous avons dit que cette expérience ne réussissait pas toujours ; il est possible que l'insuccès de nos tentatives dépende seulement d'une mauvaise préparation. Nous recommandons aussi à nos lecteurs le travail de M. Varley et le supplément de M. Solly, consignés dans le 48e volume du même recueil. Ces mémoires sont remplis de détails intéressants sur la circulation et l'organisation des végétaux.

APPLICATION DU MICROSCOPE A LA PHYSIOLOGIE.

Du sang et de la circulation du sang.

Le sang humain, examiné au microscope, montre à l'observateur un liquide jaune citrin, contenant un grand nombre de corpuscules arrondis qui ne sont autres que les globules du sang ou hématies.

Le liquide jaune contient de la fibrine, et lorsque le sang se coagule, la fibrine se lie aux globules du sang et forme ce que l'on nomme le caillot, puis il reste un liquide fluide qui n'est autre que le sérum.

La coagulation du sang tient à la présence de la fibrine, car si, après avoir fouetté le sang frais avec une verge, qui en retire la fibrine sur la fin de l'opération, on abandonne le sang à lui-même, il ne se coagule plus.

Pour observer le sang au microscope il suffit d'en déposer quelques gouttelettes sur une lame de glace et de recouvrir avec une lamelle mince le liquide dont nous avons parlé, puis on voit alors les globules du sang de l'homme sont excessivement petits ($\frac{1}{120}$ à $\frac{1}{125}$ de millimètre). Les plus gros sont ceux de la salamandre, qui ont $\frac{1}{37}$ à $\frac{1}{75}$ de millimètre. Chez ce dernier animal ils ont une forme ovale, chez l'homme et la plupart des mammifères ils sont arrondis; cependant les globules du dromadaire et de l'alpaca ont une forme elliptique; chez les poissons et les reptiles, ils ont également cette dernière forme.

Comme nous l'avons dit, les globules du sang humain sont circulaires; ils sont aplatis et renflés vers leur bord; ils présentent une légère dépression au centre, qui paraît clair ou obscur, suivant la mise au point. (Voir l'Atlas.)

On a cru d'abord que les globules étaient sphériques; mais en les voyant nager dans le sérum ils se présentent souvent sur leur épaisseur, et on ne peut se méprendre sur leur véritable forme.

On évitera d'observer le sang mélangé d'eau, car cela altère les globules et les fait paraître sphériques.

Les globules du sang sont mous, élastiques, capables

de s'allonger, ce dont on peut se convaincre en examinant le phénomène de la circulation du sang, dont nous parlerons tout à l'heure.

Les globules du sang humain n'ont pas de noyau central; mais ceux de la grenouille (voir l'Atlas) et de la salamandre, des oiseaux, des reptiles, en possèdent un, qui devient très-évident au contact de l'eau.

Une propriété très-curieuse des globules est la faculté avec laquelle ils s'accolent les uns aux autres en figurant des piles de monnaie qui seraient renversées.

On rencontre dans le sang humain d'autres globules plus gros et non colorés : ce sont les globules blancs ou leucocytes.

Une des choses les plus belles et les plus curieuses à examiner est le phénomène de la circulation du sang.

Rien n'est plus simple que de voir cette merveille. Si l'on prend un têtard de grenouille et qu'on le place dans une petite cuve à fond transparent, avec une petite quantité d'eau, on peut dans la queue voir très-nettement la circulation, puis encore dans la queue et les nageoires des petits poissons; mais l'animal qui se prête le mieux aux expériences est la grenouille. En effet, dans cet animal on peut voir la circulation dans la membrane interdigitale, ou mieux encore dans la langue. M. Donné, dans son savant volume, a indiqué la marche à suivre pour faire cette belle expérience. Nous reproduirons ici ce qu'il a écrit sur ce sujet :

Une plaque de liége, large de 5 à 6 centimètres et longue de 16, est percée, à l'union de son quart supérieur avec les trois quarts inférieurs, d'un trou de 15 millimètres de diamètre. Dans cette partie, la plaque de liége est doublée d'épaisseur au moyen d'un morceau de liége plus petit, collé sur le premier; sur cette plaque est couchée une grenouille, préalablement emmaillottée dans une bande de linge, ou mieux encore, fixée et comme crucifiée au moyen d'épingles enfoncées dans les quatre membres, de manière à ce que l'animal ne puisse pas faire de grands mouvements avec son corps ou avec ses pattes; il est placé sur le dos, le bout du museau venant affleurer le bord du trou.

On commence alors à lui tirer la langue hors de la bouche; pour cela on passe les lames d'une paire de ciseaux mousses sous la langue et on va saisir avec une pince la pointe de cet organe, qui, chez la grenouille, est, comme on sait, dirigée en arrière; la langue se trouve ainsi renversée, et l'animal étant couché sur le dos, c'est la face supérieure de l'organe que l'on voit en dessus; sans quitter le point saisi avec la pince, on tire doucement la langue, qui prête et s'allonge, jusqu'à ce qu'on ait dépassé le bord supérieur du trou; on fixe ce point sur la plaque au moyen d'une épingle qui perce la langue et qui s'enfonce dans le liége.

Un autre point de l'extrémité de la langue est également saisi avec la pince et fixé de même par une épingle; puis on étend cet organe au-devant du trou, en le tirant des deux côtés par ses bords, dans lesquels on implante deux épingles, une de chaque côté, ce qui fait en tout quatre épingles. Dans cet état la langue présente l'aspect d'une membrane demi-transparente, qui permet de voir à travers sa substance au moyen d'une lumière un peu intense.

Si la grenouille est un peu trop vive et qu'elle tire énergiquement sa langue, au risque de la déchirer par des contorsions et de brusques mouvements de la tête, on rend cette partie immobile par une cinquième épingle qui s'enfonce dans le liége en traversant le museau, dans un point mince aux environs de l'œil; il est, au reste, des grenouilles qui se prêtent beaucoup mieux les unes que les autres à cette expérience, soit parce que leur langue est plus extensible, soit parce qu'elles n'exécutent pas de tiraillements violents capables de déchirer la langue.

Les choses étant ainsi disposées, il ne s'agit plus que de fixer la plaque de liége, munie de la grenouille, sur la platine du microscope, la partie la plus transparente de la langue correspondant à l'objectif; les moyens à employer dans ce cas dépendent de la conformation de l'instrument; les *valets* adaptés sur la platine des microscopes sont très-commodes pour cet objet: ils retiennent suffisamment la plaque de liége, tout en permettant les mouvements nécessaires pour examiner la langue dans toutes ses parties et faire passer ses différents points sous l'œil de l'observateur.

On observera la langue ainsi préparée, d'abord au microscope simple, avec un grossissement de quinze à vingt fois, afin de bien saisir l'ensemble des vaisseaux et du mouvement circulatoire; on sera frappé de la magnificence de ce spectacle, surtout si l'objet est bien éclairé; qu'on se représente, en effet, une carte de géographie, dont tous les fleuves, toutes les rivières et tous les ruisseaux viendraient à s'animer et à circuler à la fois, et l'on aura une imparfaite image de ce qu'offre le réseau vasculaire de l'organe dont nous parlons; la lumière du jour suffit bien pour cette observation, mais je préfère beaucoup le foyer d'une bonne lampe. Si on ne possédait pas de loupe montée en forme de microscope simple, on réussirait de même, quoique moins facilement, avec une loupe ordinaire à la main, en plaçant l'objet entre l'œil et la lumière du ciel ou celle de la flamme d'une lampe.

Entrons maintenant dans le détail de ce qui est à remarquer dans cette expérience. On apercevra du premier coup d'œil les gros troncs artériels et veineux, que l'on pourrait d'abord confondre ensemble, mais que l'on distinguera sûrement à l'aide des caractères suivants : 1° dans les troncs artériels le cours du sang est beaucoup plus rapide que dans les veines; 2° les artères se divisent dans le sens du cours du sang, tandis que dans les veines la division et la ramification des branches marchent en sens contraire du mouvement; en d'autres termes, les troncs artériels se divisent pour former des branches, tandis que dans les veines ce sont les rameaux qui se réunissent pour donner naissance aux branches, et celles-ci aux troncs. Ce caractère ne permet pas de se tromper un instant.

On remarquera que les artères sont moins nombreuses et d'un plus petit calibre que les veines; les artères d'un certain volume sont en outre accompagnées d'un cordon flexueux, grisâtre, peu distinct au premier abord, mais que l'on finit par apercevoir, avec un peu d'attention, sur le côté du vaisseau; ce cordon n'est autre chose qu'un nerf. Les troncs artériels se divisent en branches, puis en rameaux, en artérioles de plus en plus fines, jusqu'au point où elles ont à peu près le diamètre nécessaire pour admettre les globules sanguins un à un, à la suite les uns des autres; les petits vaisseaux artériels ne paraissent plus alors diminuer de calibre. C'est là que commence, si l'on veut, ce que l'on nomme le réseau capillaire, qui ne se distingue en rien des dernières ramifications des artères ni des premières radicules veineuses. On y voit les globules se suivre à une certaine distance, en laissant entre eux un intervalle appréciable, lorsque le cours du sang n'est pas trop précipité.

Si on a eu soin de laisser le bord de la langue libre dans un point compris dans l'ouverture de la plaque de liége, on peut suivre le cours du sang jusqu'aux dernières extrémités artérielles, et le voir revenir par les veinules, pour se réunir dans les veines et retourner au cœur.

Il n'est pourtant pas toujours facile de suivre ainsi, dans toute son étendue, le cercle circulatoire, ou du moins de ne pas perdre de vue une même portion du fluide sanguin, un globule (ce dernier point est absolument impossible), depuis le moment où il arrive par une artère jusqu'au moment où il revient par une veine, après avoir accompli son circuit. Le mouvement du sang est, d'une part, trop rapide, et de l'autre la division et la subdivision du système vasculaire ne permet pas de suivre ainsi les globules pas à pas : ils subissent souvent dans leur marche de nombreux détours, tantôt passant directement d'une artère principale dans un gros tronc veineux, au moyen d'une petite artériole qui va de l'une à l'autre, tantôt pénétrant dans des organes sécréteurs, dont nous allons parler tout à l'heure, au centre desquels le sang tourne si rapidement dans des vaisseaux repliés sur eux-mêmes qu'on ne peut distinguer que l'entrée et la sortie du fluide sanguin dans cette espèce de tourbillon.

Mais au moyen d'un simple pouvoir amplifiant on embrasse parfaitement l'ensemble de ce mouvement circulatoire, que l'on ne se lasse pas de considérer et d'admirer, et dont aucune description ne peut donner une idée juste ; c'est pourquoi je conseille de commencer par l'observer au microscope simple, à l'aide d'un faible grossissement, insuffisant, il est vrai, pour voir distinctement les globules circulant dans l'intérieur des vaisseaux, mais qui comprend une certaine étendue de l'organe dans le champ de la vision.

Sans avoir recours à un pouvoir amplifiant plus considérable, on peut encore faire plusieurs remarques intéressantes.

Le système vasculaire se dessine sur un fond gris, semi-transparent, dans lequel on distingue une multitude de fibres se dirigeant en divers sens et formant quelquefois plusieurs plans superposés et entre-croisés; ces fibres appartiennent aux muscles de la langue; on n'y reconnaît pas, il est vrai, le caractère fondamental de la fibre musculaire élémentaire, tel qu'il apparait dans les muscles en général, dans ceux des membres, par exemple, chez la grenouille; au lieu de ces faisceaux composés de fibres coupées de petites lignes noires transversales, formant des espèces de fines échelles fort élégantes et d'une régularité parfaite, les muscles de la langue de la grenouille n'offrent que des fibres grisâtres légèrement pointillées, mal définies et peu nettes; mais on ne peut se tromper et les méconnaître à leur propriété essentielle de se contracter, qui se manifeste à chaque instant sous les yeux de l'observateur pendant l'expérience; et cette contraction elle-même ne s'opère ni en zigzag, ni en spirale, comme on l'a si souvent supposé; elle s'effectue par un simple raccornissement de la fibre, comme dans un fil de caoutchouc, sans que l'on aperçoive aucune autre modification de la substance.

L'expérience dont nous parlons n'est donc pas moins propre à faire observer le phénomène de la contraction musculaire que celui de la circulation elle-même. On met surtout cette contraction dans tout son jour lorsqu'on dépouille, comme je l'ai fait quelquefois, la surface supérieure de la langue de sa membrane muqueuse dans l'un de ses points; si on est assez heureux pour ne pas léser de vaisseau important dans cette opération, on obtient alors une partie d'une transparence parfaite, qui ne se compose plus que d'un plan de fibres musculaires, parcouru par des vaisseaux sanguins, et reposant sur la muqueuse de la face inférieure, qui n'offre elle-même aucune opacité. Cette expérience est très-curieuse et mérite d'être répétée; elle pourra être utilement appliquée à des recherches sur le système musculaire observé à l'état vivant.

De l'épithélium.

Une couche cornée protége les tissus et est connue sous le nom d'épithélium.

Il y a trois sortes d'épithéliums : le pavimenteux, le cylindrique, le vibratile.

L'épithélium pavimenteux se compose de plaques très-minces, larges, pointillées, contenant un noyau. Pour examiner l'épithélium pavimenteux, on râcle la surface de la langue ou l'intérieur de la joue.

L'épithélium cylindrique représente des pyramides très-allongées, ayant des arêtes et un sommet mousse. Cet épithélium appartient aux muqueuses; on le trouve dans le tube digestif, dans l'urèthre, etc. Il est très-friable; on le distingue aisément du précédent.

L'épithélium vibratile est fort curieux à observer. Il se compose de cellules cylindriques, sur l'extrémité desquelles se trouve un appendice en forme de cil. Les cils vibratiles sont remarquables chez un grand nombre d'infusoires. Chez l'homme on les rencontre dans l'appareil olfactif, la conjonctive, la trompe d'Eustache, le larynx, les bronches, etc. Le moyen de les examiner chez les animaux est de prendre le bord des feuillets branchiaux de l'huître; on observe alors des mouvements vibratiles très-prononcés et fort curieux à examiner.

Du lait.

Le lait, soumis au microscope, présente une foule de globules transparents, formés par une matière grasse; ces globules nagent dans un liquide qui est une dissolution légèrement alcaline de caséine, d'albumine, de sucre et de sels.

Le diamètre des globules du lait est variable : on en rencontre de 0,009 jusqu'à 0,001. Dans le colostrum, on rencontre peu de globules gras, mais on y voit des corpuscules sphériques d'une nature particulière. Le lait est souvent falsifié avec l'amidon; mais l'iode en solution aqueuse décèle bien vite sa présence.

Le meilleur ouvrage sur le lait est celui de M. Donné.

A propos du lait, nous parlerons de la découverte immense faite par le docteur J. Labourdette, qui est parvenu à produire des laits médicamenteux en faisant prendre à des vaches, soit l'iode, l'arsenic, le mercure, le phosphore, sans que les animaux soient atteints. Le lait obtenu est parfait, et contient en outre des agents thérapeutiques puissants. Aussi les effets du lait iodé, par exemple, sont-ils si efficaces que bientôt cette médicamentation aura remplacé toutes celles destinées à introduire l'iode dans l'économie. M. le docteur J. Labourdette a donc rendu à l'humanité un des plus grands services qu'il soit possible d'imaginer. Par la même méthode, on obtient le lait arsénical, ferrugineux, etc.

Le microscope peut servir à reconnaître les diverses espèces de lait, les additions frauduleuses qui en altèrent la qualité, en étudiant par comparaison, sur une surface d'un dixième de millimètre, la quantité relative des globules qu'ils contiennent à l'état normal, et en recherchant avec soin les formes étrangères ou d'aspect différent qui sont étalées sur le porte-objet.

Si l'on examine attentivement avec un grossissement de 6 à 300 fois les globules de lait de vaches ayant la *cocote*, ou atteintes de phthisie pulmonaire, comme presque toutes celles qui, constamment enfermées dans les étables, servent à l'alimentation des habitants des grandes villes, on s'aperçoit que la deuxième espèce de globules que contient le liquide, et qui, au lieu de 1/500e à 1/150e de millimètre, sont beaucoup plus petits que les globules gras, on s'aperçoit qu'ils présentent des altérations dans leurs formes et leur quantité : ils sont plus étiolés, plus aplatis qu'à l'état normal, se désagrégent en se dissolvant plus facilement dans le sérum caséeux qui les tient en suspension. Ces petits corpuscules sont au lait ce que les globules sanguins sont au sang. Ils n'ont, du reste, point l'apparence de leurs congénères, et il semble qu'ils soient plus intimement liés à la vie propre du lait, et qu'ils traduisent conséquemment avec fidélité les altérations pathologiques de l'animal qui les fournit; ils semblent faire partie intégrante de la caséine, véritable fibrine du lait.

De la salive.

La salive est alcaline : c'est M. Donné qui l'a démontré le premier; en revanche, le mucus buccal est acide. Au microscope, la salive ne présente rien de particulier. Le mucus buccal présente des cellules épithéliales, des globules de muco-pus. On trouve aussi entre les dents, dans la salive qui y a séjourné, des vibrillons et des bactériums.

Mais il existe aussi dans le liquide buccal une algue

connue sous le nom de *leptotrix buccalis*. Cette plante se développe sur l'épithélium qui tapisse la bouche.

Des zoospermes.

Rienn'est plus curieux que d'observer la semence au microscope. En effet, on y rencontre une foule de petits animaux ayant à peu près la forme d'un têtard de grenouille. La tête des zoospermes est plus longue que large; la queue est filiforme et très-longue; souvent, à la naissance de la queue, on rencontre un petit renflement. On prétend aujourd'hui que le zoosperme n'est autre qu'une cellule munie d'un cil vibratile. C'est l'immortel Leuwenhoeck qui découvrit ces petits animaux.

APPLICATION DU MICROSCOPE A LA PATHOLOGIE.

DE L'URINE.

A. Matières salines.

1° Urines acides.—Plus communes que les alcalines; leurs dépôts, ordinairement colorés en jaune rougeâtre ou en rose plus ou moins foncé, sont cristallisés ou pulvérulents; les premiers, composés d'*acide urique*, se présentent sous la forme de lames rhomboïdales parfaitement transparentes, parfois elles sont groupées et de couleur jaune; ces cristaux, qui ont depuis 1/100e jusqu'à 1/10e de millimètre et plus, sont solubles avec effervescence dans l'acide nitrique concentré et insolubles dans l'acide hydrochlorique.

Les sédiments pulvérulents sont ordinairement formés par l'*urate d'ammoniaque*, auquel peut quelquefois se mêler du *phosphate calcaire* très-soluble sans effervescence dans les acides. L'ammoniaque le précipite de ces dissolutions sous l'apparence d'une matière blanche et amorphe; l'*urate d'ammoniaque,* soluble avec effervescence dans les acides concentrés, se transforme en acide urique par l'action des acides étendus, et une dissolution de ce sel traitée par l'ammoniaque donne des lames rhomboïdales transparentes ou de petits cristaux grenus.

L'*oxalate de chaux* se présente aussi, mais rarement, sous la forme de cristaux grenus; on le distingue du phosphate en ce qu'il est insoluble dans l'acide acétique et que l'ammoniaque le précipite de sa dissolution dans les acides minéraux, sous cette même forme grenue.

On reconnaît le *chlorure de sodium* ou sel marin à des cristaux en octaèdre dont les faces présentent des degrés. Pour les obtenir, il faut faire évaporer une partie du liquide.

La présence de la *cystine* est extrêmement rare.

2° Urines alcalines.—Pâles, à sédiments blancs ou légèrement jaunâtres, cristallisés ou pulvérulents, formés par :

Le *phosphate ammoniaco-magnésien.* Cristaux de forme variées, mais dérivant, en général, du prisme droit rhomboïdal. La solution de ce sel dans un acide étendu donne par l'ammoniaque une multitude de petits cristaux diversement groupés,

Le *phosphate de soude et d'ammoniaque,* que l'on ne rencontre qu'après l'évaporation de l'urine. Beaux cristaux formant de larges pyramides à quatre faces et à sommet tronqué.

B. Substances organisées.

1° Urines acides.

Globules muqueux, liés entre eux, ayant environ 1/100e de millimètre.

Lamelles épidermiques.

Mucus uréthral entraîné dans le premier jet d'urine, sous forme de petits filaments blancs visibles à l'œil nu. Vus au microscope, ces filaments sont composés de particules allongées, renflées à une extrémité et se terminant par l'autre en forme de queue.

Globules purulents (dans certains états pathologiques), reconnaissables aux caractères que nous avons indiqués en parlant de la présence du pus dans le lait.

Globules du sang (même observation). Ils sont quelquefois tout à fait blancs.

Sperme. Durant les pertes séminales. Il faut chercher les animalcules à la partie la plus déclive des vases, où leur pesanteur spécifique les entraîne toujours.

Quelquefois, chez les ictériques, on rencontre la *bile* dans l'urine. Elle présente des fragments irréguliers de substance d'un beau jaune.

Dans les *diabètes*, on remarque des corpuscules globuleux, transparents, diversement groupés, ayant presque l'apparence des globules du lait. Ce sont les *corpuscules du ferment*, découvert par M. Cagniard-Latour.

2° Urines alcalines. Elles dissolvent les globules de mucus, du pus et du sang.

Parfois les matières salines et les substances organisées se trouvent mêlées ensemble dans les dépôts; il arrive aussi que les cristaux se déposent sur les substances organisées et forment des figures bizarres. Ce court extrait du tableau sur les urines inspirera sans doute aux amateurs le désir de compléter notre analyse par la lecture du travail de M. le docteur Donné.

De l'acarus de la gale.

Nous renonçons avec peine à raconter l'histoire de l'*acarus scabiei* ou insecte de la gale ; le lecteur aurait suivi avec intérêt les nombreuses vicissitudes que ce petit animalcule dut subir avant d'être admis au nombre des êtres existants : les mystifications auxquelles il donna lieu, ses mœurs et ses formes ; mais nous devons simplement indiquer la manière de le découvrir et les sources où l'on trouvera des renseignements étendus.

Lorsqu'un galeux n'a pas encore été soumis à un traitement, si on cherche attentivement sur le dos des mains, le poignet ou entre les doigts, on remarquera que plusieurs vésicules, peu après leur développement, présentent à leur sommet ou par côté un petit point pareil à celui qui résulte d'une très-petite piqûre de puce, moins l'auréole rouge. Quelquefois ce point s'allonge un peu en demi-cercle et se trouve situé sur une petite tache blanchâtre.

Sur d'autres boutons plus avancés on apercevra, à partir du point, une trace ponctuée, noirâtre ou blanchâtre, tantôt allant du sommet à la circonférence, tantôt traversant la vésicule, suivant son diamètre.

La trace ponctuée paraît être l'origine d'un petit chemin couvert, improprement appelé sillon ou *caniculus*. En se plaçant au soleil on peut voir à l'extrémité de la trace, opposée au petit point et sur le côté de la vésicule, une petite tache blanche et un point brunâtre. En soulevant l'épiderme en cet endroit avec la pointe d'une épingle, on peut, sans percer la vésicule, en extraire un petit insecte, qui est l'*acarus* ou ***sarcopte.*** Toutes les vésicules ne donnent pas naissance à un sillon.

Notre insecte, placé dans le genre ***sarcopte*** de Latreille sous le nom de ***sarcopte de l'homme***, est blanc opalin, transparent, de forme arrondie et presque circulaire; sur son dos on aperçoit plusieurs rangées de petits tubercules surmontés de poils. Il n'existe ni tête ni corselet, mais une sorte de bec ou museau rouge, court, un peu aplati en forme de palette, arrondi au bout, hérissé de plusieurs poils et inséré dans un angle dont le sommet se prolonge sur le thorax en une ligne d'un rouge doré. Les pattes sont au nombre de huit, leur couleur est d'un rouge foncé; on distingue les quatre pattes antérieures, placées de chaque côté de l'organe de la manducation; elles sont formées de quatre articulations et d'une pièce basilaire oblique, qui offre comme un triangle dont l'hypoténuse est tournée du côté de la partie postérieure du corps. Chacune de ces articulations est hérissée de poils, et la dernière est armée en outre d'une sorte de tige ou article très-long, fragile, mince, terminé par une petite caroncule ou godet, qui sert à la progression, et que M. Raspail désigne sous le nom d'***ambulacrum.***

Les quatre pattes postérieures sont éloignées des antérieures; elles sont beaucoup plus courtes, mais présentent, au reste, la même organisation, si ce n'est que l'***ambulacrum*** manque et se trouve remplacé par un poil aussi long que le corps; l'abdomen les couvre aussi presque entièrement, et l'anus, tantôt saillant, tantôt effacé, se montre à la partie postérieure de l'animal. Toute la surface de son corps est tapissée, suivant M. Raspail, d'un réseau cellulaire très-résistant; en écrasant l'insecte vivant sur l'ongle, on entend très-distinctement un petit craquement. Sa longueur n'excède pas un demi-millimètre, et on en trouve qui dépassent à peine la moitié de cette longueur.

Si l'on examine le mode de progression de cet insecte sous l'épiderme, il est facile de se convaincre qu'il ne se fraye pas son *caniculus* à la manière des taupes: les pattes ne sont nullement disposées pour cela; il agit plutôt en soulevant l'épiderme au moyen de son bec aplati; les poils qui hérissent son dos et qui sont dirigés en arrière l'aident dans son travail, en rendant, comme l'a remarqué M. Raspail, tout recul impossible. Cette manœuvre fait éprouver au malade une assez vive démangeaison, qu'il diminue en se frottant. (*Recherches sur l'acarus ou sarcopte de la gale de l'homme,* par Albin Gras, *docteur ès-sciences, élève à l'hôpital Saint-Louis, aujourd'hui professeur de pathologie interne à Grenoble.* 11 *octobre* 1834. *Chez Béchet.*)

On peut lire également le *Mémoire comparatif sur l'histoire naturelle de la gale,* par M. Raspail; les *Recherches microscopiques sur l'acarus,* etc., par MM. Leroi et Vandenhecke, et les articles de MM. D. Duparc et Beaude dans le *Journal des connaissances médicales,* du 15 juillet 1834.

Dans sa traduction de la *Revue générale des écrits de Linné,* par Pulteney, M. Millin de Grandmaison fait mention de l'*acarus scabiei* et de celui de la dyssenterie (*acarus dyssenteriæ*).

Linné a consigné dans les *Amœnitates academicæ* une thèse de J. C. Nander, publiée en 1757; cet auteur adopte l'opinion de Kircher, qui attribue les maladies contagieuses à des animalcules. Il dit que leur existence a été démontrée dans la gale et la dyssenterie, dans la ladrerie des cochons par Langius, dans la peste par

Kircher, dans le mal vénérien par Hauptman [1], dans les pétechies par Sigler, dans la petite vérole par Lusitanus et par Porcellus, ainsi que dans le serpigo et d'autres maladies cutanées. Bartholin avait remarqué que les matières évacuées pendant la dyssenterie étaient pleines de petits insectes.

On trouve dans le même recueil la dissertation de C. F. Adler (1752) sur la *Noctiluca marina.*

Ce fut pendant son voyage fait en Chine, en 1748, que ce chirurgien reconnut l'existence des insectes phosphorescents qui rendent le sillage des navires lumineux; il soumit au microscope et fit dessiner ce petit individu, qui n'est pas plus gros que la seizième partie du pouce. Baker a également donné quelques détails sur cet insecte. On le rencontre au commencement de l'été, et principalement parmi les plantes marines.

APPLICATION DU MICROSCOPE A LA CHIMIE.

Chimie.

La *cristallisation* de plusieurs substances fournira à l'observateur une source abondante de jouissances variées. Examiné avec le microscope solaire, le phénomène est admirable. La formation des cristaux et les dispositions qu'ils affectent réalisent tout ce que l'esprit peut imaginer de plus bizarre, de plus gracieux et de plus délicat. Ces expériences n'exigent pas de grandes préparations; cependant nous devons indiquer les principales règles à suivre pour choisir, disposer et conserver les échantillons soumis au microscope. Peut-être

[1] Les expériences microscopiques de M. Donné sur les affections vénériennes confirment les assertions de Hauptman.

nous reprochera-t-on de nous servir du mot *cristalli sation*, car les substances préparées pour l'observation microscopique prennent des formes variées, et l'on ne retrouve pas ces figures régulières et constantes des véritables *cristallisations;* on pourrait peut-être employer le terme *arborisation*, mais il nous semble que le premier frappera mieux l'esprit du lecteur, et donnera une idée plus exacte du phénomène.

L'eau distillée doit être employée de préférence pour dissoudre les différents corps; on peut au besoin se servir d'eau ordinaire, mais on est exposé à rencontrer des corps étrangers mêlés aux solutions, et quelquefois ils peuvent altérer la forme des cristaux.

Dans le chapitre *Préparation des objets*, nous avons indiqué les solutions alcooliques ou éthérées qui s'évaporent promptement et donnent des résultats plus rapides.

L'eau sera froide ou chaude, suivant le degré de solubilité du corps, et les solutions seront toujours concentrées. On les obtient facilement en cet état en les saturant; le repos amène la précipitation de la matière surabondante. Si on opérait avant cette précipitation, il ne se formerait sur le porte-objet que des masses cristallines confuses. En observant ces précautions, les mêmes sels donneront toujours des figures semblables.

On prend une goutte de la solution au bout d'une tige en verre plein, et on l'étend sur une lame de verre de manière à ce que la couche ne soit pas trop épaisse. Si la substance cristallise spontanément et avec rapidité, on la place de suite sur la platine et on met le microscope au point en examinant toujours le liquide vers les bords, où la couche de liquide est plus mince et commence d'abord à se cristalliser. Si, au contraire, la chaleur est nécessaire pour développer le phénomène, on tient la bande de verre au-dessus de la flamme d'une bougie ou sur un feu clair, jusqu'à ce que l'on aperçoive de petites portions qui se solidifient et deviennent blanches ou de toute autre couleur, suivant la nature du corps; c'est en ce moment qu'il faut placer le porte-objet sur la platine et observer à la circonférence de la couche liquide. La cristallisation est d'abord lente; mais à mesure que le liquide s'évapore, les cristaux se forment beaucoup plus vite, et quelquefois même on ne peut suivre leur marche et la formation des différentes branches qui apparaissent avec la rapidité de l'éclair. Il faut bien se garder de cesser l'observation pendant un seul instant, car chaque seconde voit naître une nouvelle forme; lorsque vous croyez l'expérience terminée, de nouveaux rejetons s'élancent de tous côtés, et souvent ils ne ressemblent en rien aux premières productions.

Quelquefois on éprouve de la difficulté à étendre la goutte de solution sur la bande de verre : elle se sépare en plusieurs petites gouttelettes qu'on ne peut réunir; il faut, dans ce cas, frotter le liquide sur la lame, de manière à humecter exactement la surface lisse du verre, et lorsque cette couche légère est sèche, on y étend sans peine une autre goutte.

Il arrive aussi que le liquide, en s'évaporant, se condense sur l'objectif et empêche de continuer l'observation; on peut, il est vrai, dévisser les lentilles et les essuyer, mais on perd souvent un temps précieux, pendant lequel le phénomène suit sa marche; d'ailleurs l'évaporation n'est quelquefois pas terminée lorsqu'on replace les verres, et il faut recommencer la même manœuvre. Cet accident est encore plus fréquent dans d'autres circonstances; aussi notre appareil chimique est-il indispensable lorsqu'on veut se livrer à une suite d'expériences sur les actions réciproques des différents corps.

Il est utile de conserver une série des diverses cristallisations, pour les avoir sous la main à l'instant même lorsqu'on veut démontrer leurs formes ou en faire le sujet de nouvelles observations. Cette collection est surtout précieuse pour les expériences de polarisation, dont on trouvera plus loin quelques exemples.

Quand on fait cristalliser une substance sur une lame de verre, il faut la recouvrir d'une autre lame d'égale grandeur, mais beaucoup plus mince. On empêche le contact des surfaces qui pourraient altérer la préparation en plaçant entre les deux lames une feuille d'étain plus ou moins épaisse, percée d'une ouverture proportionnée à l'étendue de la cristallisation; enfin on lute les deux lames avec du mastic ou de la cire à cacheter, et quelquefois en collant des bandes d'étain sur leurs bords. Les cristallisations se conservent parfaitement dans ces porte-objets.

Sel marin, *hydrochlorate de soude,* cristallise sous forme de cubes, de lames quadrilatères, de pyramides creuses, à bases quadrilatères; leurs côtés présentent une série de degrés, et elles se terminent tantôt en pointe, tantôt par une surface tronquée.

Salpêtre, *nitrate de potasse.* En chauffant légèrement on voit paraître sur les bords des cristaux allongés, transparents, à bords parallèles, terminés en biseau, en pointe; souvent ils se dissolvent et se reforment de nouveau. Si on a soumis le liquide à l'action d'une forte chaleur, il se forme rapidement des ramifications magnifiques.

Sulfate de cuivre. Produit des cristaux d'abord très-courts, mais qui ne tardent pas à s'étendre. Ils sont solides, transparents, réguliers, réfléchissent admirablement la lumière par leurs faces et leurs angles. Pendant l'évaporation du liquide, on voit, paraître des corps déliés, capilliformes, juxtaposés, entre-croisés ou partant d'un centre commun pour former une espèce d'étoile. Bientôt il se forme au milieu de la goutte des stries longitudinales garnies de petites ramifications plus ou moins rapprochées.

Alun. 1° Sur les bords, formation de petits cristaux à plusieurs faces, se rapprochant plus ou moins de la véritable forme cristalline du sel ;

2° Formation de petits points arrondis qui s'étendent, prennent une apparence étoilée et quelquefois celle d'une comète ;

3° Lorsque le liquide est presque entièrement évaporé, apparition subite de cristaux allongés, sinueux sur leurs bords, qui donnent naissance à des lignes semblables, d'où s'élancent de nouveaux rejetons. Ceux-ci s'élargissent vers leurs extrémités et se terminent en forme de massue. D'autres fois, ces figures sont parallèles et coupées par un grand nombre de stries transversales. On rencontre aussi des lignes parallèles que d'autres coupent à angle droit en formant une espèce de tissu diaphane.

Sel ammoniac (hydrochlorate d'ammoniaque).— De nombreux épis toujours parallèles s'élancent des bords de la goutte et donnent naissance à des branches analogues situées à angle droit. Tous les épis ne marchent pas dans le même sens : quelques-uns s'avancent directement, d'autres horizontalement, mais par groupes, dont les différentes tiges sont toujours parallèles. Quelquefois la tige principale se fend et forme deux branches dépourvues de saillies sur leur bord interne. Le centre de la goutte est bientôt rempli d'épis semblables, mais anastomosés de différentes manières. Souvent ils forment des espèces de croix, et l'on rencontre même des figures en zigzag.

Est-il nécessaire de multiplier les exemples, et ne suffit-il pas actuellement de donner les noms de quelques substances dont les cristallisations sont plus ou moins remarquables?

Solution de fleurs d'antimoine.
— de sublimé corrosif.
— de sel de Glauber.
Dépôt salin des urines.
Mucus nasal.
Solution de camphre dans l'alcool.

Si l'on étend sur une lame de verre une goutte de solution de nitrate d'argent, et que l'on y projette quelques parcelles de limaille de cuivre, on observera avec le microscope, disposé comme pour les objets opaques, une végétation admirable de rameaux d'argent naissant autour des parcelles de cuivre et envahissant peu à peu tout le champ du microscope. On peut remplacer la limaille par des fils de cuivre ou de petits globules de mercure. On verra également de fort belles végétations, si l'on soumet au microscope de petits fragments de ces productions curieuses connues sous le nom d'arbres de Diane et de Saturne.

Quelques substances ont besoin de l'action de la chaleur pour manifester leurs formes cristallines; le deuto-iodure de mercure, par exemple, réduit en poudre impalpable et placé sur une lame de verre changera complétement d'aspect si on le soumet à une douce chaleur : de rouge qu'il était il devient jaune, et l'on aperçoit aussitôt des cristaux dont la forme varie suivant le degré de chaleur auquel on a soumis la substance. Si l'on poursuit l'observation on voit bientôt paraitre des jets d'un beau rouge orangé, et la préparation finit par prendre entièrement cette couleur. Nous avons fait les mêmes expériences sur le proto et le deuto-chlorure de mercure, et toujours nous avons obtenu de fort beaux résultats. Nous conseillons à nos lecteurs de faire des essais semblables sur d'autres substances.

M. J. Cuthbert nous envoya il y a longtemps deux échantillons d'or cristallisé; cet objet nous parut d'autant plus curieux que nous crûmes reconnaître les formes et toute l'apparence des jolies paillettes polygonales qui ornent l'aventurine artificielle. La préparation de cet or cristallisé est peu connue; nous allons indiquer le procédé à suivre pour l'obtenir. On prépare une dissolution saturée d'or dans l'eau régale et on la laisse reposer; au bout d'un certain temps on remarque un précipité qui forme au fond du vase un disque d'or cristallisé; on peut aussi chauffer une lame d'or mince et la soumettre sur un morceau de charbon à l'action du chalumeau, jusqu'à ce qu'elle soit à peu près fondue; alors on la plonge dans l'eau régale, qui agit sur les surfaces et met en évidence les cristaux. Il faut répéter ces manœuvres jusqu'à ce que la cristallisation soit bien évidente. Le premier procédé est le plus simple, et nous préférons les cristaux que l'on obtient de cette manière.

Les petites parcelles d'or ou de platine qui résultent de la déflagration de ces métaux par l'électricité doivent trouver place dans la collection d'objets.

Tout le monde sait, que lorsqu'on bat le briquet, le silex détache des fragments d'acier, qui sont quelquefois fondus par la chaleur développée durant l'opération, et que l'on peut recueillir sur une feuille de papier blanc. Ces fragments, examinés comme objets opaques, sont arrondis ou ressemblent à des copeaux que les jeux de la lumière ornent des plus belles couleurs irisées. S'il se trouvait beaucoup de fragments de silex mêlés aux parcelles d'acier, on isolerait facilement ces dernières en promenant sur le papier un barreau aimanté.

Nous trouvons dans les notes de Le Baillif quelques détails sur une expérience curieuse faite par M. Wiegman. Mettez dans un vase d'une certaine capacité un demi-gros de poudre de corail blanc ou rouge avec six onces d'eau distillée, puis exposez le liquide au soleil, en ayant soin de l'agiter plusieurs fois; au bout de quinze jours, décantez le liquide et exposez-le de nouveau à l'action des rayons solaires. Quinze jours plus tard, vous y reconnaîtrez d'abord la matière verte de Priestely, puis des conferves; au bout de trois ou quatre mois, surtout en été, ces dernières donneront naissance aux animaux connus sous le nom de *cyprides detecta*. Si on expose le liquide au soleil dans un long et étroit cylindre, il s'y formera des espèces d'ulves qui, au bout d'un certain temps, se convertiront en *daphnia longispina*.

Nous avons déjà dit un mot sur la manière de conserver les molécules actives de Brown, il nous reste encore à indiquer leur préparation. On dissout un peu de gomme gutte dans de l'eau, et on renferme une petite quantité de cette solution dans un porte-objet fermé avec le blanc de plomb; on apercevra au microscope une multitude de petits corpuscules qui s'agitent en tout sens dans le liquide; ce mouvement continuera pendant plusieurs années; aussi doit-on avoir soin de noter exactement l'époque de la préparation. Ce curieux phénomène a donné naissance à des discussions assez vives entre plusieurs savants; mais, comme nous l'avons dit en commençant, nous donnons ici un recueil d'expériences, et nous laissons à d'autres le soin de les expliquer.

Le *Philosophical Magazine* contient un travail de M. Ed. Craig sur la chimie microscopique. M. Craig se sert d'un de nos microscopes, qu'il trouve parfaitement adapté à ce genre de recherches. Son procédé pour étudier la réaction des divers liquides est très-ingénieux. Après avoir placé une goutte d'un liquide sur une lame de verre, il la recouvre d'une de nos plaques minces dont la face inférieure est enduite avec le réactif.

Voici quelques-unes de ces expériences.

Du carbonate de cuivre placé sur la plaque inférieure et de l'acide nitrique sur la supérieure, on voit l'acide carbonique se dégager sous la forme de petites bulles qui se réunissent, et il se forme des petits cristaux bleus ou plaques rhomboïdales de nitrate de cuivre. Si on enlève avec précaution la plaque supérieure et qu'on la remette en place après y avoir déposé une goutte d'ammoniaque, les cristaux se dissolvent et font place à d'autres cristaux de nitrate d'ammoniaque et à des groupes de prismes violets de nitrate ammoniacal de cuivre.

Si l'on mêle du bichromate de potasse avec du sel marin sur la bande de verre inférieure, et que l'on enduise la plaque supérieure d'acide sulfurique, il se manifeste d'abord un dégagement d'acide hydrochlorique; bientôt le champ du microscope est traversé par des courants en différentes directions, au milieu desquels flottent des particules vertes et rouges; le liquide s'éclaircit ensuite; on voit se diriger vers les bords des gouttelettes rouges d'acide chloro-chromique, et il se forme au centre du liquide des cristaux de sulfate de soude et de sulfate de potasse tachetés de gouttelettes d'acide rouge et mêlés à des cubes de sel marin et à des cristaux de bichromate de potasse non décomposés.

En faisant agir le ferro-cyanate de potasse sur le

sulfate de fer, on remarque des courants indiqués par les particules de bleu de Prusse.

Si l'on ajoute de l'acide sulfurique à du carbonate de cuivre, les cristaux de sulfate se montrent sous forme de prismes aplatis à six faces; en ajoutant un peu d'ammoniaque, les cristaux se métamorphosent en longs prismes rectangulaires avec une facette sur les angles, un excès d'ammoniaque les change de nouveau en octaèdres rhomboïdaux, et l'on fait reparaître les prismes rectangulaires par l'addition d'un peu d'acide nitrique.

Si l'on ajoute une goutte d'acide nitrique aux grains de fécule colorés en bleu par l'iode, ils se gonflent et se rompent enfin.

En faisant agir la teinture d'iode sur une solution de sulfate de soude, le sel cristallise aussitôt en longs prismes; on voit paraître des gouttelettes d'iode d'une couleur rouge cerise, et bientôt l'iode forme des cristaux métalliques, romboïdaux et opaques.

Nous citerons encore quelques expériences empruntées à Le Baillif.

La gomme arabique mise en contact avec l'acide sulfurique produit une multitude de cristaux baccillaires, fusiformes, radiant d'un centre commun et formant quelquefois des aigrettes. Il faut poser la goutte d'acide sur le côté, afin de bien voir les progrès de la cristallisation. Au bout d'une demi-heure, l'effet semble terminé; mais si l'on attend quatre ou cinq jours, on obtiendra des cristaux magnifiques.

Râclez de la racine fraîche d'iris de Florence ou un morceau de vieille racine macérée pendant une heure dans l'eau chaude, et vous apercevrez déjà une grande quantité de cristaux d'oxalate de chaux. Mais pour les obtenir parfaitement isolés et purs, il faut râper de la racine fraîche et la faire bouillir dans la potasse caustique; on verra alors parfaitement la forme des cristaux longs, très-diaphanes et assez semblables à un burin.

INFUSOIRES.

Nous avons choisi parmi les infusoires les individus les plus curieux. On pourra consulter les ouvrages de Muller, d'Ehrenberg, et les articles de M. Dujardin, consignés dans les *Annales des sciences naturelles;* mais le second est fort cher, et il est souvent difficile de rencontrer le Muller. Nous avons publié nous-même un abrégé de l'ouvrage anglais de M. Pritchard[1]. Les endroits où l'on trouve plus spécialement les différents genres sont indiqués à la fin de chaque description. Ces renseignements sont puisés dans l'ouvrage de Muller.

Les infusoires du genre *Proteus* sont fort curieux à étudier. Ils possèdent la singulière faculté de changer de forme plusieurs fois en une minute; ces transformations s'opèrent avec lenteur et sont faciles à observer. C'est dans l'eau de rivière, au mois de mars, et parmi les lentilles d'eau, que se rencontrent le plus fréquemment les *protées.*

Nous indiquerons en second lieu les *vibrions* ou anguilles du vinaigre et de la colle de pâte. Quelques fabricants mêlent de l'alun à la colle, et il paraît que cette préparation favorise le développement des *vibrions.* La structure de ces infusoires est curieuse et bien visible avec un grossissement médiocre.

Sherwood, chirurgien anglais, découvrit un mode curieux de reproduction propre à ces animalcules. Ayant par hasard blessé un *vibrion,* il vit sortir par la

[1] Voir à la fin du volume.

plaie un tube délié semblable à un intestin. Sherwood communiqua ce fait à Needham, et tous deux répétèrent l'expérience, qui donna constamment le même résultat, et leur démontra évidemment que cette blessure livrait passage à plusieurs petits *vibrions* vivants, renfermés chacun dans une membrane propre excessivement mince. Lorsqu'on veut vérifier cette expérience, il faut prendre avec la pointe d'une épingle un peu de pâte contenant des infusoires, et la délayer dans une petite quantité d'eau ; on apercevra bientôt à l'œil nu plusieurs *vibrions* nageant dans le liquide.

Il est facile de glisser sous un des plus gros la pointe flexible et très-déliée d'une plume et de le porter dans une goutte d'eau placée sur une lame de verre. L'aiguille aiguisée en petit scalpel est très-commode pour couper transversalement le vibrion vers le milieu de sa longueur; il faut à l'instant même le poser sous le microscope, et l'on apercevra une multitude de petits *vibrions* qui s'échapperont par l'ouverture. L'expérience réussit presque toujours, à moins que le *vibrion* n'ait déjà produit tous ses petits. Si l'on observe l'animalcule mère avant l'opération, on distinguera les petits qu'il contient, et plus on les examinera en un point rapproché de la queue, plus leurs formes seront prononcées.

Nous donnerons ici la manière de préparer la pâte. Faites bouillir un peu de farine dans de l'eau jusqu'à ce que le liquide ait pris la consistance de la pâte employée par les relieurs. Exposez-la à l'air dans un vase découvert, et battez de temps en temps pour empêcher la surface de durcir ou de se recouvrir de moisissures; après quelques jours, la préparation s'aigrit, et c'est alors qu'on trouve à la superficie des myriades de vibrions.

Pour conserver cette pâte toute l'année, il faut

ajouter de temps en temps un peu d'eau ou de pâte nouvelle; on peut y verser parfois une ou deux gouttes de vinaigre. Le mouvement continu des vibrions empêchera la moisissure.

La *vorticella rotatoria* ou rotifère est un des plus beaux sujets microscopiques. La disposition des cils, leurs mouvements particuliers, qui les font ressembler à de petites roues; la belle organisation que l'on découvre sans peine à travers les tissus transparents, les mouvements de translation, tout se réunit pour exciter l'admiration. Les *vorticella convallaria* et *lunaris*, et surtout la belle *V. Senta* de Muller, ou *Hydatina Senta* d'Ehrenberg, méritent une mention spéciale.

On les rencontre dans l'eau de mer, parmi les lentilles d'eau, à la fin de l'été, principalement sur les feuilles, sur les petits coquillages, dans plusieurs infusions végétales préparées en été, dans les eaux stagnantes, les gouttières, etc.

Nous trouvons dans une note de Le Baillif[1] un procédé qu'il donne comme infaillible pour se procurer des rotifères.

«En 1811, dit-il, j'exploitai particulièrement la mare

[1] Nous ferons souvent des emprunts aux notes nombreuses que nous tenons de cet habile observateur. La publication de ce recueil curieux serait une heureuse nouvelle à annoncer aux micrographes. Maintes fois nous avons mis la main à l'œuvre; mais il aurait fallu répéter certaines expériences pour les compléter. Quelques indications sont d'un laconisme désespérant, et souvent même un seul mot suffisait à Le Baillif pour lui rappeler le fait le plus important. Enfin, parmi toutes ces observations intéressantes, il en est beaucoup qui auraient besoin d'être fécondées par leur auteur. Ces matériaux contribueront à enrichir ce chapitre; mais l'élève a dû reculer devant l'idée présomptueuse de compléter l'œuvre du maître.

d'Auteuil. Toutes les fois que les eaux rapportées contenaient des productions connues sous le nom de loges de vers à tuyaux (*phryganes*), j'étais sûr d'y trouver des rotifères. En conséquence, je fis une ample provision de toutes les espèces de débris que je pus rencontrer.

« Depuis cette époque, tous les ans au mois d'avril, j'ai mis six ou huit de ces tuyaux dans un vase contenant de l'eau de fontaine, et placé sur une fenêtre exposée au nord. Vers le cinquième jour, suivant la température, une monade jaunâtre m'annonçait la génération prochaine des rotifères, et le dixième jour au plus tard je trouvais des colonies de ces animalcules. Il suffisait, pour les conserver, de renouveler une partie de l'eau de temps en temps. »

Le Baillif fit aussi des expériences sur la résurrection des rotifères après plusieurs jours de dessiccation. Voici comment il s'exprime :

« Mon excellent ami M. Laligant a pris, sur les tuiles de la maison qu'il habite, une touffe de mousse bien verdoyante. Placée dans l'eau, elle s'est montrée fort riche en rotifères.

« Ce matin, 29 novembre 1831, il a eu la bonté de m'apporter une lame de verre sur laquelle il tenait sept rotifères *desséchés depuis huit jours*, et pris dans la touffe de mousse dont nous avons parlé. Deux ou trois gouttes d'eau furent placées sur les animalcules, et au bout d'une heure trois avaient déjà recouvré complétement leur mobilité.

« Cette plaque, étiquetée et gardée avec soin, sera imbibée d'eau de mois en mois. »

Polypes *verts et bruns* (*hydra viridis et grisea*. Lin.) —Ces polypes, qui semblent destinés par la nature à servir de transition entre le règne végétal et le règne animal, sont remarquables par la simplicité de leur organisation et la manière dont ils se reproduisent. Ils ont une apparence gélatineuse, et présentent plusieurs branches qui viennent toutes aboutir à un tronc commun. La bouche est entourée de tentacules rayonnées, en nombre variable, et tubulées comme le reste du corps. L'extrémité postérieure ou queue est évasée en forme de pavillon pour embrasser une plus grande surface lorsque le polype se fixe sur un objet; toutefois on n'y remarque aucune ouverture, et les matières sont rejetées par l'orifice antérieur ou bouche. On peut comparer le polype à un tube. La cavité joue le rôle de tube digestif, que les aliments parcourent au moyen des contractions et dilatations successives du corps. On ne reconnaît aucune trace de systèmes nerveux ou respiratoire. Ils changent de place en se fixant alternativement par la tête et la queue sur les corps qui les environnent, et se meuvent également dans l'eau. Ils se nourrissent ordinairement de petits crustacés, de larves, et quelquefois de fragments de viande crue.

Il est vraiment curieux de les voir guetter leur proie. Alors ils s'étendent, développent leur tentacules, embrassent la victime et l'engloutissent, puis ils se contractent et sont plongés dans une torpeur comparable à celle qui s'empare du boa, lorsqu'il vient de se repaître.

Ils n'ont pas de sexe, et chaque individu se reproduit spontanément. Une partie du corps se dilate, donne naissance à une nouvelle branche, et lorsqu'elle est assez développée, les tentacules se montrent sur l'extrémité libre. Il existe entre les cavités des deux individus une communication qui ne cesse que peu de temps avant leur séparation.

Dans les temps chauds, on voit quelquefois paraître sur le même individu trois ou quatre rejetons qui se reproduisent eux-mêmes avant d'être séparés du corps principal.

Si l'on coupe un polype transversalement en deux, chaque partie se développera bientôt pour former un nouvel individu; M. Pritchard a vu les morceaux se reformer complétement en trois jours.

Baker, qui s'est beaucoup occupé du même sujet, rapporte quelques expériences faites par Trembley en 1704. Lorsqu'on coupe un polype dans le sens de sa longueur, on obtient deux moitiés de tube, et les bords de chaque moitié se réunissent bientôt pour former deux individus distincts. Cette régénération s'opère en deux ou trois heures.

Si la section longitudinale n'est pas prolongée jusqu'à l'extrémité caudale, on pourra obtenir deux polypes sur une seule tige, et la division de ces nouvelles branches en produira de nouvelles. Trembley a obtenu de cette manière un polype à corps unique, surmonté de sept têtes. Il les coupa ensuite: elles furent bientôt remplacées et formèrent elles-mêmes sept polypes complets. En lisant ces curieux détails, on se croirait transporté aux temps fabuleux où le fils de Jupiter soutenait un rude combat contre l'hydre de Lerne.

Trembley fit de nouvelles recherches, et reconnut que les deux portions d'une polype divisé transversalement pouvaient se réunir lorsqu'on les mettait en contact; bien plus, la moitié d'un individu s'est réunie à la moitié d'un autre; mais ces deux expériences ne réussissent pas toujours.

Trembley parvint à retourner le polype comme un doigt de gant, et l'animal ne cessa pas de vivre. Réaumur répéta toutes ces expériences conjointement avec de Jussieu et d'autres savants; il reconnut des propriétés semblables dans plusieurs animaux.

Donnons quelques renseignements sur la manière de conserver les polypes.

On doit les placer dans des vases larges et transparents; ils se portent de préférence vers le côté le plus éclairé.

Le liquide sera changé fréquemment, et si l'on ne peut se procurer de l'eau provenant de la mare où on a pêché les polypes, on pourra la remplacer par de l'eau de rivière, dans laquelle on fera toujours végéter quelques petites plantes, telles que les lentilles d'eau, etc. Avant de changer le liquide, il faut transporter les polypes, avec les barbes d'une plume, dans un vase contenant un peu de l'eau dans laquelle ils se trouvent.

On peut alors enlever les matières qui s'accumulent sur les parois du vase et empêcheraient les polypes de se développer, bien qu'on eût soin de leur donner une nourriture abondante et de changer l'eau.

On les nourrit avec de petits crustacés, des larves ou des vers; si l'on ne peut s'en procurer, il faut couper de la viande crue en très-petits morceaux, qu'on laisse tomber doucement dans le liquide à l'endroit où se trouvent les polypes. Dans les temps rigoureux, on doit éviter de les placer trop près de la fenêtre, car le froid les engourdirait.

Ces polypes furent découverts en 1703 par Leeuwenhoek. On les trouve dans les coins des fossés, des bourbiers et des mares, vers le mois de mars. Ils s'attachent aux plantes aquatiques, aux fragments de bois, aux feuilles pourries, aux pierres, etc., qui séjournent dans l'eau. Quelquefois ils sont fixés sur de petits insectes aquatiques.

On rassemble beaucoup de ces matières dans un vase, où les polypes ne tardent pas à se développer. Il est rare de les rencontrer dans les eaux stagnantes ou à courant rapide.

Les mares de la forêt de Saint-Germain sont assez riches en polypes. On cite surtout celle aux Canes, ainsi qu'un bassin situé dans le jardin du couvent des Loges.

Parfois les polypes sont couverts d'insectes qui finissent par les détruire; il faut les en débarrasser au moyen d'un pinceau très-doux qu'on promène légèrement sur leur corps. Les matières accumulées sur les parois des vases déterminent quelquefois la mortification d'une portion du polype, qu'il faut amputer pour sauver l'individu.

Il est assez difficile de préparer les polypes qu'on veut conserver dans les porte-objets; néanmoins on y parvient avec de la patience et de l'adresse.

Placez un polype dans une petite cupule avec une goutte d'eau; quand il sera bien développé, faites écouler une partie du liquide et plongez le tout dans l'esprit-de-vin. L'animalcule périra instantanément, en se contractant plus ou moins. Nettoyez-le avec un pinceau fin, pendant qu'il est plongé dans l'alcool, et enlevez avec soin les insectes qui pourraient y adhérer.

En le retirant de l'alcool, ses différents appendices se réunissent et adhèrent ensemble; on ne pourrait les séparer sans les mettre en lambeaux. Il faut glisser une lame de verre sous l'animal qui surnage, et séparer les appendices; on le retire ensuite de l'alcool, et avec de petites pinces et le pinceau doux imbibé d'esprit-de-vin on dispose convenablement les différentes parties. Après avoir fait sécher la préparation, il ne reste plus qu'à la recouvrir d'une lame de verre mince maintenue par le blanc de plomb. Quelquefois on la place préalablement dans du baume de Canada.

Nous nous bornerons à ces renseignements; c'est dans l'ouvrage de Trembley qu'il faut lire l'histoire complète des polypes; cette belle monographie est un véritable modèle à suivre pour les travaux sur l'histoire naturelle.

Larve *d'une espèce de dytique, vulgairement nommée crocodile.*

Les œufs qui contiennent ces larves se trouvent, pendant le printemps et l'été, sous les plantes aquatiques et les conferves qui poussent à la surface de l'eau. Ils sont renfermés dans une espèce de sac un peu plus petit qu'un pois et d'une couleur blanchâtre; un filament délié les attache aux petites herbes et empêche qu'ils ne soient entraînés par le courant. Placés dans un vase plein d'eau exposé au soleil, ces œufs écloront en peu de jours. Les jeunes larves ont d'abord une couleur sombre et sont très-actives; à une époque plus avancée elles quittent leur enveloppe, sont alors presque immobiles, perdent leur coloration et ne prennent pas de nourriture. Lorsqu'elles ont recouvré leur activité, on remarque, pendant la déglutition, les mouvements de la glotte, le passage des aliments dans le canal intestinal et la circulation des fluides dans les vaisseaux. On doit éviter de les placer dans un vase contenant d'autres insectes; car ces derniers seraient inévitablement détruits. Deux fortes mandibules, qui s'entre-croisent lorsqu'elles sont fermées, occupent la partie antérieure de la tête. C'est avec ces armes redoutables que le crocodile saisit sa proie, la blesse et l'entraîne vers sa bouche. Sans attendre que la victime ait succombé, la larve s'abreuve des fluides et ne rejette que la peau de l'insecte. On distingue sur la même partie des palpes composées de quatre articulations et six yeux groupés de chaque côté. La tête est aplatie et réunie au thorax par des muscles flexibles qui lui permettent de se mouvoir dans tous les sens.

La transparence des tissus laisse apercevoir distinctement les ganglions nerveux, les trachées et l'organe pulsatoire, considéré par quelques naturalistes comme le cœur des insectes, mais qui ne reçoit aucun vaisseau, d'après les recherches de Cuvier et d'autres observateurs. Leurs six pattes, hérissées de poils, sont terminées par de forts crochets et parcourues dans toute leur longueur par de petits vaisseaux ramifiés; la queue se partage en deux appendices qui en supportent d'autres plus petits; on prétend qu'ils se reproduisent lorsqu'on les détruit.

Ces insectes se nourrissent principalement de larves, d'éphémères et de cousins, quelquefois même ils se dévorent entre eux. A mesure qu'ils avancent vers leur maturité, leurs mouvements se ralentissent, et parfois ils sont tout couverts de *vorticella convallaria* qui s'y attachent par leurs filaments; on peut surtout observer cette particularité lorsque les larves sont conservées dans un vase étroit. (Voyez *Microscopic Cabinet,* pl. I.)

Le MONOCLE (*Lynceus sphericus,* Muller; *monoculus minutus,* Lin.). Le tégument de cet insecte est remarquable par des lignes réticulées qui lui donnent l'apparence d'un travail de mosaïque.

Cette coquille, très-transparente, est formée d'une seule pièce, mais elle est assez élastique pour que l'animal puisse la fermer ou l'ouvrir à la manière des moules. Malgré leur nom de monocle, ces insectes ont deux yeux noirs de grandeurs différentes et enfoncés dans l'écaille. Le bec est pointu et suit la forme convexe de l'enveloppe; au-dessous de lui est un second appendice plus court et terminé par des cils, puis viennent les deux antennes, portant également des soies à leurs extrémités. Quatre branchies sont placées sur le même rang à l'intérieur de l'écaille, et servent à imprimer un mouvement circulaire à l'insecte; quelquefois même elles paraissent lui servir à grimper le long des petites tiges sur lesquelles il se fixe en les saisissant entre les bords de ses écailles. A la partie postérieure se trouve un appendice cilié armé de deux crochets, et portant à sa base une espèce de petit trident. On aperçoit parfaitement le canal intestinal et la nourriture qui le parcourt, ainsi qu'un petit corps ovoïde placé derrière la tête et doué d'un mouvement pulsatoire rapide.

Le monocle se nourrit d'animalcules. On le trouve pendant l'été dans les creux des étangs et les flaques d'eau de pluie. Les petits prennent leurs ébats autour de leurs parents, et au moindre danger se précipitent vers leur mère, qui les met à l'abri en les renfermant dans sa coquille.

Le Cyclope à quatre cornes ou moucheron d'eau (*Cyclops quadricornis*, Muller; *pediculus aquaticus*, Baker). Ce petit crustacé se trouve, dans toutes les saisons, à la surface de l'eau, mais surtout en juillet et en août; on le prend avec un petit filet. Le corps est couvert d'écailles imbriquées qui se meuvent latéralement et verticalement; elles ne se réunissent pas sous le corps et laissent un passage aux branchies; le bec est court et pointu; un peu au-dessous se trouve l'œil unique, d'une couleur rouge foncé et noyé dans l'écaille. Aux deux côtés de l'œil naissent les antennes, dont la paire supérieure est la plus longue; elles sont articulées et couvertes de poils. Les cyclopes se meuvent par saccades et se traînent sur les tiges au moyen de leurs branchies, qui sont d'une couleur bleuâtre. Les ovaires, en forme de grappe, sont très-développés, et situés, au nombre de deux, à la partie postérieure.

Les œufs ont une forme globuleuse, et lorsqu'ils parviennent à leur maturité, on peut distinguer l'embryon avec un très-fort grossissement. La queue du cyclope se bifurque à son extrémité, et les deux branches sont terminées par des soies ramifiées chez la femelle seulement. On aperçoit très-bien le tube intestinal et les oviductes de la femelle. La couleur de ces crustacés varie. Souvent pâles et transparents, ils sont quelquefois marquetés de rouge; les uns ont une couleur bleu verdâtre, les autres sont rouges et leurs ovaires sont colorés en vert.

Ayant à nous occuper dans ce chapitre d'un grand nombre d'expériences, nous avons abrégé les descriptions; nous passerons même sous silence *le petit Cyclope, la larve du Cousin, l'Hydrophile, la Libellule,* etc., en renvoyant aux ouvrages de Muller, Baker, Adams, au *Microscopic Cabinet* et *Microscopic Illustrations,* par le docteur Goring et M. Pritchard, où l'on trouvera des détails étendus et de fort belles planches représentant ces différents objets.

Disons maintenant quelques mots des infusoires fossiles. Nous extrairons ce qui suit du tome VI des *Annales des sciences naturelles,* année 1836, où se trouve le mémoire de M. Ehrenberg, publié dans les *Annales de Poggendorf,* vol. XXXVIII.

« M. Fischer, propriétaire de la manufacture de porcelaine de Pirkenhammer, près de Carlsbad, avait remarqué que les dépôts siliceux (*Kieselguhr*) des tourbières de Franzbad, auprès d'Egn, en Bohême, se composaient presque exclusivement d'enveloppes de navicules. Il fit un envoi de ce dépôt à M. Ehrenberg, qui reconnut que ces enveloppes appartenaient au *navicula viridis,* encore répandu très-abondamment aujourd'hui dans les eaux douces des environs de Berlin et autres endroits. Il trouva également que ce même échantillon renfermait plusieurs autres espèces semblables à celles qui existent actuellement. Déjà, en 1834, M. Ehrenberg avait signalé à l'Académie la découverte de M. Kütbing sur la composition siliceuse des enveloppes de Lacilliaires. Il fit de nouvelles recherches sur les différentes espèces de tripoli et de terres à polir employées dans les arts, et observa que le tripoli ordinaire ou feuilleté de Bilin en Bohême se composait uniquement d'infusoires, et qu'il existait dans la terre à polir du même pays, et dans le fer limonite tufacé des marais, un nombre infini d'individus du genre *Gaillonella*. Il rencontra également des débris d'infusoires dans la farine fossile de *Santa-Fiora* en Toscane, etc. »

M. Ehrenberg termine son Mémoire par l'évaluation du nombre d'infusoires qui forment ces matières. D'après ses calculs, une ligne cube de pierre à polir de Bilin en contient 23,000,000, et un grain de cette même substance, 187,000,000!

En résumé, il existe un nombre infini de carapaces fossiles d'infusoires dans les substances que nous venons de nommer, ainsi que dans les dépôts siliceux de l'île de France et les tourbes de Franzbad. Ces carapaces appartiennent à des individus que l'on trouve encore vivants aujourd'hui, soit dans l'eau douce, soit dans l'eau de mer. M. Ehrenberg a déterminé plus de quarante espèces des genres *Navicula*, *Gonphonema*, *Gaillonella*, *Synedra*, *Bacillaria* et *Spongia*.

Description de 300 infusoires. (Voir l'Atlas.)

Parmi les nombreux objets dont le microscope nous a révélé l'existence et les caractères, la classe des êtres désignés sous le nom d'*animalcules infusoires* est peut-être la plus remarquable, si l'on considère que des myriades d'atomes vivants (car dans la série des animaux on ne saurait leur assigner d'autre dénomination) agissent et se meuvent dans la plus petite goutte d'eau avec autant de rapidité et de facilité que s'ils étaient dans un océan sans bornes.

L'intérêt le plus vif s'emparera de l'esprit de tout homme habitué à méditer sur les perfections de la nature et à reconnaître avec admiration la main qui la dirige à travers l'immense variété de ses œuvres merveilleuses.

Nos connaissances sur les plus petites parties de la création étant principalement acquises au moyen du microscope, toutes les améliorations dont cet utile instrument a été l'objet ont naturellement contribué à en augmenter successivement la masse. Le haut degré de perfection que le microscope a acquis de nos jours doit faire espérer que de nouvelles investigations, dirigées dans un bon esprit, amèneront des découvertes propres à satisfaire la curiosité personnelle et à procurer à la science des résultats importants.

Durant plusieurs années après la publication du célèbre ouvrage de Muller, intitulé : *Animalcula infusoria* (1786), l'étude de cette partie de l'histoire naturelle était demeurée stationnaire, si toutefois elle n'était pas entièrement abandonnée. De nos jours, cette science a revêtu ce que l'on peut appeler une forme régulière résultant des matériaux les plus précieux, c'est-à-dire de la réunion de faits positifs enfantés par l'observation pratique la plus scrupuleuse.

L'état avancé où elle est parvenue aujourd'hui est dû principalement aux travaux du docteur Ehrenberg, en ce qui regarde la classe des phytozoaires.

Lamark, en 1815, et Cuvier, en 1817, avaient considérablement amélioré la classification des animalcules infusoires; mais les systèmes introduits par ces deux naturalistes n'étant pas fondés sur un examen attentif des individus eux-mêmes, j'ai cru devoir suivre dans ce petit traité les classifications données par Muller et par le docteur Ehrenberg.

Le mot *animalcule* ne signifie rien autre chose que le diminutif d'*animal*[1] : il est communément employé pour désigner les petits êtres vivants qui se trouvent dans les liquides, et dont l'extrême ténuité ne permet l'étude ni même la vue à l'œil nu. Tels sont, par exemple, ceux qui se trouvent en si grand nombre dans les infusions végétales et animales.

Les différentes classifications dont ces animalcules extraordinaires ont été l'objet reposent principalement sur des caractères tirés de leurs dimensions et de leurs formes extérieures.

Jusqu'à ce que l'on ait eu la pensée de mêler au liquide qui leur sert de nourriture des matières colorantes (expérience qui a été féconde en résultats), les infusoires furent considérés comme dépourvus d'organisation intérieure; on pensait qu'ils se nourrissaient par absorption. Cette erreur a disparu depuis qu'on a trouvé le moyen d'introduire dans leur intérieur des substances colorées, qui ne paraissent d'ailleurs exercer sur eux ou sur leurs fonctions aucune influence fâcheuse. Par ce procédé, on a reconnu dans quelques infusoires une organisation intérieure égale, sinon supérieure à celle de plusieurs grands animaux inverté-

[1] M. le colonel Bory de Saint-Vincent, dans un savant travail inséré dans son *Dictionnaire classique d'histoire naturelle*, a proposé le nom de *microscopiques* pour désigner les infusoires ou animalcules. C. C.

brés. Ces petites créatures ont un système musculaire, un système nerveux, et, selon toute probabilité un système vasculaire, admirablement disposés pour accomplir leurs fonctions respectives.

La partie la plus évidente de leur organisme intérieur est, sans contredit, celle qui sert aux fonctions digestives. Le docteur Ehrenberg l'a choisie comme base principale de sa classification, où les animalcules dits phytozoaires sont partagés en deux grandes divisions: les polygastriques et les rotatoires. Les premiers ont plusieurs estomacs ou sacs digestifs distincts; les seconds sont pourvus d'un véritable canal alimentaire et d'organes rotatoires formés de cils disposés de manière à faire arriver dans la bouche les objets nécessaires à l'alimentation. Ces deux divisions principales de phytozoaires sont ensuite subdivisées en familles et en sections.

Suivant leurs dispositions, les cils servent aux animalcules d'organe de locomotion et les font, dans plusieurs cas, nager avec la plus grande rapidité. Ces appendices paraissent roides comme les cils des yeux, et d'après la description que donne Ehrenberg de plusieurs de ceux qu'il a observés, ils ont pour base une espèce de substance bulbeuse et sont mus en différentes directions par des fibres musculaires, déterminant ainsi dans l'eau un courant qui entraîne vers la bouche des animalcules, l'eau et les substances qui servent à leur nourriture. Ces cils sont quelquefois disposés autour de certains organes de forme circulaire; leurs vibrations particulières, qui leur donnent l'apparence d'un mouvement rotatoire, les ont fait nommer organes rotatoires.

Parmi les autres caractères que présentent à l'extérieur les animalcules infusoires, il faut distinguer:

Les *soies* mobiles, qui agissent probablement comme

les nageoires des poissons et facilitent les moyens de locomotion;

Des espèces de crochets ou appendices recourbés à leur extrémité, servant, aux infusoires, à se fixer sur l'objet qui leur convient.

Les styles fixés à leur base diffèrent des cils, en ce sens qu'ils ne peuvent produire de mouvement rotatoire. Ces appendices sont d'ailleurs plus flexibles et ont plus de jeu que les soies.

Indépendamment de ces caractères distinctifs, plusieurs animalcules jouissent de la singulière facilité de faire sortir de leur corps ou d'allonger certaines parties qui prennent ainsi l'apparence de pattes ou nageoires. Ces appendices, nommés ***appendices variables,*** permettent aux animalcules de marcher ou de nager.

Les figures 8 à 12, 154 et 155, donnent une idée de cette singulière conformation.

Je passe maintenant aux divers moyens à employer pour acquérir une connaissance plus intime de cet intéressant sujet.

C'était autrefois une hypothèse favorite chez les naturalistes de présenter les infusoires comme des êtres qui se nourrissaient par l'absorption cutanée. Ils pensaient aussi qu'on ne parviendrait pas à découvrir des organes propres à l'alimentation et à la digestion. ***Le baron Gleichen fut le premier qui soumit à l'épreuve la vérité de cette théorie :*** il avait mis du carmin dans l'eau contenant des animalcules, et il avait remarqué que dès le second jour certaines parties seulement de l'intérieur du corps étaient remplies de matière colorante, ce qui démontrait évidemment l'existence d'organes alimentaires. Néanmoins Gleichen ne poursuivit pas ses recherches sur ce sujet; c'est aux expériences du docteur Ehrenberg que nous devons la description des différentes formes de ces organes.

De nouvelles expériences ont fait reconnaître qu'il était nécessaire d'employer des matières colorantes végétales, telles que le carmin et l'indigo dans leur état naturel. C'est en opérant ainsi, et avec l'aide d'excellents microscopes, que le docteur Ehrenberg est parvenu à étendre considérablement le cercle des connaissances très-imparfaites qu'on possédait avant lui sur cette partie de l'histoire naturelle.

Avant d'indiquer la manière d'examiner les infusoires sous le microscope, je dirai quelque chose des moyens à employer pour s'en procurer.

Toutes les parties des végétaux, les tiges, les feuilles, les fleurs, les graines, peuvent être mises en infusion; mais il faut avoir grand soin qu'il ne s'y trouve aucune parcelle de quinquina. Les substances végétales sont mises dans de l'eau claire. Plusieurs jours après, si le vase qui les contient n'a pas été agité, il se forme à la surface du liquide une pellicule qui, examinée à l'aide du microscope, se montrera remplie de divers animalcules. Les premiers qui se présentent sont ordinairement de l'espèce la plus simple (*les monades*). Après plusieurs jours, le nombre en devient tellement prodigieux qu'il est impossible de supputer la quantité de ceux qui se trouvent dans la plus petite goutte de liquide.

Plus tard, ce grand nombre diminue, et j'ai presque toujours observé qu'à ces premières espèces succèdent d'autres animalcules d'un volume plus considérable et d'une organisation plus parfaite : ce sont, par exemple, les *cyclides*, les *paramécies*, les *kolpodes*, etc.

Il convient toutefois de faire remarquer ici que la production des animalcules ne suit pas une règle constante, même dans des infusions semblables. Si le vase a une certaine capacité, et si d'ailleurs il est placé dans des conditions favorables de température et d'exposition, il s'y développe successivement les plus grandes espèces d'animalcules, telles que les *vorticelles* et les *brachions*. Ainsi une seule et même infusion récompensera de la faible peine qu'on aura prise à la faire par une très-grande variété d'espèces. L'eau dans laquelle on a fait macérer des fleurs produit aussi des animalcules en abondance, et sir G. Leach a remarqué que les godets en plomb remplis d'eau qui se mettent dans les cages des oiseaux en contiennent plusieurs espèces, notamment des *rotifères*.

On peut aussi se procurer des animalcules microscopiques de toutes sortes en puisant de l'eau dans les bas-fonds des étangs, près des bords, et surtout dans le voisinage des plantes aquatiques.

Il est presque impossible de présenter à l'esprit, autrement que par des figures, une idée exacte des différentes formes qu'affectent les animalcules infusoires, car ces êtres extraordinaires ne ressemblent à aucune autre production de la nature. Je n'ai épargné ni soins ni dépenses pour que les dessins qui accompagnent cet ouvrage représentassent aussi exactement que possible les animalcules, tels qu'ils apparaissent sous le microscpe. Je ne prétends pas dire que les nombreuses figures que je donne reproduisent toutes avec la dernière rigueur les plus petits détails de structure des êtres microscopiques. Pour quelques-uns, l'exactitude est complète; mais c'eût été un travail immense que d'appliquer à toutes les espèces figurées le même soin d'exécution. C'est déjà beaucoup que d'être parvenu à présenter des dessins assez corrects pour faciliter l'étude et les recherches, et d'en avoir réuni la collection la plus exacte et la plus complète qui ait encore été offerte au public.

Par l'inspection des figures on verra que quelques animalcules ressemblent à des sphères, d'autres à des œufs; il en est qui représentent des fruits de différentes espèces, des anguilles, des serpents et plusieurs animaux invertébrés; des entonnoirs, des toupies, des cylindres, des cruches, des roues, des flacons, etc., etc. Tous ont leurs habitudes particulières et vivent de la manière la plus conforme à leurs diverses structures.

Les uns se meuvent dans l'eau avec une rapidité extraordinaire, d'autres, au contraire, paraissent inertes, et exigent, pour faire apercevoir leur vitalité, des observations longues et patientes. Il en est qui sont mous et s'écrasent facilement, d'autres qui sont recouverts d'une coquille délicate ou d'une enveloppe semblable à de la corne. Elle offre divers degrés de densité, ainsi que dans le *volvox*, le *gonium*, dont l'enveloppe est épaisse relativement aux autres; chez ces infusoires la partie molle se reproduit par la division multiple, et les divisions constituent autant de jeunes individus qui, à leur naissance, crèvent leur enveloppe, détruisant ainsi les moindres vestiges de l'animalcule qui les a produits.

Plusieurs infusoires sont simplement couverts d'une lame qui ressemble à l'écaille des tortues; quelquefois elle entoure complétement l'animal en ne laissant que deux petites ouvertures aux extrémités; chez d'autres, ces écailles sont bivalves, ainsi que celles qui renferment les huîtres et les moules.

En se reportant aux planches, on pourra reconnaître assez exactement les modes tout à fait extraordinaires de reproduction des animalcules infusoires.

Les animaux vertébrés sont *ovipares* ou *vivipares;* ces mots désignent suffisamment la manière dont ils se propagent. Il n'en est pas de même à l'égard des animalcules, car, outre ces deux moyens de reproduction, ils en ont d'autres qui leur sont propres :

1° La division spontanée de leur corps en une ou plusieurs parties constituant autant d'individus qui, parvenus à leur entier développement, jouissent de toutes les facultés attribuées à leur classe. Dans quelques genres, cette séparation a lieu d'une manière symétrique (dans le *gonium,* etc.); dans d'autres elle s'opère par sections transversales, longitudinales ou diagonales, et dans ce dernier cas les parties détachées ont souvent une apparence différente de celle qui distingue les individus dont elles se séparent. Ainsi, par exemple, la fig. 160 représente l'animalcule détaché par division transversale de celui représenté fig. 159. Cette circonstance, je dois le faire observer, est quelquefois une difficulté, lorsqu'il s'agit de déterminer les espèces.

2° Ils se reproduisent, ainsi que le *volvox* et quelques autres genres, par la distribution de la substance intérieure d'un individu, en plusieurs petits; en prenant ainsi naissance, ils abandonnent l'enveloppe commune, qui ne tarde pas à disparaître.

3° Par boutures qui se développent sur le côté du corps de certaines espèces et s'en détachent ensuite, ainsi qu'on le voit fig. 218.

4° Enfin par l'émission d'une espèce de frai qui entraîne avec lui une portion du corps de l'animalcule éjaculateur. Voir les figures 79, 80.

Pour observer convenablement les animalcules infusoires au microscope, il convient d'employer les glissoirs aquatiques dont j'ai donné la description dans le

Microscopic Cabinet[1]. On peut aussi se servir d'une bande de glace sur laquelle on met une goutte d'infusion que l'on couvre d'une lame mince de mica; cette lame mince a pour effet d'empêcher la trop prompte évaporation du liquide et d'en rendre la surface plane.

Quand un objet est choisi et placé sur la platine du microscope, il faut encore régler l'éclairage et déterminer le grossissement qui lui convient le mieux. Ces deux points doivent être soigneusement étudiés, car la beauté des effets, même dans les meilleurs microscopes, dépend surtout de ces deux conditions importantes.

Pour l'observation des animalcules infusoires, le microscope achromatique bien construit a sur tous les autres un immense avantage. Il a un vaste champ, se manie avec facilité, et d'ailleurs il est applicable à l'examen de tous les objets. A défaut d'un instrument de ce genre, il convient de faire usage de bons doublets qui jouissent d'un haut pouvoir pénétrant et définissant. A ces précieuses qualités ils joignent le mérite d'avoir moins d'aberrations que les verres simples. Enfin, si l'on se trouvait dans l'impossibilité de se procurer les espèces de microscopes que je viens d'indiquer, on pourrait encore, en employant de bonnes lentilles simples bien montées, observer les animalcules des infusoires avec plaisir et avec fruit.

[1] *The Microscopic Cabinet*, par le docteur Goring et Pritchard, in-8. Londres.

INFUSOIRES.

CLASSIFICATION DE MULLER.

A. *Pas d'organes extérieurs.*—1. ORGANISATION LA PLUS SIMPLE.

Monas	(en forme de point).
Proteus	(changeant).
Volvox	(sphérique).
Enchelis	(cylindrique).
Vibrio	(allongé).

2. MEMBRANEUX.

Cyclidium	(ovale).
Paramæcium	(oblong).
Kolpoda	(échancré).
Gonium	(anguleux).
Bursaria	(creux).

B. *Organes extérieurs.*—1. NUS.

Cercaria	(ayant une queue).
Trichoda	(poilu).
Kerona	(cornu).
Himantopus	(ayant une touffe de poils).
Leucophra	(entièrement couvert de cils).
Vorticella	(bouche garnie de cils).

2. CORPS COUVERTS D'UNE COQUILLE.

Brachionus	(bouche garnie de cils)

1er genre.—MONAS.

Ce genre renferme les plus petits de tous les animalcules dans lesquels (même avec les meilleurs microscopes), on ait pu observer un mouvement volontaire. Longtemps ce mouvement a été le seul signe de vitalité qu'on ait distingué dans ces animaux; mais, grâce aux procédés d'expérimentation récemment mis en usage par le docteur Ehrenberg, on reconnaît chez eux maintenant une organisation aussi complète que celle des animaux d'une dimension beaucoup plus considérable.

Les monades, généralement d'une forme très-simple, ont le corps sphérique ou cylindrique sans aucun appendice extérieur. Leur bouche, très-difficile à apercevoir, est seulement un orifice dépourvu de cils ou de poils, excepté dans une ou deux espèces. Les monades sont incolores et très-transparentes. On ne peut voir de leurs organes intérieurs que les parties qui servent aux fonctions digestives: ce sont deux ou plusieurs cavités ou sacs globuleux qui communiquent probablement entre eux par des conduits tubulaires, semblables à ceux qu'on observe dans les plus grands infusoires polygastriques, mais qui dans ce genre sont trop ténus pour être distingués; on ne peut même convenablement examiner les sacs digestifs ou estomacs des monades qu'autant que l'eau dans laquelle ils existent a été teinte avec une matière végétale colorante, car, sans cette précaution, la nourriture prise par ces animalcules étant d'une transparence égale à celle qui leur est propre, ne laisserait dans leur intérieur aucune trace sensible.

Les monades se multiplient par la division d'un individu en deux ou plusieurs autres, qui se subdivisent également, lorsqu'ils ont atteint leur entier développement.

Les monades se recommandent à l'attention des observateurs, surtout à cause de leur extrême ténuité:

elles forment la dernière limite de nos connaissances sur la nature animée. Leur diamètre variant de 1/1,200 à 1/24,000e de pouce [1], il faut pour les voir se servir des plus forts grossissements. Ces animalcules se trouvent à la surface des infusions végétales ou animales en un nombre véritablement prodigieux. Aux dix espèces décrites par Muller, Ehrenberg en a ajouté cinq nouvelles.

Fig.			
1.	Monas	termo.	
2.		atomus et lens.	
3.		punctum	bodo punctum (E.) [2].
4.		guttula	(E.).
5.		mica.	
6.		uva.	

On trouve ce genre d'infusoires dans l'eau pure, limpide, pendant l'été, quelquefois dans l'eau de mer longtemps conservée; dans les eaux salées, l'eau des marais au printemps, ainsi que dans les infusions de champignons.

2e genre.—PROTEUS.

Ce genre contient des animalcules plus grands que les précédents, et dont la conformation est excessivement curieuse. Leur observation est intéressante, non pas autant par la complication de leur organisme, qui est plus simple que celui des vorticelles, que par la singulière faculté qu'ils possèdent de varier leurs for-

[1] Il s'agit ici du pouce anglais, ou 1/36 du *yard*, qui équivaut à 2 centimètres 539,954.

[2] Les noms des infusoires sont ceux donnés par Muller, mais on a, autant que possible, placé en regard les dénominations d'Ehrenberg; elles sont indiquées par un E.

mes en dilatant et en contractant leur corps de diverses manières. Ces mouvements s'effectuent avec lenteur, et l'on a tout le temps nécessaire pour suivre les diverses transformations.

Voici, d'après Muller, les caractères génériques des protées : « Animalcules à forme changeante, jouissant de la propriété de faire saillir volontairement des appendices variables en forme de pattes. » Ce naturaliste n'en connaissait que deux espèces. Schrank en a ajouté deux autres, et Sozano, dans les *Transactions de l'Académie de Turin,* vol. XXIX, en décrit soixante-neuf.

Fig. 8, 9, 10, 11 et 12.	Proteus	diffluens	(amœba diffluens. (E.).
7.		tenax.	

Se trouvent parmi les lentilles d'eau (*Lemma major*), au mois de mars, l'eau de rivière, surtout le *p. tenax.* Les figures indiquent les diverses formes que prennent ces animalcules.

3e genre.—VOLVOX.

Les animalcules qui composent le genre *volvox* ont une forme globuleuse et tournent dans l'eau. Quelques espèces sont assez grandes pour être vues à l'œil nu. Ehrenberg n'a pu distinguer l'appareil digestif des volvoces, mais il pense qu'il est semblable à celui des monades. C'est à ce genre qu'appartient le bel animalcule appelé *volvox globator,* qui est si curieux à observer au microscope solaire.

Fig. 13.	Volvox	granulum.
14.		pilula.
15.		socialis.
16, 17.		morum.

18.	lunula.
19, 20, 21.	vegetans.
22.	globator.

Eau de mer corrompue, marais en juin, au printemps et en automne, avec le *cercaria viridis*, à la surface des étangs couverts d'une pellicule d'un vert sombre; en septembre et durant les derniers mois de l'année. Muller en a trouvé dans l'eau de rivière en novembre; il a aussi recueilli le *v. socialis* sur le *chara vulgaris*; il en existe dans les mares couvertes de végétations, parmi les lézards et les grenouilles. On prétend qu'une infusion de chènevis fournit abondamment le *globator*.

4e genre.—ENCHELIS.

Suivant Muller, ce groupe d'animalcules contient vingt-sept espèces. Ses caractères généraux sont *Animalcules microscopiques simples, d'une forme cylindrique*.

L'enchelis deses est classé par Ehrenberg dans un nouveau genre établi par lui sous le nom de *bacterium*, et dans lequel il a placé dix espèces nouvelles. Il est probable qu'à l'aide de bons instruments et par de patientes observations on reconnaîtra plus tard que plusieurs des animalcules donnés comme espèces distinctes ne sont tout simplement que des individus semblables observés à différentes époques de leur accroissement[1].

Les dimensions des enchelides variant beaucoup suivant les espèces, il est nécessaire de faire usage de différents grossissements (de 200 à 500 diamètres). Si l'on a l'occasion d'observer ces animalcules avec des micro-

[1] Fait vérifié par M. Nicolet, savant observateur. A. C.

scopes de constructions différentes, mais d'un même pouvoir, on acquerra la preuve que dans ces instruments la condition d'amplification n'est pas la seule nécessaire pour faire voir convenablement les détails délicats de la structure des corps observés.

Fig.		
23.	Enchelis	viridis.
24.		punctifera.
24'.		ovulum.
25, 26.		fritillis.
27.		fusus.
28.		cautada.
29.		epistomium.
30.		retrograda.
31.		festinans.
32, 33.		index.
34.		spatula.
35.		truncus.
36 à 41.		pupa et farcimen.
65.		deses (bacterium deses, E.).

Eau croupie, marais en septembre, les infusions de foin et d'herbe. Muller a trouvé l'*intermedia* dans une infusion du *leucajon fluviatilis;* ils se rencontrent aussi dans l'eau de mer et celle de rivière croupie, dans la matière verte qui s'attache aux parois des vases où l'on a conservé cette eau. Parmi les lentilles d'eau on en a trouvé en novembre dans l'eau qui coule du fumier.

5e genre.—VIBRIO.

Le grand nombre d'individus qui prennent place dans le genre *vibrion,* la structure, la forme et la dimension de plusieurs des espèces peuvent fournir la matière de beaucoup d'observations intéressantes. Rien n'est plus curieux à examiner avec un bon microscope que la structure des vibrions *anguillula* et *spirillum*, ainsi que les mouvements singuliers du *v. olor*, etc.

Considéré sous le point de vue scientifique, le genre vibrion est le moins bien déterminé de ceux établis par Muller. Dans ce groupe se trouvent à la fois des animalcules membraneux et des animalcules crustacés; il en est d'aussi déliés qu'un fil, d'autres qui sont presque aussi épais que larges. Plusieurs ont une organisation si complète que quelques naturalistes modernes n'ont point hésité à les exclure de la famille des phytozoaires; d'autres enfin se distinguent difficilement des végétaux.

Pour diminuer en partie cette confusion, sans compliquer la classification, j'en ai fait trois catégories : la première et la plus simple exige un pouvoir amplifiant de 200 à 500 fois; la seconde et la troisième comprennent des individus tellement variables par leurs dimensions qu'on en aperçoit quelques-uns avec un grossissement moins fort de plus de moitié, et que d'autres se montrent même à l'œil nu.

Le genre vibrion est ainsi défini par Muller : « Ver invisible, très-simple, arrondi et un peu allongé. »

1re DIVISION.

Fig. 42.	Vibrio	tripunctatus	(navicula tripunctata, E.).
43.		paxillifer.	
44.		lunula.	
		2e DIVISION.	
45.		rugula.	
46.		spirillum	(spirillum volutans, E.).
47.		malleus.	
48.		sagitta.	
49.		colymbus.	
50, 51.		strictus.	

166, 168, 170.	fasciola	(trachelius fasciola, E.).
52, 53.	olor	(lacrymaria olor, E.).
54.	anser	(amphileptus anser, E.)

3e DIVISION.

55.	serpentulus	(amblyura serpentulus, E.)
56.	coluber.	
57.	marina.	

Se trouvent habituellement par groupes au fond des mares; quelques-uns viennent à la surface après la pluie et donnent à l'eau une teinte verte. On en prend dans le fond des fossés qui contiennent de l'eau; en général, il faut les conserver dans le liquide où ils ont été pris, car l'eau fraîche les tue bientôt. Ils se rencontrent encore dans l'infusion de *paramœcium aurelia* en septembre, dans les marais en novembre; les infusions végétales dans l'eau douce ou salée, l'eau de mer croupie, les sources vives, l'eau limpide des rivières, sous les lentilles d'eau, dans les eaux stagnantes, parmi les conferves, dans le vinaigre, la colle de pâte et le blé attaqué de rouille, plongé dans l'eau après avoir été ouvert.

6e genre.—CYCLIDIUM.

Les cyclides sont des animalcules de forme aplatie, ronde ou ovale; ils sont dépourvus de cils. Leur transparence est si grande que les plus délicates gravures ne peuvent reproduire que faiblement l'admirable éclat qui leur donne l'apparence du cristal.

Fig. 58, 59, 60, 61.	Cyclidium glaucoma.	
192, 194.	scintillans	(glaucoma scintillans, E.).
62.	nucleus.	
63, 64.	dubium.	

Infusion de foin, eaux stagnantes. Le *cycl. pediculus* se trouve sur les polypes; on peut en rencontrer parmi les lentilles d'eau.

7e genre. — PARAMŒCIUM.

Les individus qui forment ce genre sont membraneux, longs et un peu aplatis. Ehrenberg pense que les paramœcides et les kolpodes sont des monades et des cyclides à un état d'accroissement plus développé.

Fig.		
Fig.	66, 67.	Paramœcium. chrysalis.
	68.	aurelia.
	69.	oviferum.
	70.	marginatum.

M. Pritchard ne donne aucun renseignement sur la manière de se procurer ce genre; mais M. Muller a trouvé les paramœcides dans les fossés, parmi les lentilles d'eau, en juin, novembre, décembre, dans les mares couvertes de matières vertes. En automne ils abondent dans l'eau de mer, les marais; ils se développent aussi dans plusieurs autres infusions. C. C.

8e genre. — KOLPODA.

Les kolpodes varient beaucoup dans leurs formes extérieures. Les figures 80 et 89 donnent une idée générale de ce genre. Voici la définition de Muller : « Un animalcule invisible, très-simple, pellucide, aplati et contourné. »

Fig.			
Fig.	72.	Kolpoda lamella	(trachelius lamella, E.).
	74.	ochrea.	
	89.	mucronata.	
	77.	nucleus.	
	73, 75.	meleagris	(amphileptus meleagris, E.).
	76, 79, 80, 81		

82 et 83.	cucullus.	
85, 86, 87, 88 et 89.	cucullulus	(loxodes cucullulus, E.).
90.	cuculio	(cuculio, E.).
77, 78, 84.	pirum	(trichoda carnium, E.).
91, 92.	cuneus.	

Eau salée, lentilles d'eau, eau de mer, infusion de chènevis. Le *k. cucullus*, ce curieux infusoire, se trouve l'été dans diverses infusions végétales, et surtout dans les macérations de foin longtemps conservées.

9e genre.—GONIUM.

Les animalcules ainsi nommés forment des amas, des groupes. Leur propagation s'opère par la séparation transversale d'un individu en plusieurs autres, qui néanmoins conservent une forme symétrique. Observés isolément, la plupart des individus ressemblent aux volvoces.

On ignore la disposition de leurs organes digestifs. Comme objets microscopiques, ces animaux sont fort curieux; ils n'exigent qu'une amplification modérée.

Muller définit ainsi le genre gonium : « Animalcules invisibles, simples, lisses et de forme angulaire. »

Fig. 93, 95.	Gonium	pectorale.	
96.		trichina.	
97.		pulvinatum.	
98.		corrugatum.	
94.		truncatum	vel obtusangulum.

A la surface des eaux transparentes, le *g. pectorale* se trouve souvent avec le *cercaria viridis*. On en trouve au mois de juin parmi les conferves des eaux claires, dans différentes infusions, surtout celles de fruits, de pulpe de poires.

10e genre.—BURSARIA.

Animalcules simples, creux, membraneux. Ils doivent leur nom à leur forme, qui est assez semblable à celle d'une bourse. Ehrenberg ne décrit qu'une seule espèce de bursaire; il n'indique pas la place que ce genre doit occuper.

Fig.		
99.	Bursaria	truncatella.
100.		bullina.
101.		hyrundinella.
116.		dnplella.
117.		globina.

Eau de mer, dans les lentilles d'eau, les eaux stagnantes.

11e genre.—CERCARIA.

Suivant Muller: « Animalcules invisibles, transparents, pourvus d'une queue. » Si l'on considère l'organisation intérieure de ce genre, on trouvera qu'il est extrêmement étendu. Quant aux espèces, elles diffèrent tellement entre elles qu'il serait difficile de leur assigner avec exactitude des caractères généraux.

Fig.			
102.	Cercaria	lemna.	
103.		inquieta.	
104.		turbo.	
105, 109.		viridis	(euglena viridis, E.).
110, 111.		spirogyra	(spirogyra, E.).
112, 113, 122.		pleuronectes	(pleuronectes, E.).
114.		podura	(ichthydium podura, E.).
115.		hirta.	

118. tripos.
119. forcipata (distemma forcipata, E.).
120. orbis.
121. luna.
123. crumena.
124. lupus (cycloglena lupus, E.).

Eaux salées, surface d'eaux stagnantes, infusions animales, *id.* de foin, conferves des sources en août et décembre, lentilles d'eau en été. Le beau *c. viridis* se prend au printemps et en été de la manière suivante : on ramasse dans une fiole à large ouverture la matière d'un vert foncé qui se trouve sur quelques mares (on la distingue des conferves et des lentilles d'eau par l'absence des filaments qui réunissent ces dernières). On transporte soigneusement cette substance avec un peu d'eau de la mare, en se gardant de secouer la vase, car on précipiterait les insectes au fond et on en tuerait beaucoup. Pour les faire revenir à la surface il faudrait placer la fiole au grand jour.

On doit encore éviter de garder dans le même vase des larves, et surtout celles de cousin, qui détruiraient les *cercaria*.

On rencontre quelquefois le *c. rubrum* parmi les *viridis*. Les eaux salées corrompues, les infusions diverses, l'eau des rivières limpides.

12e genre.—LEUCOPHRYS.

Caractères, suivant Muller : « Animalcules diaphanes garnis de cils. »

Fig. 128. Leucophrys mamilla.
127. viriscens.
126. bursata.

129.	postuma.
125.	pertusa.
130.	fracta.
132, 133.	acuta.
131.	nodulata.
139.	armilla.
138.	cornuta.
136, 137.	heteroclita.
162, 163.	pyriformis. (E.)
159, 160.	patula (E.), (trichoda patula, M.).

Eaux stagnantes des marais, eau de mer en novembre et décembre, eau salée, lentilles d'eau en décembre, infusions végétales dans l'eau douce ou salée, dans les moules, dans les puits et les baquets contenant de l'eau.

13e genre. — TRICHODA.

Caractères, suivant Muller : « Animalcules diaphanes garnis de cils sur une partie seulement de leur corps. »

Ce genre est très-nombreux. Il contient à la fois des animalcules polygastriques et des animalcules rotifères pourvus d'un canal digestif. Plusieurs d'entre eux peuvent être aperçus à l'œil nu.

Fig. 135.	Trichoda grandinella	(trichodina grandinella, E.).
134.	cometa	
156, 157, 158.	sol	(actinophrys sol, E.).
154, 155.	vulgaris	(arcella vulgaris, E.).
140.	diota.	
141.	floccus.	
142.	præceps.	
167.	gibba.	
143.	ignita.	
153.	forceps.	
144.	index.	

145.	sulcata.	
164, 165, 169.	anas	(trachelius anas, E.).
37.	barbata.	
146, 147.	farcimen.	
148, 149.	vermicularis.	
152.	melitea.	
161.	ambigua.	
151.	augur.	
150.	clavus.	
174.	gallina.	
180, 181.	erosa.	
175.	inquilina.	
178.	ingenita.	
179.	innata.	
182, 186.	charon	(euplœa, E.).
176.	larus	(chætonotus larus, E.).
172.	rattus	(monocerca rattus, E.).
171.	pocillum	(dinocharis, E.).
173.	cornuta	(monostyla cornuta, E.).
177.	longicauda	(scaridium, E.).

Infusions végétales dans l'eau salée, dans les rivières limpides en décembre, lentilles d'eau, eau de mer. On a trouvé le ***trichoda sol*** attaché au ***kerona pustulata***. Ces infusoires se rencontrent encore dans les moules, les eaux stagnantes, les infusions de limaces, de petits poissons, de larves, de foin, d'herbes, parmi les conferves. Le ***t. fixa*** est souvent attaché au ***leucophrys signata***.

14e genre.—KERONA.

Caractères : Animalcules munis de crochets, soies ou appendices semblables à des cornes.

Les kerones forment la subdivision à laquelle Ehrenberg a donné le nom d'***oxytrichina***.

Fig. 191, 198, 177. Kerona pustulata.
188, 189. patella.
187. calvitium.
199. histrio (stylonychia, E.).
190. pullaster (oxytricha, E.).

Infusions végétales, eau de rivière, conferves, eau de mer.

15e genre.—HIMANTOPUS.

Animalcules transparents munis d'un bouquet de poils.

Fig. 195. Himantopus larva.
196. corona.

Lentilles d'eau, eau de mer.

16e genre.—VORTICELLA.

Ce genre est très-nombreux. Muller en comptait soixante-quinze espèces, et Bruguière soixante-dix-neuf. Je suis assez disposé à croire que plusieurs des espèces décrites sont des individus semblables à divers degrés de développement. Leur organisation est très-variable.

Ils sont nus, contractiles, et ont autour de la bouche des cils disposés circulairement, et qui produisent un tourbillon dans l'eau. Dans quelques vorticelles, ces poils semblent exécuter un mouvement de rotation. Pour expliquer cette singulière propriété on a eu recours à diverses hypothèses : suivant Ehrenberg, l'apparence du mouvement rotatoire est due, non à une structure particulière, mais à la disposition des cils; car, ainsi que les cils vibratoires, ceux des vorticelles sont supportés chacun par une bulbe qu'ils peuvent mouvoir en tous sens au moyen de fibres musculaires, de manière que chaque cil décrit un cône dont le bulbe forme le sommet.

Si l'on regarde ces cils disposés circulairement, leur mouvement produira l'apparence d'une roue qui tourne.

Fig.			
237, 238.	Vorticella	cincta	(peridinium cincta, E.).
207.		bursata.	
208.		utriculata.	
209, 224.		polymorpha.	
203, 205, 217, 223.		convallaria	(bellis, semila).
211, 214.		polypina.	
200, 202.		citrina.	
204.		scyphina	(hamata, crateriformis).
210.		discina	
215.		limacina.	
229.		digitalis	(epistylis, E.).
212, 213.		pyraria.	
225.		umbellaria.	
226.		ovifera.	
227, 228.		vaginata.	
216.		patellina.	
246, 247.		annularis.	
232.		globularia.	
231.		cyathina.	
240.		putrina.	
241, 250.		racemosa.	
264, 236.		ampulla.	
248.		opercularia.	
249.		berberina.	
235.		ringens.	
253, 258, 259.		senta.	(hydatina, E.).
251, 252, 255.		rotatoria	(rotifer vulgaris, E.).
254, 256.		erythrophthalma	(philodina, E.).

257. najas (eosphora, E.).
242. lacinulata (notommata, E.).
267. longiseta (id.).
265. felis (id.).
263. tremula.
266, 274. constricta.
230, 239. flosculosa.
243, 245. tuberosa.

Eau limpide, de mer, salée, lentilles d'eau à la fin de l'été, principalement sur les feuilles. Petits coquillages aquatiques, amas d'œufs, larves des insectes (surtout le *v. convallaria*), plusieurs infusions végétales en été, eaux stagnantes, conferves et dépouilles des insectes, infusion dans l'eau de mer, feuilles de plantes aquatiques.

17e genre.—BRACHIONUS.

Les *brachions* sont des animalcules renfermés entièrement ou partiellement dans une enveloppe semblable à une coquille. Ils ont, comme les vorticelles, des organes rotatoires, et forment dans la classification d'Ehrenberg un ordre qui leur est parallèle. Dans quelques espèces, on a distinctement aperçu des yeux. Leur structure organique est beaucoup plus compliquée que celle de plusieurs animaux d'un ordre supérieur.

Les brachions ressemblent beaucoup aux *entomostracés*. Leurs dimensions et les détails curieux de leur organisation en font des objets microscopiques extrêmement intéressants.

Fig. 261, 262. Brachionus striatus.
270. squamula.
268, 269. pala (anuræa, E.).
271. bipalium.

282.	clypeatus.	
275.	lamellaris	(stephanops, E.).
272, 273.	patella	(patella, E.).
284, 285.	patina	(pterodina, E.).
283.	bractea	(squamella bractea, E.).
276, 279.	plicatilis.	
280, 281.	ovalis.	(lepadella ovalis, E.).
291.	tripos.	
289.	dentatus.	
298.	mucronatus	(salpina, E.).
397.	uncinatus	(colurus, E.).
294.	cirratus.	
286.	passus.	
288.	quadratus.	
287.	impressus.	
296.	urceolaris	(brachionus, E.).
292, 293.	bakeri.	
300, 301.	patulus.	

Eau de mer, lentilles d'eau, conferves et eaux courantes en été et au printemps, sources vives au printemps, eaux stagnantes. On trouve le *b. patulus* avec la *vorticella rotatoria*.

M. Pritchard fait remarquer qu'il est bon d'examiner certaines espèces sans les recouvrir d'une seconde lame de verre ou de mica : tels sont les *vibrions*, etc.

XVI

APPENDICE

INSTRUMENTS D'OPTIQUE

appliqués à la médecine et à la chirurgie.

APPLICATION DE LA PHOTOGRAPHIE A LA MICROSCOPIE.

En terminant cet ouvrage, j'ai cru devoir être agréable au lecteur en lui donnant la description de quelques instruments d'optique que je fabrique, et qui servent pour la médecine et la chirurgie. Parmi ceux-ci, je citerai l'endoscope, le laryngoscope, l'ophthalmoscope, le lactoscope, les verres de lunettes et appareils utiles pour l'étude de la vision.

Les instruments que je viens de citer sont tout à fait du domaine de l'optique. Les montures demandent à être faites avec grande précision, et à cet égard les moyens dont nous disposons s'accordent parfaitement avec ce genre de fabrication.

Il y a beaucoup d'instruments de chirurgie que nous pourrions construire, ceux dans lesquels il faut une précision complète, et où les ajustements sont nécessaires.

Nous prions donc MM. les médecins et chirurgiens de nous confier la fabrication de certains de leurs instruments, et ils pourront voir de suite avec qu'elle précision nous pouvons les exécuter.

La fig. 103 représente l'*endoscope* du docteur A.-J. Dé-

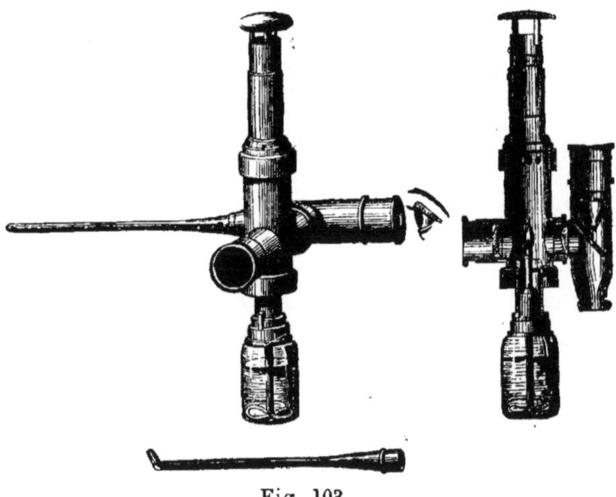

Fig. 103.

sormeaux.

Cet instrument, qui rend chaque jour de si grands services pour l'étude des maladies des voies urinaires, se compose :

1° D'un tube renfermant un miroir métallique incliné à 45° sur l'axe de l'instrument, et percé à son centre; ce tube se termine, à une extrémité, par une douille qui sert à l'adapter aux sondes que l'on introduit dans les organes; par l'autre bout, il est muni d'un diaphragme percé, comme le miroir, d'une petite ouverture centrale;

2° D'une lampe placée dans une sorte de lanterne, que l'on réunit à la pièce précédente au moyen d'un tube latéral. La lumière de cette lampe, réfléchie par un réflecteur concave, vient tomber sur le miroir incliné, qui la dirige vers les objets placés au bout de la sonde;

3° Une lentille, destinée à faire converger les rayons lumineux sur l'objet que l'on veut éclairer.

La lampe doit être aussi petite que possible, pourvu qu'elle donne assez de lumière, afin que l'appareil soit facile à monter. Celle qui remplit le mieux ces conditions est une petite lampe à *gazogène* (liquide composé d'essence de térébenthine et d'alcool, l'alcool pur ne donnerait qu'une flamme bleue sans lumière).

Pour monter l'appareil, on fixe, dans la douille à vis de pression, l'extrémité de la sonde, puis, sur le tube latéral, on adapte la lampe, que l'on a préalablement réglée de façon que sa flamme blanche réponde au centre du miroir concave. Il faut avoir soin que la flamme ne soit pas trop petite, mais aussi qu'elle ne soit pas trop haute, parce qu'alors, son maximum d'intensité se trouvant au-dessus de l'axe du réflecteur, elle éclairerait peu, ou même pas du tout. On parvient à la mettre au point convenable en faisant glisser, dans un sens ou dans l'autre, le tube qui entoure la mèche.

Lorsque ces conditions sont bien remplies, les objets doivent être bien éclairés à l'extrémité de la sonde, et on doit les voir distinctement en regardant par l'ouverture du diaphragme.

Il faut avoir soin, pendant tout le temps de l'examen, de maintenir la lampe bien verticale, sans quoi elle n'éclairerait pas. Il est bon d'être dans un lieu obscur, parce que les objets observés à la lumière artificielle paraissent d'autant plus éclairés que la lumière extérieure est moindre. Lorsque la surface des objets est humide, il faut commencer par l'essuyer avec soin; pour cela, le meilleur moyen consiste à les éponger-au moyen de petits morceaux d'agaric, montés sur une tige flexible qui s'introduit dans les sondes par leur ouverture latérale.

Enfin, nous ferons observer que ce n'est guère qu'après cinq ou six observations que l'on peut être familiarisé avec l'instrument pour bien observer.

Les sondes varient suivant l'usage auquel on les destine: pour les organes remplis de liquides, comme la vessie, on emploie une sonde fermée par un verre. Dans les autres cas, on se sert de sondes ouvertes par les deux bouts et fendues sur le côté, pour pouvoir y introduire le porte-éponge, des porte-caustiques ou d'autres instruments.

Tantôt ces sondes doivent être introduites dans les organes au moyen d'un embout, que l'on retire avant de fixer la sonde dans l'endoscope (urètre, utérus, rectum); tantôt il est plus commode de les fixer à l'instrument avant leur introduction (fosses nasales, pharynx).

Nous ferons observer, en terminant, que l'intérieur des sondes doit être tenu du noir le plus mat possible. On y arrive en les enduisant d'une couche de noir de fumée au vernis, que l'on brûle ensuite en exposant la sonde à la chaleur d'une lampe.

L'endoscope du docteur Désormeaux est aujourd'hui placé parmi les instruments qui rendent le plus de services à la chirurgie. Cet instrument doit être accompagné de sondes que l'on trouve chez M. Charrière, qui construisit les premières employées pour l'appareil.

L'usage de l'endoscope se répand de jour en jour, et bien des maladies inconnues sont aujourd'hui décrites avec exactitude. Parmi ceux qui en font constamment usage dans leur pratique, nous citerons M. le docteur F. Mallez, habile chirurgien, qui a déjà obtenu bon nombre de succès. Puis encore MM. les docteurs Saeez, Elleaume, etc. On peut, du reste, à nos ateliers, voir l'instrument et se rendre compte de ses effets.

Le *laryngoscope* du docteur Zermatt (fig. 104) est un

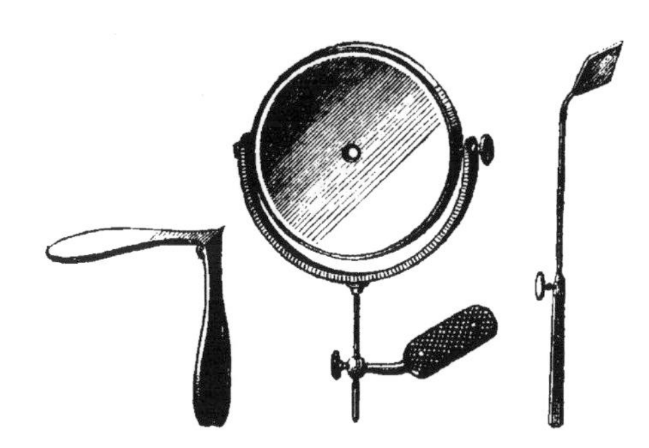

Fig. 104.

instrument bien précieux, et qui, entre les mains de nos habiles chirurgiens, a déjà rendu d'immenses services. Dans cet instrument, il importe d'avoir des miroirs parfaitement construits et argentés. Du reste, grâce à l'excellent procédé d'argenture de M. A. Martin, nous avons pu appliquer ce système à tous les miroirs que nous employons pour nos microscopes, laryngoscopes, ophthalmoscopes, etc. L'argenture donne plus d'éclat, plus de lumière, et certes cela ajoute à la qualité des instruments.

Nous sommes en train de construire un nouveau laryngoscope que nous nommerons laryngomégascope. Cet instrument se composera d'un pied en cuivre, surmonté d'une tige avec tubes à frottement, puis du miroir mobile en tous sens. Sur le côté ou au milieu du miroir nous appliquerons une petite lunette de Galilée grossissant trois, quatre ou six fois, de façon à pouvoir observer le larynx sous des amplifications capables de fournir un diagnostic plus certain. Nous pensons que cet utile perfectionnement rendra des services, et bientôt nous soumettrons le nouvel instrument aux divers corps savants.

L'*ophthalmoscope* (fig. 105) est aujourd'hui le compagnon

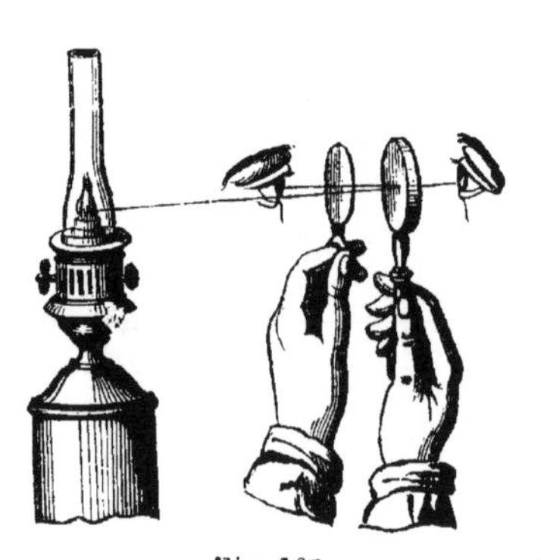

Fig. 105.

inséparable de l'oculiste. Les services que rend chaque jour cet instrument si simple en apparence sont innombrables. Dans cet instrument, entièrement du domaine de l'optique, il faut encore que le miroir soit parfaitement fait, et de plus, que les lentilles que l'on emploie soient faites en *crown* blanc, limpide et d'un poli parfait. Il est malheureux de voir combien est mal faite la masse des ophthalmoscopes vendus: les miroirs ne sont pas sphériques, les lentilles en verre à vitre sont verdâtres et mauvaises.

Nous avons fait un perfectionnement important à l'ophthalmoscope en y appliquant l'achromatisme. Notre

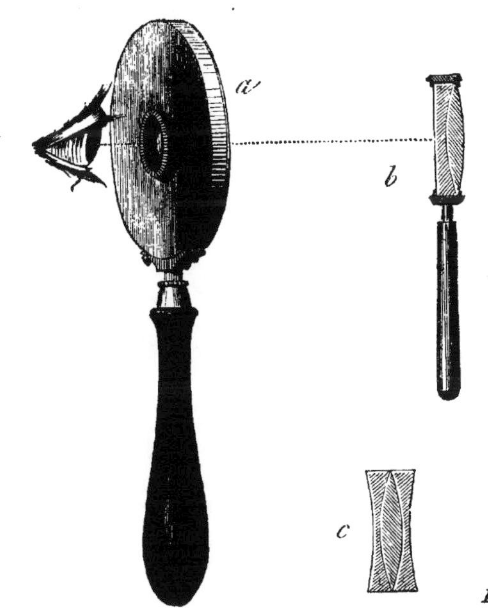

Fig. 106.

ophthalmoscope achromatique est représenté fig. 106. Avec

cet instrument on obtient des images plus nettes, plus définies, et le diagnostic devient plus facile.

Pour tous les ophthalmoscopes, l'achromatisme doit être employé : c'est le seul moyen de faire de bons instruments. Nous construisons aussi des ophthalmoscopes fixes et de tous les modèles.

La fig. 107 représente le *lactoscope* du docteur Donné.

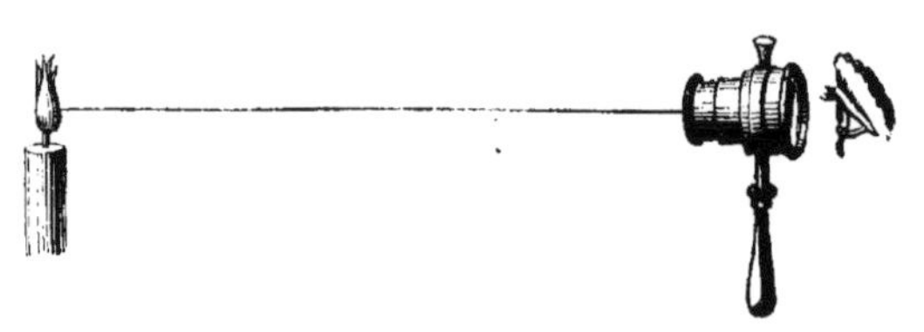

Fig. 107.

On sait que cet excellent instrument sert à déterminer la richesse du lait.

La fig. 108 représente ma *trousse d'oculiste*, dans laquelle

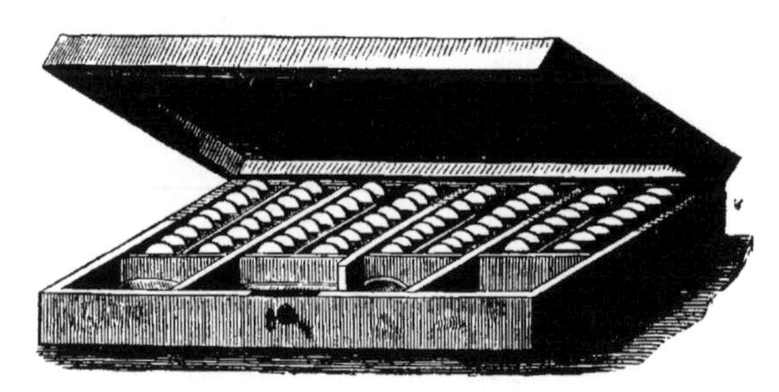

Fig. 108.

se trouvent tous les verres nécessaires pour la myopie, la presbyopie, la cataracte, la diplopie. J'ai réussi à faire pour 70 fr. une excellente trousse, indispensable aux médecins qui s'occupent des maladies des yeux.

J'appellerai particulièrement l'attention sur ma fabrication spéciale de verres de lunettes en *crown-glass pur*, polis séparément au papier. Les soins que j'apporte à ces travaux réalisent des produits dont la qualité ne peut être dépassée.

J'ai imaginé une nouvelle *lunette antistrabique*, qui dans beaucoup de cas peut corriger le strabisme. La fig. 109

Fig. 109.

la représente. Elle se compose d'une plaque mobile dont les trous se placent simultanément devant une fente, de façon à pouvoir régler l'instrument. On peut construire cette lunette pour tous les genres de strabisme. J'ai présenté, il y a quelque temps, à l'Académie des sciences divers instruments fort utiles pour l'application des lunettes, un visiomètre universel, un pupillomètre, un axomètre et un besiclomètre.

Mon *visiomètre universel* (fig. 110 se compose d'une règle horizontale, graduée d'après la formule $\frac{p \times d}{p - d}$. Un écran vertical, muni d'un indicateur, se meut sur la règle au moyen d'une vis sans fin, aboutissant à l'extrémité de l'appareil, qui porte un support destiné à appuyer la tête. Pour s'en servir, on appuie le front sur l'appareil, on dirige les yeux sur l'écran ; puis on fait mouvoir ce dernier, en s'arrêtant au point de la vision parfaite; il ne reste qu'à lire le numéro. Pour la myopie, l'hypermyopie, cet

Fig. 110.

instrument donne d'excellents résultats.

Pour la presbyopie simple, il rend de grands services. Pour l'hyperpresbyopie, j'ai gradué la règle à l'aide du n° 5, avec lequel j'ai fait essayer. Ainsi, ayant remarqué qu'un presbyte au n° 10 lisait avec le n° 5 à 17 cent. et demi, j'ai marqué cette mesure, et, agissant ainsi pour les autres numéros forts, j'ai obtenu une échelle très-exacte. On sait que, dans l'hyperpresbyopie, les petits objets ne sont

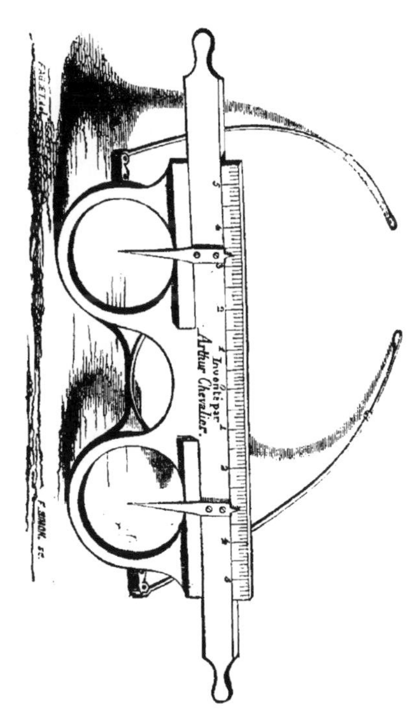

Fig. 111.

pas visibles à des distances rapprochées.

Mon *pupillomètre* (fig. 111) est indispensable pour connaître l'écartement des pupilles et construire des lunettes parfaites. On n'avait pas encore fait d'instrument de ce genre ; cependant, on peut en tirer bon parti.

Pour faire de bonnes lunettes, non-seulement il faut connaître l'écartement des pupilles, mais aussi savoir la hauteur du pont ou appui des lunettes, afin que le centre visuel passe par l'axe des verres ; c'est pour déterminer cette hauteur que j'ai imaginé l'*axomètre* ou lunette à pont mobile, qui me permet de construire des montures de lunettes mathématiquement exactes (fig. 112).

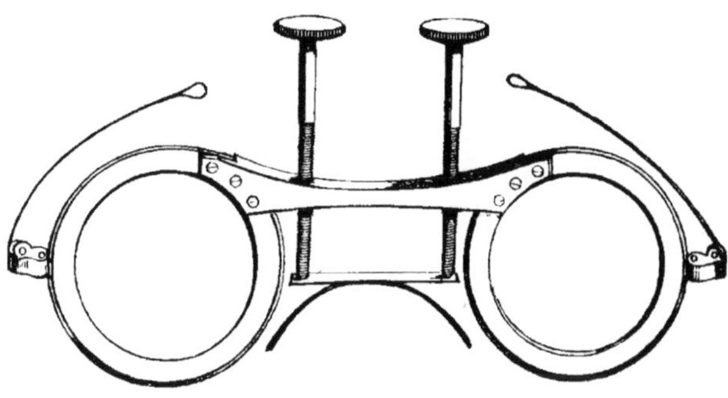

Fig. 112.

Pour connaître la largeur de la face des lunettes, j'ai imaginé le *besiclomètre*, sorte de compas d'épaisseur indiquant la largeur de tête au niveau des tempes (fig. 113).

Incessamment je ferai paraître un nouvel instrument qui résoudra les problèmes les plus difficiles relatifs à la vision.

Ainsi qu'on peut le voir, je crois avoir résolu l'importante question des lunettes, et fait tous mes efforts pour arriver à la précision des instruments.

Du reste, dans mon *Hygiène de la vue*[1] on aura de plus amples détails à ce sujet, ainsi que sur *mes verres à foyers intermédiaires, et avec graduation par lignes pour la cataracte, dont l'utilité est incontestable.*

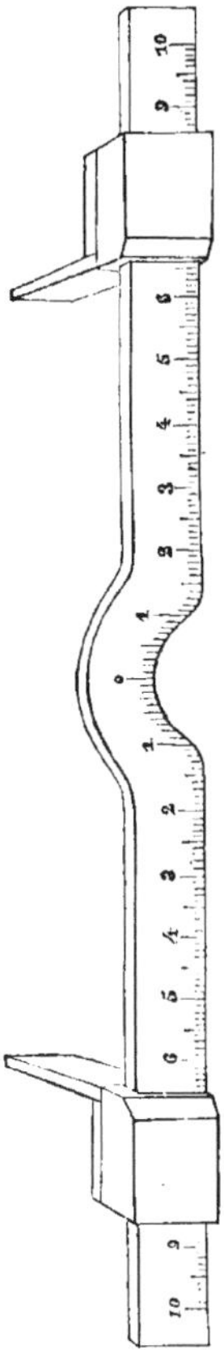

Fig. 113.

APPLICATION DE LA PHOTOGRAPHIE A LA REPRODUCTION DES OBJETS MICROSCOPIQUES.

Dans le cours de cet ouvrage, nous avons indiqué cette application. Nous donnerons ici quelques directions générales à ce sujet.

On peut, avec le microscope ordinaire et les faibles grossissements, obtenir des reproductions photographiques. Pour cela il suffit de placer à la place du tube du microscope une pyramide en bois, portant à sa partie inférieure les lentilles du microscope, et à sa partie supérieure une glace dépolie; l'objet étant éclairé, on ajuste le foyer en regardant sur la glace dépolie, puis on substitue à cette dernière une glace collodionnée sèche ou humide.

On conçoit que toutes les opérations sont du ressort de la photographie, et qu'il faut consulter les ouvrages spéciaux. Nous recommandons particulièrement la *Photographie simplifiée* de M. E. de Valicourt, et notre *Traité des agrandissements photographiques*.

[1] Un vol. in-18 de 354 pages, 80 figures noires et coloriées. Chez l'auteur et chez Hachette. Prix : 4 fr.

Les plus belles reproductions d'objets microscopiques s'obtiennent avec le microscope solaire. La première idée de ces reproductions appartient à mon grand-père, Vincent Chevalier, qui, en 1840, présenta à l'Académie une série d'épreuves amplifiées sur plaques métalliques par le daguerréotype.

Depuis, la photographie sur verre a résolu le problème, et en France et en Angleterre on est parvenu à de très-bons résultats.

On devra, pour ce genre d'expériences, employer le microscope solaire tel que nous l'avons décrit.

Il y a un an, nous avons présenté à l'Académie l'application des agrandissements à la reproduction des pièces d'anatomie. Nous avons montré une main disséquée de 50 centimètres de hauteur, une coupe médiane du corps humain, grandeur naturelle. Nous insistons d'une façon particulière sur ces reproductions et sur l'intérêt qu'elles présentent. De nouvelles recherches que nous faisons à ce sujet feront voir que ces grandes photographies peuvent être utiles pour les cours publics, les musées, les amphithéâtres, et qu'elles pourront remplacer les lithographies et les gravures, dont le prix est fort élevé.

C'est avec le *mégascope* de Charles Chevalier, que nous avons perfectionné, que l'on fait ces amplifications. Nécessairement l'instrument s'applique à la reproduction des portraits, paysages, objets d'art, etc.

Du reste, les personnes désireuses de voir ces genres d'expériences pourront assister aux manipulations à notre atelier de photographie, 10, rue Villedo, près de la rue Richelieu.

XVII

CONCLUSION

Ce livre a été fait dans un but d'utilité; nous pensons que les renseignements qu'il renferme pourront rendre pratique l'emploi d'un instrument dont les avantages sont incontestables.

Dans tous les cas, aucun ouvrage publié en France ne renfermait des détails complets sur les moyens de préparer et de conserver les objets microscopiques. Nous avons comblé cette lacune, et nous espérons qu'on nous en saura gré.

L'usage du microscope s'est depuis quelque temps fort répandu pour les études anatomiques; les services rendus ne peuvent être niés. Comme il se trouve toujours des incrédules, nous pensons que rien ne peut mieux les confondre que l'opinion si juste de M. Paul Broca, contenue dans son *Traité de l'inflammation*.

M. Paul Broca s'exprime ainsi : « *Pour ceux qui disent qu'avec le microscope on voit tout ce qu'on veut, ces mots seuls montrent que c'est là tout leur savoir en cette matière.* En effet, tous les anatomistes qui ont fait des recherches d'anatomie générale ont remarqué depuis longtemps que les figures et les descriptions des mêmes objets faites à l'aide du microscope, dans les mêmes conditions, depuis Leeuwenhoeck jusqu'à nos jours, sont toutes semblables, à part les différences de grossissement employé. Il n'y a de différentes que les théories fondées sur ces observations ou les hypothèses auxquelles elles ont donné lieu, hypothèses qui varient nécessairement suivant la généralité ou la spécialité des connaissances de l'auteur, suivant qu'il tiendra compte des modifications d'un élément dans un seul ou dans un grand nombre d'êtres. »

Nous pensons que l'idée de M. Broca est assez nette pour ne pas trouver d'opposition, et, pour nous, rien n'est plus clair que ses définitions.

Il vient de paraître, dans ces derniers temps, un

livre qui rendra bien des services aux étudiants : je veux parler du *Traité élémentaire d'histologie*, par M. le docteur Fort. Toutes les définitions qu'il donne sont claires et précises, et celui qui veut commencer les études d'histologie trouvera dans ce livre de quoi faire des études profitables. Il en est de même du savant *Traité* de M. Georges Pouchet.

Les micrographes et amateurs nous feront grand plaisir, pour notre deuxième édition, en nous envoyant des notes sur les préparations et expériences qu'ils auront faites. Nous nous empresserons de les insérer.

FIN

TABLE DES MATIÈRES.

MICROSCOPES

FABRIQUÉS

PAR ARTHUR CHEVALIER

MICROSCOPES COMPOSÉS

AVEC LENTILLES ACHROMATIQUES

		fr.
4.	**MICROSCOPE USUEL** de Arthur Chevalier : une série n° 3, un oculaire, grossissant 350 fois, boîte et accessoires (fig. 16)..............	70
5.	**MICROSCOPE D'ÉTUDIANT**, 2 séries 1 et 3, 2 oculaires, loupe, grossissant de 50 à 350 fois, boîte et accessoires [1]....................	100
6.	**MICROSCOPE A BASE CYLINDRIQUE**, 3 séries, 1, 3, 5, 3 oculaires, grossissant de 50 à 500 fois, loupe, boîte et accessoires [2] (fig. 18)	150
7.	**MICROSCOPE A INCLINAISON**, même composition que le précédent (fig. 20)............	190
8.	**MICROSCOPE A PLATINE TOURNANTE**, même composition que le précédent (fig. 21)....	225
9.	**MICROSCOPE SIMPLE ET COMPOSÉ**, composition du précédent, avec 2 doublets et pièce pour loupe montée [3]...................	350
10.	**MICROSCOPE DE STRAUSS, A COLONNES**, avec inclinaison, platine tournante, diaphragme à levier, 3 oculaires, 4 séries, 1, 3, 4, 6, nécessaire en acajou et accessoires, grossissant 6 à 700 fois (fig. 22)............	450
11.	**MICROSCOPE D'ANATOMIE**, grand modèle, simple, composé, à platine tournante, à inclinaison, 3 oculaires, tous les jeux de lentilles à corrections, chambre claire, prisme, accessoires, doublets, nécessaire en acajou (fig. 24), grossissant de 50 à 1,500 fois...........................	1,200
12.	**MICROSCOPE CHIMIQUE**, 2 oculaires, 4 jeux, 0, 1, 3, 4, accessoires, nécessaire en acajou (fig. 23)..............................	325
13.	**MICROSCOPE DIAMANT OU DE POCHE**, grossissant 600 fois (fig. 27)................	170

1. Ce modèle se rapporte à la fig. 17, mais la construction est changée.

2. A partir de ce modèle, les tubes sont à tirage, pour varier le grossissement.

3. Ce modèle se rapporte à la fig. 19, mais la construction est tout à fait changée, relativement à la forme.

DOUBLETS
POUR MICROSCOPES SIMPLES.

DOUBLETS de 10 lignes à 1 ligne de foyer.......	10 fr.
DOUBLETS de demi-ligne......................	15
DOUBLETS d'un quart de ligne................	20

LENTILLES ACHROMATIQUES.

LENTILLES MONTURE
ORDINAIRE (CHARLES CHEVALIER ET AMICI).

No 0.	Une lentille..........................	10 fr.
N° 1.	Deux lentilles........................	15
No 2.	Trois lentilles.......................	20
No 3.	id..............................	25
No 4.	id..............................	30
No 5.	id..............................	35
No 6.	id..............................	50
No 7.	id..............................	80
No 8.	id..............................	100

LENTILLES MONTURE A CORRECTIONS

(ROSS ET AMICI).

No 4....................................	60 fr.
No 5....................................	75
No 6....................................	100
No 7....................................	125
No 8....................................	170

LENTILLES A IMMERSION.

SANS CORRECTIONS.		AVEC CORRECTIONS.	
Nº 5..	50 fr.	Nº 5............	80 fr.
Nº 6...	60	Nº 6............	120
Nº 7.......... .	100	Nº 7............	150
		Nº 8............	200

CHAMBRES CLAIRES, MICROMÈTRES, LOUPES.

ACCESOIRES POUR LA PRÉPARATION DES OBJETS.

NÉCESSAIRE COMPLET pour les expériences et préparations .... 60 fr.

VERRES

DE LUNETTES

ET

INSTRUMENTS POUR LA VISION

DE

ARTHUR CHEVALIER.

VERRES GRADUÉS PAR LIGNES

DE ARTHUR CHEVALIER.

POUR LA CATARACTE.

Ces verres coûtent 6 fr. la pièce, isoscèles, et 7 fr. périscopiques, des foyers suivants par lignes :
59, 58, 57, 56, 55, 53, 52, 51, 50, 49, 47, 46, 44, 43, 41, 40, 38, 37, 35, 34, 32, 29, 28, 26, 25, 23, 22, 20, 19, 18.
La graduation par lignes, pour la cataracte, proposée par nous, est le seul moyen d'arriver à trouver la perception visuelle parfaite, chez les opérés.

VERRES PLANS ENFUMÉS

(DE PRÉCISION).

La paire...................................... 5 »

VERRES CONVEXES OU CONCAVES

ENFUMÉS OU NEUTRES.

Ces verres coûtent 1 fr. de plus par paire que ceux incolores.

VERRES PRISMATIQUES

(DIPLOPIE).

Chaque verre en crown pur.................... 6 »

VERRES EN CRISTAL DE ROCHE

TAILLÉS PERPENDICULAIREMENT A L'AXE.

Du n° 80 au 5, la paire........................ 15 »
— 4 1/2 au 3, — .... 20 »
— 2 1/2 et 2, — .... 30 »

Les périscopiques 3 et 5 fr. de plus.
Le cristal de roche est mauvais pour la vue.

VERRES CYLINDRIQUES

(ASTIGMATISME).

La paire...................................de 3 à 5 »

VERRES EN CROWN ORDINAIRE

(VERRES A VITRES).

Ces verres, d'une teinte verdâtre, sont polis par vingtaines au bloc manuel, sur des morceaux de drap enduit de rouge anglais. — Ils ne conviennent qu'aux personnes qui ne veulent pas mettre le prix affecté aux verres parfaits.

La paire du nº 80 au 5.......... .... 2 »
— 4 1/2 au 3.... .... 3 »
— 2 1/2 et 2........................ 4 »

Les périscopiques, 1 fr. de plus.
Les colorés, 1 fr. de plus.
Les plans, 3 fr. la paire.

Pour s'assurer de la teinte, il suffit de placer les verres sur du papier blanc, et d'en regarder l'épaisseur, ou d'incliner les lunettes, de façon à voir le champ du verre. Les verres ci-dessus ne sont néanmoins pas mauvais; mais la plupart dé ceux vendus dans le commerce sont travaillés par centaines à la machine à vapeur. Ce sont alors de pernicieux auxiliaires.

MONTURES DE LUNETTES

EN TOUS GENRES,

PINCE-NEZ, BINOCLES, LORGNONS.

INSTRUMENTS DIVERS.

Lunettes antistrabiques de A. C............... 20 »
Visiomètre.................................. 125 »
Pupillomètre................................ 40 »
Axomètre.................................... 30 »
Besiclomètre................................ 20 »
Lunettes sténopéiques........................ 20 »
Louchettes.................................. 2 »

TROUSSE D'OCULISTE

DE ARTHUR CHEVALIER.

Trousse complète, boîte en acajou, contenant : 36 paires de verres convexes et concaves les plus utiles, 2 verres prismatiques, 2 verres rouge et violet, 2 verres enfumés, une mesure, lunette à ressort......... 70 »

La lunette à ressort permet de placer de suite les verres que l'on veut essayer; les trousses avec verres fixés ne peuvent rendre aucun service.

OPHTHALMOSCOPES.

OPHTHALMOSCOPE A MIROIR DE VERRE, manche ivoire, lentille ordinaire, boîte...................... 15 »

OPHTHALMOSCOPE avec lentille en crown pur, pièce pour adapter des verres derrière le miroir, 4 verres, portefeuille................... 20 »

OPHTHALMOSCOPE ACHROMATIQUE de Arthur Chevalier, composition du précédent, sauf la lentille qui est achromatique................ 25 »

OPHTHALMOSCOPES FIXÉS, de divers systèmes.

INSTRUMENTS DIVERS

POUR LA MÉDECINE.

ENDOSCOPE du Dr A. Désormeaux............ 150 »
BOITE avec jeu complet de sondes.............. 90 »
LARYNGOSCOPE de Zermatt................... 50 »

LORGNETTES-JUMELLES DE PRÉCISION

Pour le Théâtre, la Marine et la Campagne.

Paris. — Imprimé chez Bonaventure, Ducessois et Ce,
quai des Augustins, 55.

ERRATA

Page 1, au lieu de σκοπεύω ; lisez σκοπέω.

Page 30, au bas de la page, même observation.

Page 46, 2e ligne, lisez : « Un levier parallèle permettant d'abaisser ou d'élever le diaphragme, pour régler la lumière. »

CENTIÈMES DE MILLIMÈTRE
pour les Figures

2 3' 4 7 8 9 — 1 1' 3 6 6' — 10

9. 8. 6. 6'.

7. 5.

4.

5'.

3. 5'.

5".

1. 1'.

2.

10.

Objets d'Épreuve, Étalons
ou
Test-objects.

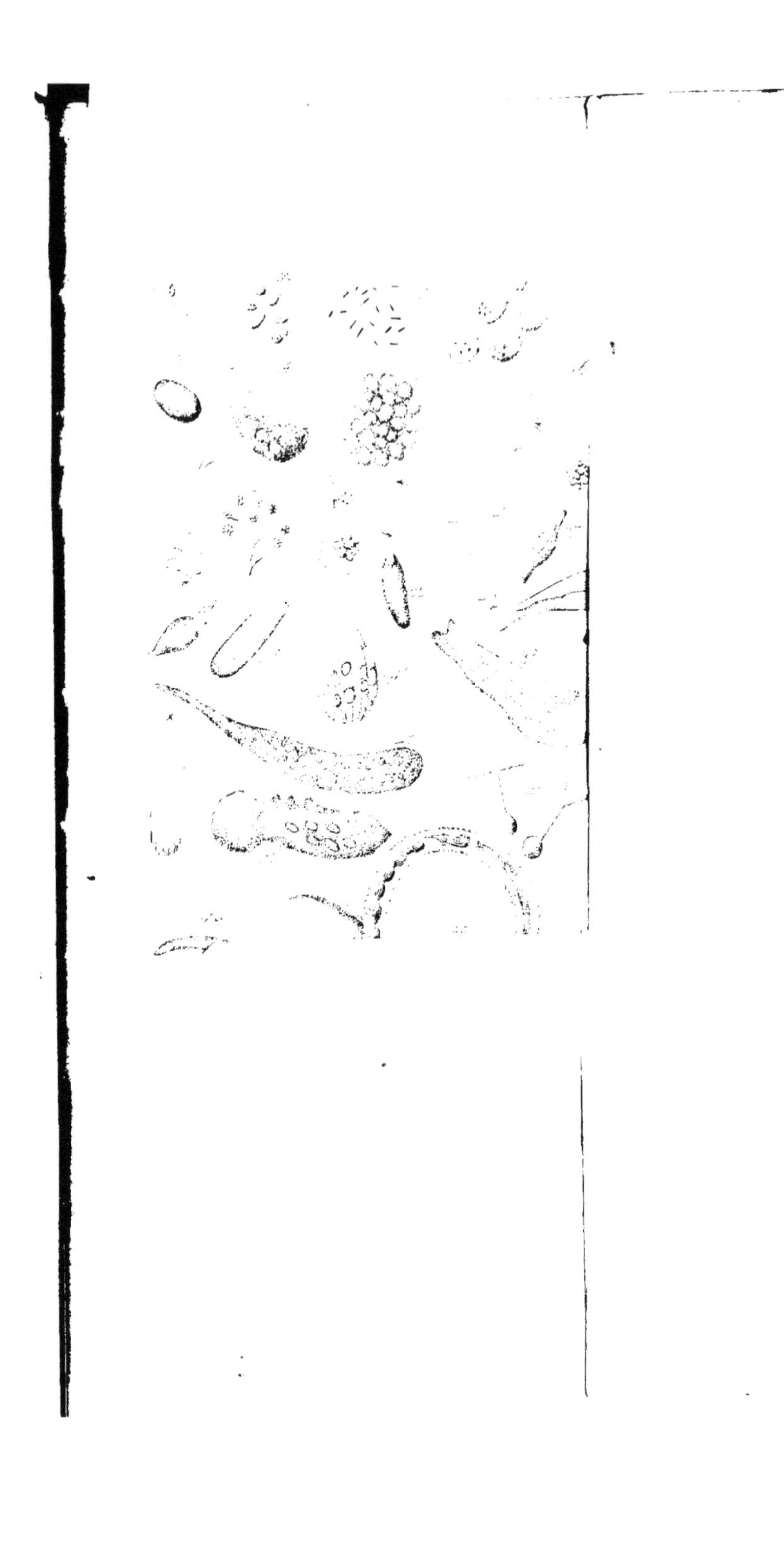

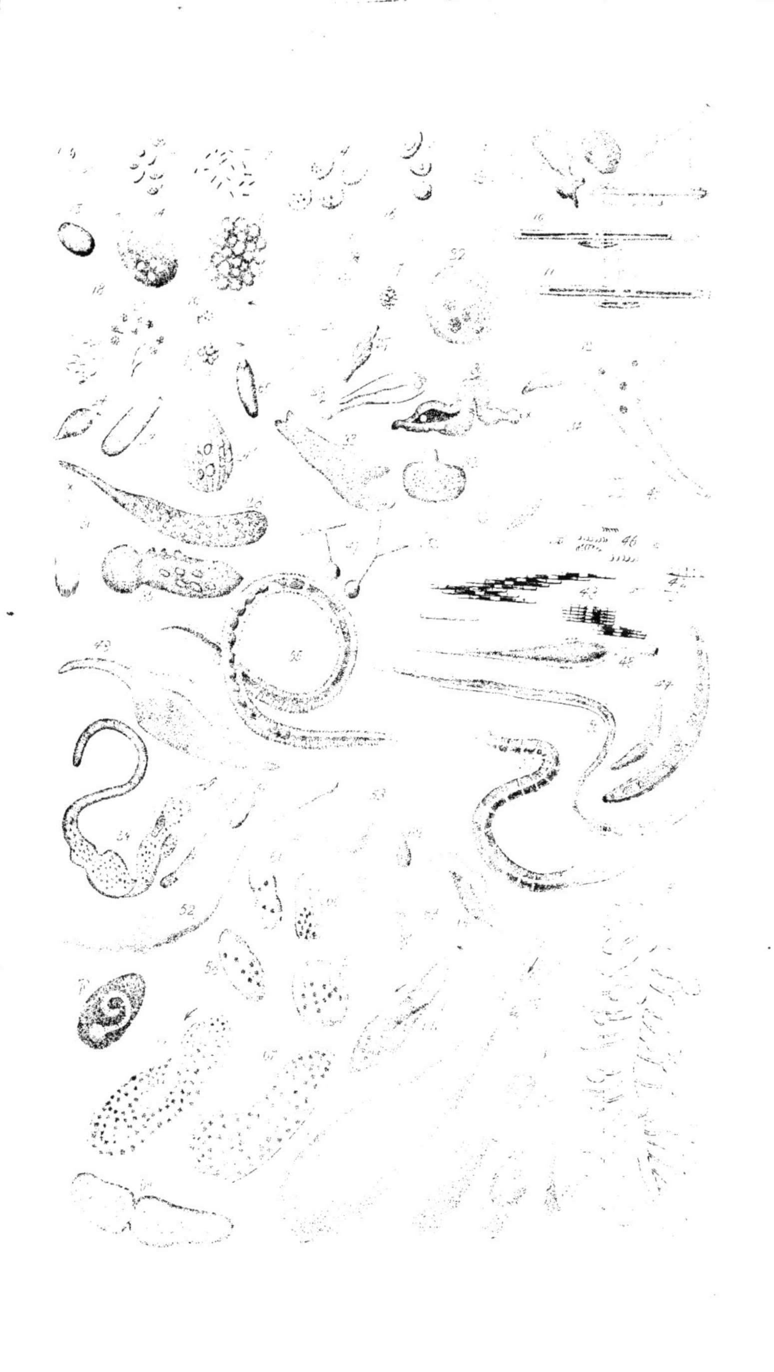

Made at Dunstable, United Kingdom
2023-02-02
http://www.print-info.eu/